BODENSEEVIRUS

Benjamin Franklin:

Wer tiefer irrt,
der wird auch tiefer weise.

INHALT

BLAUE STUNDE AM SEE

Ziemlich schön war es. Und eigentlich für diesen 20. Januar 2008 recht mild.

Saskia suchte das Theater am Kornmarkt in Bregenz. Empfangen wurde sie von einer Klangwolke und – wie sie meinte – sie misstrauisch beäugenden vielen, vielen Menschen, die da in Laufgängen auf dem Vorplatz des Theaters warteten. Saskia drängte sich der Vergleich „Schlachtvieh" auf.

Na klar: alle kamen sie zum Casting für den 22. James-Bond-Film. Und heute war schon der dritte und letzte Tag, sich als Statist zu bewerben.

Saskia wollte dabei sein!

Klarerweise nicht nur sie. Da waren doch bestimmt etliche hundert Leute vor ihr!

Immerhin wurden tausendfünfhundert Statisten gesucht. Mitmachen wollte Saskia auf alle Fälle. Zumindest bei diesem Casting.

Schon früh morgens war sie von zu Hause weggefahren, um möglichst am frühen Vormittag hier zu sein. Bald nach der deutsch-österreichischen Grenze war sie den See entlang gefahren. Das hatte ihr gut gefallen. Schon der Ausflug allein war es wert, hierher gekommen zu sein. Saskia fand den richtigen Weg. Und sogar einen Gratisparkplatz.

Und jetzt wartete sie als Letzte in der Reihe.

Freilich blieb sie nicht lange die Letzte. Gleich nach ihr kam eine schon ziemlich Alte. Mit Hündchen.

Was wollte die denn bloß in einem James-Bond-Film? Die passte doch wohl eher in den Musikantenstadel!

Mehr und mehr strömten herbei. Aufgebrezelte mit Pelzjäckchen und hochhackigen Schühchen zitterten in der Kälte. Weiter vorn war eine junge Mutti mit Zwillings-

7

kinderwagen, die vor lauter Nervosität eine Zigarette nach der anderen rauchte. Überraschend viele Männer waren dabei. Ungewohnt elegant wirkten sie, gerade so, als hätten sie vor, im Anschluss an das Casting ins Casino zu gehen.

Gesprochen wurde kaum. Bloß kleine Gruppen wiederholten immer wieder, wer den James Bond in welchen Filmen gespielt hatte. Als wäre das für das Casting wichtig!

Allmählich war Saskia über ihre „Nachfolgerin" recht froh. Die plauderte erst mal mit ihrer Hündin. Und bezog dann die Umstehenden immer mehr ins Gespräch ein. Irgendwie witzig kommentierte sie die Mitwartenden. Ihr schien es völlig egal zu sein, ob sie auch nur die geringste Chance auf eine Statistenrolle hatte.

Als eine besonders aufgedonnerte Diva mit weißem Cape auftauchte, nahm sie ihre Hündin an die Leine. Um zu vermeiden, dass die kleinen Tierchen, die das Cape vermutlich recht unfreiwillig bildeten, vor ihrer Hündin Angst hätten, wie sie sagte.

Immer mehr sprachen nun miteinander, das Warten wurde so um Einiges erträglicher.

Endlich – nach beinahe zwei Stunden – waren sie in der Nähe der Eingangstür. Dort wurde die Hündin angeleint. Es sah ganz so aus, als wäre sie es gewohnt, auf ihr Frauchen zu warten.

Und dann endlich war es so weit: sie durften in das Theaterfoyer.

Höflich wurden sie willkommen geheißen. Dann hatten die Männchen nach links und die Weibchen nach rechts zu kommen. Alle wurden mit einem Blatt mit einer großen Nummer versehen. Es gab die Möglichkeit, sich umzuziehen. Saskia lachte: da hatten sich doch einige total umsonst in ihren leichten Klamotten abgefroren!

Ein kurzer Fragebogen war auszufüllen: Name, Anschrift,

Alter, Konfektionsgröße, wann verfügbar...
Dann ging es im Eilzugstempo zum Fotografieren. Kurzer
Check-up. Sozusagen Gesichtskontrolle. Am nächsten
Tisch ein paar freundliche Worte samt Hinweis, sich bei
den Dreharbeiten warme Unterwäsche anzuziehen,
Sitzpolster und Regenhaut mitzubringen. Abschließend
bekam Saskia ein Informationsblatt für Statistenrollen mit
ihrer Nummer 6677 in die Hand gedrückt und wurde
beinahe zum Ausgang rausgeschoben.

Mechanisch ging Saskia ein paar Schritte weiter. Dann
blieb sie abrupt stehen. Ungläubig schüttelte sie den Kopf.
Das war es gewesen?
„Ja, das war's", bestätigte ihr Verstand. Doch ihr Gefühl
rebellierte: „Das kann's doch wohl nicht gewesen sein!"

Erst mal trank sie Kaffee. Gleich wieder nach Hause zu
fahren, dazu hatte sie keine Lust.
Nun, wie wär das wohl, sich mal anzusehen, wo sie
möglicherweise als Statistin rumsitzen würde?
Also: zum Festspielhaus und zur Seebühne. Dort hatte sie
ja schon längst hin wollen. Aber irgendwie hatte es nie
geklappt.
Das Drumherum gefiel Saskia recht gut. Von der Seebühne
war sie überwältigt. Das allsehende Auge als symbolische
Kulisse beeindruckte sie sehr. Sooo toll hatte sie sich das
denn doch nicht vorgestellt!
Ja! Da wollte sie sich gerne als Statistin irgendwo auf
einem Sitzplatz die Nächte um die Ohren schlagen,
vermutlich mit endlosen Wiederholungen der Oper.
Erst jetzt wurde ihr bewusst, dass sie sich verpflichtet
hatte, all die Drehtage von sechs Uhr abends bis sechs Uhr
morgens zur Verfügung zu sitzen.
Na sicher würde sie das schaffen!

Jetzt war sie erst mal hungrig. Sie entdeckte das Wirtshaus

am See und aß dort ein ausgezeichnetes Mittagessen.
Hübsch war es, dem See mit seinen plätschernden Wellen
zuzusehen.
Gedanken kamen und gingen. Auch Gedanken an Erich. Na
klar! Der war selbstverständlich auch heute wieder höchst
arbeitsam. Angeblich zumindest.
Und er hatte sowieso was dagegen gehabt, dass sie
mitmachen wollte. Bei dieser Idiotie, wie er es nannte.
Aber hier, so viele Kilometer weit weg von ihm, hatte
Saskia so gar nicht das Bedürfnis, an ihn zu denken. Und
schon gar nicht daran, wie das Ganze wohl weitergehen
sollte. Und ob es überhaupt weitergehen würde.
Hier war ein riesengroßer, friedlicher, freundlicher See. Da
hatten ihre Gedanken an Erich Pause!

Möglicherweise ja gerade wegen Erich verspürte Saskia
überhaupt keine Lust, nach Hause zu fahren. Erst mal
schlenderte sie durch die wunderschöne – jetzt winterlich
verschlafene – Seepromenade. Besonders freute sie sich
über die ersten Schneerosen. Es waren die ersten heuer,
die sie sah.

Saskia startete und fuhr einfach los. So einige Kilometer in
Richtung Schweiz. Da kam sie erst mal über eine Brücke.
Und nach etlichen Kilometern waren da wieder
Wasserläufe. Ein „Vorarlberger Mesopotamien" kam es ihr
in den Sinn. Bei der erstbesten Gelegenheit bog sie in ein
kleines Sträßchen nach rechts ein. Links war ein Damm.
Auf dem fuhr ein lustiges Bähnchen. Null Ahnung, wo sie
da wohl landen würde. Immerhin war sie in Richtung See
unterwegs.
Sie parkte und ging zum Fischerheim am Schleienloch. Sie
genehmigte sich einen Apfelstrudel zum Kaffee.
Bald schon zog es sie nach draußen, in diese eigentümliche
Schilflandschaft mit den Wasserlöchern, den Wasservögeln,
den alten Bäumen.

10

Saskia fand eine Bank in Richtung zur Sonne. Angenehm war es, sich die behutsamen Strahlen der Januarsonne ins Gesicht scheinen zu lassen.
Es waren nur wenige Leute unterwegs. Hier auf der Bank war Saskia ungestört.

Was war ihr da vorher aufgefallen? Na klar: hier war sie im Naturschutzgebiet. Auch wenn dieses Schleienloch wie ein kleiner Tümpel aussah, so war doch klar, dass es Verbindungen mit dem Bodensee gab. Und dass hier in der Deltalandschaft mit dem breiten Schilfgürtel Naturschutzgebiet war, war ja selbstverständlich.
Dass aber die Hunde ganzjährig an die Leine mussten, das verstand Saskia nicht. Auch jetzt, mitten im Winter, wo es doch weder Eier noch Jungvögel gab? Das gefiel wohl der Frau mit dem Hündchen von heute vormittag nicht so sehr! Wozu war dieser Leinenzwang im Winter? Saskia schloss die Augen, dachte nicht ernsthaft darüber nach, war aber gewissermaßen amüsiert, dass sie im Moment an nichts Wichtiges denken musste. Saskia fühlte eine zarte Berührung. Ein Schmetterling konnte das zu dieser Zeit nicht sein. Vermutlich war es ein Blatt, das von irgendwoher gekommen war. Sie war viel zu träge, die Augen zu öffnen.

Wie von weither schien sie feine Stimmchen zu hören: „So werden WIR geschützt!" „Wer ist das Wir?"
„Lass ruhig die Augen zu, du kannst uns ohnehin nicht sehen." „Also, gut. Und wer seid ihr?" „Wir sind – wie du sagen würdest: die Geisterlein." „Wir – das sind Feen und Elfen ..." „... und Wichtel ..." „... und die Geister des Wassers ..." „... und die Geister über dem Wasser ..."
„Und ich bin jetzt in euer Gebiet eingedrungen?" „Eigentlich nicht wirklich." „Im Grunde ist das nämlich ganz anders." „In Wahrheit bist du in eine andere Realitätsebene in dir selbst hineingerutscht." „Du

11

erlaubst dir, Eindrücke zu empfangen, die dir in der Hektik des Alltags verschlossen bleiben." „In Wahrheit ..." „... ist es überhaupt nicht wichtig, alles erklären zu wollen. Für dich ist hier und jetzt die Möglichkeit, völlig neue Erlebnisse, besser Erfühlnisse und Erschaunisse anzunehmen."

„Es kommt also auf meine Bereitschaft an?" „Genau. Wann immer es sich für dich nicht mehr richtig anfühlt, dann atmest du tief durch und öffnest die Augen ..." „... und du sitzt wieder hier auf der Bank und siehst das sozusagen normale Bild." „Also nicht mehr mit deinen Inneren Augen ..." „... nicht mehr mit deinem Herzen."

„Aber ja doch! Ich lasse mich gerne auf dieses Abenteuer ein."

„Also, dann komm mit uns mit!"

„Muss ich irgendetwas tun?"

„Nein, lass es einfach nur zu, mit uns mitzukommen." „Wir sind die Geister über dem Wasser." „Also die Geister über dem Bodensee." „Gut. Ich bin gespannt! Und hoffentlich echt begeistert!"

Saskia war jetzt über dem See, schwebte mit den Geistern über dem Wasser. Was für ein wunderschöner See das war! Es war vermutlich Sommer. Ein strahlend blauer Himmel spiegelte sich im See. Viele Segelboote waren unterwegs. Auch große Schiffe der Weißen Flotte. „Dort ist die Hohentwiel. Die wurde den alten Raddampfern nachgebaut." „Und das ist eine der Fähren, die es Menschen und Autos ermöglichen, weit schneller von einer Seite des Sees zur anderen zu kommen."

Wohin immer sich Saskia hinwünschte, war sie auch schon dort. Es machte ihr Vergnügen, knapp über dem Wasser dahinzuschweben. Freilich achtete sie darauf, nicht versehentlich ins Wasser einzutauchen! Den Booten wich sie aus – mal links, mal rechts, meist aber schwebte sie dann eben höher. Erfreut stellte sie fest, überhaupt keine

Höhenangst zu fühlen.

Die Menschen auf den Booten schienen sie nicht zu sehen. Wohl aber die Tiere. Einige Zeit begleitete sie eine Möwe. Ob das wohl Jonathan war?

„Nein, bestimmt nicht", lachte einer der Begleiter: „Das ist nämlich ein Weibchen." „Ja, dann!"

Eine dunkle Wolke schob sich vor die Sonne. Wind kam auf. Es wurde immer stürmischer.

Verwundert stellte Saskia fest, dass ihr das überhaupt nichts ausmachte. Im Gegenteil: es machte ihr Spaß, mit den Naturgewalten mitzuschwingen.

Dann sah sie rund um den See Lichter blinken. „Was ist das?" „Das ist eine Sturmwarnung!" „Nun sollten die kleinen Boote so schnell wie möglich in einen Hafen zurückkehren. Für sie ist es nun am See gefährlich." „Aber die können doch nicht alle ganz schnell in einen Hafen", überlegte Saskia. „Meistens schaffen sie es doch noch rechtzeitig."

„Ich schaue jetzt einem der kleinen Boote zu, wie die damit zurechtkommen."

Zwei Leute waren auf dem Boot. Ein Mann und eine Frau. Er kannte sich recht gut aus, wirkte routiniert. Aus den Gesprächen entnahm sie, dass die Frau zum ersten Mal auf dem Boot mitkam.

Ein Motorschiff mit der Aufschrift „Hecht" kam heran und die Zollbeamten riefen zum Boot hinüber, ob Hilfe benötigt würde. „Nein danke!" Das Schiff drehte ab.

„Das war ein Deutsches Zollboot."

Die beiden hatten das Segel längst gerefft. Saskia wunderte sich, wie abenteuerlustig sich die Frau gab. Diese Frau? Kannte sie die? Aber ja! Das war doch die Frau mit dem Hündchen vom Vormittag! Allerdings um etliche Jahre jünger. Wie konnte das sein?

13

„Es ist die Frau, die du meinst. Denk daran: Zeit, die gibt es in deiner alltäglichen Realität zur Unterscheidung." „Und du bist jetzt im immerwährenden Jetzt." „Du bist ja auch im Sommer über dem See, nicht wahr?" „Ja, klar."
Saskia hatte jetzt keine Zeit, darüber nachzudenken. Sie war völlig mit dem Beobachten der speziellen Szene beschäftigt.
Ein Windstoß zerriss das Segel mit einem lauten Knall in zwei Teile. Längst brummelte der Hilfsmotor. Aber die beiden hatten nun einige Mühe, die beiden Teile zu bergen. Es gelang ihnen. Und bald schon kamen sie zu einem Hafen.
„Immer geht das wohl nicht so glimpflich ab?" „Nein, gelegentlich gibt es auch Unfälle." „Aber daran willst du jetzt nicht denken, nehme ich an." „Allerdings." „Komm, wir zeigen dir etwas Anderes."

Nun war es dunkle Nacht. Mit einem strahlend schönen Sternenhimmel. Wieder gab es Lichter. Doch wie es Saskia schien, viel weiter oben. Und: da waren keine Beleuchtungen, wo doch eigentlich die Städte mit ihren Hafenanlagen rund um den See waren! Wie sollten sich da bloß die Schiffe zurechtfinden? Fuhren die Schiffe eigentlich auch nachts?
Die Lichter waren völlig anders. Nicht gleichzeitig wie die Sturmwarnungen. Es schien eher so, dass ein Licht erst mit Verzögerung nach dem anderen aufleuchtete. Was war das?
„Das ist das keltische Nachrichtensystem", erklärte einer ihrer Begleiter. „Keltisch? Erzählt mir bitte mehr darüber!" „Gern. Die Kelten verständigten einander, beispielsweise vom Herannahen eines Feindes, mit Lichtsignalen." „Dazu hatten sie auf den Hügeln besondere Beobachtungsstationen, die die Botschaft weitergaben."
„Da waren die Kelten ja uneinnehmbar!" „Damals schon."
„Aber komm jetzt wieder in die sogenannte Gegenwart

zurück."

Winterhimmel spiegelte sich im scheinbar schlafenden See. Doch was war das an den Ufern? Wie mit einem überdimensionalen Pinsel wurde die gesamte Bodenseeregion grün eingefärbt.
Verwundert fragte Saskia: „Was ist das?" „Das ist die Wunschvorstellung vieler Menschen hier: eine gentechnikfreie Bodenseeregion." „Dafür bin ich auch!"

„Willst du zurück zu deiner Bank?" „Bitte noch nicht. Ich bleibe lieber noch bei euch. Da gibt es bestimmt noch einiges Interessante zu sehen!" „Und ob!"
„Was ist denn das?" „Was siehst du denn?" „Eine Riesenfete. Aber: mitten auf dem See! Und ganz ohne Boote!"
„Dann bist du bei einer der Seegfrörnen gelandet." „Und was ist das, bitte?"
„In sehr kalten Wintern fror der Bodensee fast gänzlich zu. Dann hob die große Eisfläche die Grenzen auf, alle drei Anrainerstaaten feierten gemeinsam Volksfeste auf dem Eis." „Und wann war so ein Naturereignis?" „Die letzte Seegfrörne war 1963."
„Da wanderten beispielsweise vierhundert Schüler samt ihren Lehrern vom Rorschacherberg in der Schweiz nach Kreßbronn in Baden-Württemberg."

„Was macht denn der Mann da? Sehe ich richtig?" „Ja. Ein Landwirt aus Arbon schiebt eine Schubkarre Mist nach Langenargen, um dort eine Linde aus Arbon einzupflanzen." „Was für eine Idee!"
„Siehst du den in der Gegenrichtung?" „Ja. Sieht irgendwie nach Revanche aus!" „Genau. Da bringt ein Deutscher Erde aus Langenargen nach Arbon, um dort eine Eiche zu pflanzen." „Schau da, am Ufer vor Bregenz: da wird sogar eine Zeitung gedruckt – die Bodenseezeitung." „Aber das

war schon am 2.2.1880." „Unglaublich!" „Die Seegfrörne war für die Bodenseeanrainer eben immer schon ein besonderes Fest."

„Und der? Läuft der tatsächlich barfuss übers Eis?" „Ja, ein 25jähriger Schweizer geht barfuss von Rorschach nach Nonnenhorn." „Und schau da: ein Vater bringt seine 9monatigen Zwillinge im Kinderwagen im Dauerlauf hin und zurück!" „Was für eine Kondition!"

„Magst du einen Spruch aus dieser Zeit hören?" „Ja, bitte!" „Ein Leben rings umher, als ob es ewig Kirchmeß wär!" „Ja, so sieht es aus. Ich kann mich gar nicht satt sehen an den fliegenden Wirtschaften, den bunten Schützenscheiben, den vielen, vielen fröhlichen Menschen."

„Und die Flugzeuge! Die starten und landen tatsächlich mitten auf dem See!" „Und etliche fahren mit ihren Autos rum!" „Manche hatten weniger Glück. Da war ein Auto, aus dem die Burschen grade noch durch das Schiebedach aussteigen konnten!" „Nach Unglücken ist mir jetzt nicht so sehr." „Nur zu verständlich."

„Der Bodensee ist die Seewerdung eines Stroms. Der Rhein war die Lebensachse Germaniens von Chur über Konstanz nach Basel und Straßburg über Mainz und Köln nach Xanten." „Das ist sicher sehr interessant. Aber mir ist nicht nach Schulstunde." „Wonach dann?" „Nach Geschichten und Geschichtchen, bitte." „Aber ja doch! Komm einfach mit uns mit."

„Lust auf Tierchen?" „Und ob!" „Dann schau mal in diese Wälder!" „Das sind ja richtige Urwälder!" „Ja, wir sind eurer Zeitrechnung nach auch etwa 140.000 Jahre früher hier." „Da gab es sicherlich noch das Mammut." „Die gab es vor allem während der Eiszeiten. Aber wir sind jetzt in einer sogenannten Warmzeit. Und da gab es ganz besondere Tierchen." „Aber, die sehen ja aus wie Elefanten! Einfach riesig!" „Ja,

16

das sind Waldelefanten."

„Ich wusste gar nicht, dass es die gab. Und schon gar nicht vermutete ich sie hier. Und wo sind die hingekommen, wenn die damals wirklich da waren?"

„Vermutlich war das eine der ersten Tierarten, die der Mensch ausrottete." „Schade." „Den Menschen war eben immer schon vor allem das eigene Überleben das Wichtigste." „Tja. So sind wir Menschen allem Anschein nach."

„Und was interessiert dich jetzt?" „Die Inseln. Gewissermaßen sehe ich sie von hier oben wie Edelsteine im riesigen Bodensee."

„Aber gerne. Schau, das ist das Schwäbische Venedig." „Wie bitte? Schwäbisches Venedig? Davon hörte ich noch nichts!" „Die meisten nennen es ja auch Lindau" „Ach so! Lindau kenne ich zumindest flüchtig." „Lindau im und am Bodensee."

„Lindau ist eine ganz besondere Insel." „Und hier findest du eine Reihe von Geschichten und Geschichtchen." Saskia lachte: „Also bitte, dann mal los!"

„Im Alten Rathaus, das wie aus einem Bilderbuch aussieht, fand 1496 sogar ein Reichstag statt. Unter Maximilian I." „Der Mailänder Bote machte hier regelmäßig Station auf seinem Weg von der Lombardei nach Schwaben. Und freilich auch, wenn er umgekehrt unterwegs war."

„Zehn Jahre lang war Lindau ein deutscher Kleinstaat. Das war 1945 bis 1955." „Und das war ein ganz besonderer Kleinstaat." „Regiert wurde er vom legendären Kreispräsidenten Anton Zwisler, der Anton I genannt wurde." „Davon hörte ich noch nie was. Erzählt mal, bitte!" „Da gab es besonders gute Beziehungen zu den Franzosen." „Wenn auch ein Französischer General 1945 die Bewohner von Lindau 39 Stunden aus der Stadt vertrieben hatte." „Noch immer hält sich hartnäckig das Gerücht, dass Lindau und vor allem viele Lindauer damals vom Schmuggeln lebten." „Macht mir Lindau eher noch sympathischer", schmunzelte Saskia.

„Nach dem Ende des Ersten Weltkriegs befreite Major Rommel, ein Württemberger, Lindau von den Bayerischen Spartakisten." „Rommel? Das klingt nach ‚berühmten Wüstenfuchs'." „Damals fuchste er noch nicht in der Wüste! Doch du hast Recht: der war es."

„Nach Lindau fühle ich mich besonders hingezogen. Hat es da was Besonderes für mich?" „Na klar! Lindau, das ist ursprünglich eine Fraueninsel. Zuerst waren die Nonnen da. Das Benediktinerinnenkloster ‚Unserer Lieben Frau unter den Linden'." „Über die Existenz der Stadt gibt es erst dreihundert Jahre später Zeugnisse."

„Schön. Da hatten also die Frauen das Sagen." „Und das schon lange vor jeglicher Emanzipation." „Die brauchten die Fürstäbtissinnen wirklich nicht. Ihre Macht blieb unangetastet. Zuvor hatte es dort ja auch bloß ein paar Fischerfamilien gegeben."

„Und noch etwas Besonderes zeichnet die Insel Lindau aus: 1647 schafften es die Schweden nicht, sie zu bezwingen!"

„Klingt gut. Da fahr ich demnächst mal hin!" „Tu das. Genieße die Operettenstadt. Aber nimm dir auch Zeit für die Stadtteile am Festland, da gibt es auch so Manches zu entdecken." „Versprochen. Mache ich demnächst mal."

„Und jetzt komm mit zur Mainau!" „Zur Blumeninsel. Fein. – Wenn auch jetzt ..." „Was willst du sehen? Frühling? Bitte sehr!" Und tatsächlich sah Saskia die Insel mit Narzissen, Krokussen, Tulpen usw. usf. „Danke."

„Gerne. Sommer vielleicht?" Und schon sah Saskia die Insel mit einer Fülle herrlicher Rosen. „Phantastisch!" freute sie sich. Sie liebte die Tropeninsel auf Anhieb. „Da will ich immer wieder mal herkommen."

„Und doch erinnerte sich Graf Lennart Bernadotte an seine ersten Eindrücke der Mainau 1932. Er erzählte von einem

‚feuchten Gespensterschloss im Mittelpunkt'. Und er gab zu, ‚dass die Hauptdarstellerin Mainau bei dieser Premiere viel von ihren Bewunderern verlangt, um hinter ihrer Maske der alten knorrigen Hexe die schöne, immer junge Inselmaid zu entdecken'." „Das klingt poetisch."
„1272 war die Mainau das Geschenk eines Edlen an den Deutschen Orden. Diese Rittergemeinschaft blieb dann bis zum Ende des Heiligen Römischen Reiches in den napoleonischen Kriegen dort." „An die Oberen auf der Reichenau war jährlich Zins zu entrichten: zwanzig Pfund Wachs, abzuliefern am Gallustag." „Das war nicht eben viel." „Genau."
„1983 gab es eine lang anhaltende Trockenphase. Da wurden viele hunderttausend Liter Bodenseewasser auf die Insel gepumpt. Und die Gärten überlebten tatsächlich." „Gott und seinen Helfershelfern sei Dank!"

„Diese Insel ist viel größer." „Ja, das ist die Reichenau!" „Heute ist das eine Gemüseinsel." „Früher war das vermutlich anders?"
„Und ob! Heute kann sich kaum noch jemand vorstellen, dass die Reichenau einmal religiöser, geistiger und kultureller Mittelpunkt des Abendlandes war." „Tatsächlich?" „Ja. Das sogenannte Goldene Zeitalter der Reichenau war vom 8. bis zum 11. Jahrhundert." „So früh schon? Erzählt mir etwas darüber, bitte. Aber nicht zu wissenschaftlich."
„Zu Befehl! Da gab es einen sozusagen frühmittelalterlichen Manager der Christianisierung nördlich der Alpen." „Und der bekam 724 die sogenannte Sintleozesan im Bodensee von Karl Martell geschenkt."
„Pirmin hieß der Mann. Er war ein Abt und wandernder Bischof. Er machte die Reichenau zu einem Kristallisationspunkt der karolingischen Kultur."
„Auf Abbildungen ist der später heilig gesprochene Pirmin in einem Boot dargestellt, wie er zur Reichenau kommt."

„Das Besondere an der Darstellung ist, dass unzählige
Schlangen und anderes Gewürm fluchtartig die Insel
verlassen." „Gab es dort wirklich so viele
Schlangen?" „Wohl kaum. Viel eher waren das Symbole für
Sünde und Heidentum."
„Bald schon entstanden auf der Reichenau Meisterwerke
der lateinischen Literatur, des Kunsthandwerks, der
Geschichtsschreibung, der Malerei und vor allem der
Buchmalerei."
„Und heute?" „Heute ist die Reichenau die ‚Gläserne Insel'
wegen ihrer Treib- und Gewächshäuser, in denen bis zu
vier Ernten jährlich eingebracht werden können." „Und
doch ist heute die Erhaltung der Eigenart der Insel das
oberste Ziel."

Saskia lachte: „Ich merke schon, da werde ich immer
wieder mal zum Bodensee kommen." „Tu das." „Wenn dich
einmal das Bodenseevirus packt, kommst du nie wieder
von ihm los!" „Muss ich davor Angst haben?" „Im
Gegenteil: freu dich über dieses Virus und genieße alles,
was du dadurch erlebst!"

„Vergiss nicht, dass du hier in einer ehemaligen
Gletscherlandschaft bist." „Ja, dieses Gebiet ist ein
eiszeitlicher Rheingletscher."
Der eine Geist winkte lachend ab: „Nein, keine
Schulstunde. Bloß damit du verstehen kannst, warum hier
alles irgendwie anders als überall sonst ist." „Schon
entschuldigt. – Und was ist das für eine Stadt da unten?"
„Das ist Konstanz." „Da waren mal beim Konzil mehr als
tausend Kardinäle, Erzbischöfe, Bischöfe, Äbte, Herzöge …
bis runter zu Fürsten." „Und entsprechend viele
Prostituierte, nicht zu vergessen!" Alle lachten.

„Und es gab den angeblichen Ketzer Johannes Hus." „Und
den Hieronymus von Prag." „Ein recht dunkles Kapitel

dieses Konzils." „Nun ja, der Scheiterhaufen brannte recht hell."

„Komm lieber mit nach Meersburg." „Das Freifräulein Annette von Droste-Hülshoff gefällt dir sicher besser." „Das bestimmt. Aber gibt es von Konstanz nicht auch eine amüsante Geschichte?"
„Nun ja. Schon."
„Beispielsweise als Papst Johann zu Simon-Judo 1414 in Konstanz war." „Was war da?" „Da gab es einen ganz besonderen Umzug." „Ja, da war alle – wie das damals hieß – ‚Pfaffheit' unterwegs." „Und hinter jedem Pferd ging ein Knecht und hielt den Schwanz, damit das rote Gewand des Kardinals nicht beschmutzt wurde." „Und bei den sogenannten Würdenträgern, die zu Fuß unterwegs waren, ging ein Diener hinterher und hielt den Mantel hoch." „Und die ganze Zeit über wurden die Glocken geläutet und das Te Deum Laudamus gesungen." Saskia lachte über die Vorstellung.

„Und wer ist das?" „Das ist Michel de Montaigne. Und der ist 1480 in Markdorf im Gasthof Stadt Köln." „Das ist eine Poststation des Kaisers zwischen Italien und Deutschland." „Und der gute Mann freut sich über die Liegen." „Ja, denn hier sind es keine Strohsäcke, sondern mit Blättern gefüllte Säcke. Und die sind viel besser, meint er." „Mir wäre jedenfalls mein Schlafsack lieber gewesen!" mutmaßte Saskia.

„Und was sind das für eigentümlich herausgeputzte Frauen?" „Das sind Lindauerinnen." „Mit ihren Pelzhüten oder Pelzmützen wirken sie ziemlich exotisch." „Und dazu noch die weißen und roten Schuhe!" verwunderte sich Saskia.
„Bleib noch in Lindau. Komm mit zum Gasthaus Krone!" „Aber gern. Was gibt es da?" „Im Speisesaal ist

ein großer Vogelkäfig." „Und am beliebtesten ist Sauerkraut."

„Schau jetzt noch einmal zur Mainau und zum Bodanrücken." „Das sind Moränenablagerungen der Eiszeit." „Beim Dorf Bodman wurden Pfahlbau-Reste gefunden." „Pfahlbauten? Also lebten die Leute nahe beim oder im Wasser, nicht wahr?" „Ja. Je nach Wasserstand des Sees." „In Unteruhldingen gibt es einen recht gut gelungenen Nachbau einer Pfahlbausiedlung und auch einige Boote, die den damaligen sehr ähnlich sind." „Wisst ihr mehr über die Pfahlbauern?" „Tja, das ist ein interessantes Kapitel. Das darfst du gerne selbst erforschen." „Aha. Bazillus-Wirkung, nicht wahr?" „Auch." „Jedenfalls waren das schon richtige Naschkatzen." „Naschkatzen?" „Ja. Sie aßen bereits Himbeeren!" „Macht sie mir noch sympathischer." „Es wurden auch Getreidekörner und Apfelkerne gefunden." „Auch gut und vor allem nahrhaft."

„Siehst du die Felsen dort?" „Wo sind wir?" „In der Nähe von Sipplingen, in Goldbach." „Das schaut aus wie kleine Höhlen." „Genau. Das sind die sogenannten Heidenhöhlen. Dort wohnten schon Steinzeitmenschen." „Stell ich mir ganz nett vor: so mit unverbaubarer Seesicht ..."

„Und was ist das? Ist das ein Zeppelin?" „Genau. Du siehst den ersten Zeppelinstart. Das war am 2. Juli 1900." „Inzwischen werden sie nachgebaut. Und Touristen lassen sich damit über den See fliegen. Von Friedrichshafen aus." „Die haben dann fast so eine gute Sicht wie wir jetzt!" „Das möchte ich auch gern mal mitmachen." „Na klar doch."

„Ich habe das Gefühl, jetzt sind wir fast schon wieder in Lindau." „Gut beobachtet. Da unten ist Wasserburg." „Ein Schloss am Meer. Oder eben eine Burg am Wasser." „Die Anfänge gehen ins 8. Jahrhundert zurück." „Vorübergehend war es im Besitz der Fugger." „Und damals sogar Münzstätte."

„Und jetzt siehst du die Werft der römischen Besatzungsarmee." „Sind da nicht auch Fischer?" „Ja, die waren auf den ursprünglich drei Inseln auch schon vor den Römern dort." „Also sind wir wieder in Lindau." „Gewonnen!"
„Lindau wurde dann ein wichtiger Hafen und ein noch wichtigerer Handelsplatz." „Ebenfalls richtig."
„1274 wurde Lindau durch Rudolf von Habsburg als freie Reichsstadt bestätigt." „1804 kam Lindau zu Österreich." „1805 ging Lindau an Bayern." „Immer wieder verwunderlich, wie Orte so rumkommen!" flachste Saskia.

„Und das dort drüben?" „Das war das römische Brigantium. Das heutige Bregenz." „Und das erstreckt sich heute von der Festspielbühne im See bis zum Pfänder und zum Gebhardsberg." „Sehr hübsch sieht das von hier oben aus!" „Ja, schon die Römer sprachen von der ‚concha aurea', der goldenen Schale, in die sich Bregenz schmiegt."
„Etwas fünfhundert Jahre lang war Bregenz der Sammelplatz der römischen Legionen." „Später ein wichtiger Handelsplatz: in den Zeiten der Fugger."

„Von hier oben siehst du recht gut, dass das österreichische Ufer das Hauptzuflussgebiet des Bodensees ist, eine echte Delta-Landschaft." „Das Gefühl hatte ich schon auf der Herfahrt gehabt."
„Da drunten ist Walzenhausen, der ‚Balkon der Ostschweiz'." „Und der hohe Berg da hinten, das ist der Säntis. Mit seinen 2.504 Metern der höchste Berg im

Bodenseegebiet." „Von dort hätte ich wohl eine Superaussicht!" „Auf alle Fälle!"

„Der Rhein bis Basel ist der Hochrhein." „Stein am Rhein musst du dir unbedingt einmal ansehen. Ein lebendiges Bilderbuch!" „Nun, da steht mir ja noch Einiges bevor!" „Allerdings." „Hoffen wir für dich."

„Da unten, das ist Konstanz, nicht wahr?" „Richtig. Willst du eine Sage hören?" „Gerne, schieß los!"
„Die Heilige Helena war die Gattin von Diokletian. Und die gebar in Konstanz ihren Sohn Constantinus Chlorus, der später Kaiser Konstantin genannt wurde."
„Da hatten also schon damals so manche Eltern die Idee, ihre Kinder nach besonderen Orten zu nennen." „Ja, aber damals nannten sie den Sprössling nach dem Geburtsort." „Klar. Heute ist ja eher angesagt, ein Kind nach dem Zeugungsort zu benennen, " grinste Saskia.

„Hier am See gab es auch schon echte Weltuntergangsstimmung." „Wie das?" „Als die Alemannen auf dem Siegeszug waren, unterwarfen sie die ehemals vor allem römischen Städte. Und sie machten die römischen Handwerker zu ihren Sklaven." „Weil die nämlich so einige Fertigkeiten hatten, mit denen die Alemannen noch nicht vertraut waren." „Diese Sklaven durften Christen bleiben. Auch die meisten Kelten waren Christen. Die Alemannen blieben Heiden." „Und so erblickten die keltisch-romanischen Christen im Zerfall des Römischen Reiches den beginnenden Weltuntergang." „Und sie warteten auf die Wiederkunft Christi." „Tja, so kann mensch und in diesem Fall christ sich irren!"

„Magst du etwas vom wichtigsten Bewohner der Reichenau im Goldenen Zeitalter hören?" „Gerne."
„Das war der Abt und Dichter Walahfrid. Er war ein

liebenswürdiger und begabter Mensch." „In der Klosterschule bekam er den Zunamen Strabo." „Strabo? Was bedeutet das?" „Der Schielende." „Nicht eben schmeichelhaft. Und was war mit diesem Walahfrid?" „Er schrieb theologische und kirchenrechtliche Werke." „Und er übernahm immer wieder besondere Aufgaben für die Reichspolitik." „Schon jung eignete er sich eine besondere Schreibfertigkeit an. Und vor allem: er war geistig beweglich, konnte sich klar ausdrücken." „Zuerst arbeitete er am Reichenauer Verbrüderungsbuch." „Dabei musste er noch mit 17 Jahren bei Fehlern körperliche Strafen erdulden!" „Eine harte Schule!"
„Mit 18 schrieb er eine lateinische Dichtung von fast tausend Versen, die ‚Visio Wettini'." „Was ist das?" „Mönch Wetti war ein Freund und Förderer des jungen Walahfrid. Kurz vor seinem Tod hatte er Visionen, die er Walahfrid erzählte. Und dieser schrieb sie nieder." „Das klingt interessant. Erzählt mir bitte etwas über den Inhalt!" „Gern. Ein Engel führt den Sterbenden zuerst durch die Hölle. Dort ist es grauenhaft. Es gibt habgierige Mönche, zuchtlose Priester, ungläubige Bischöfe, gewalttätige Grafen, die für ihre Missetaten und ihre Gottlosigkeit in ewiger Verdammnis gequält werden. Oft sieht der Mönch Wetti dabei bekannte Persönlichkeiten."
„Dann führt ihn der Engel ins Fegefeuer. Dort sieht der Mönch noch viel mehr bekannte und berühmte Persönlichkeiten." „So auch den Abt Waldo von Reichenau. Der muss für seine Weltlichkeit büßen. Und auch Karl der Große ist dort. Der Kaiser muss für seine Abenteuer büßen."
„Abenteuer?" „Ja. Karl der Große kannte ziemlich viele Frauen. Um es elegant auszudrücken." „Mit vier Frauen war er offiziell verheiratet." „Aber in seinem Leben gab es noch viel, viel mehr." „So ein Schlingel!"
„Und zum Schluss darf Mönch Wetti den Himmel sehen.

Den Himmel mit all seinen Seligen und Heiligen. Und dort wird Mönch Wettis Seele in die ewige Herrlichkeit aufgenommen. Dank der Fürsprache der Mutter Gottes." „Wenigstens ein tröstliches Ende."

„Übrigens, Weltuntergangsstimmung gab es noch einmal am See." „Ja. Das war in der Ottonischen Zeit. Da geisterte die Idee der Erfüllung des Tausendjährigen Reiches in den Köpfen rum." „Und wieder wurde nichts draus! Irgendwie bin ich recht froh darüber." „Wir ja auch!"

„Nach so viel Dramatik hätte ich Lust auf etwas Freudvolles." „Kurzer Exkurs über den Minnegesang gefällig?" „Au ja! Den gab es also auch hier am Bodensee?" „Und ob!"
„Ursprünglich kam der Minnesang vom Arabischen Adel." „Über Spanien kam er dann auch an den Bodensee."
„Der erste, recht ruhmreiche Kreuzzug führte zu einer Nachahmung der französischen Ritterschaft. Die neuen Ideale waren Frömmigkeit, Kühnheit und Minnedienst." „Dazu kam ein Erstarken des geistlichen Marienkultes." „Und die Mystik der Dominikaner beispielsweise trug auch Einiges dazu bei, die vollkommene, aber unerreichbare Frau anzubeten."
„Ein Meister des Minnesangs war Ritter Ulrich von Singenberg, ein Truchsess von St. Gallen." „Der möglicherweise ein Schüler von Walther von der Vogelweide war."
„Bedeutend war auch der Minnesänger Burkart von Hohenfels, der um 1200 lebte."
„Im 13. Jahrhundert gehörte es zum guten Ton junger Adeliger, Verse zur Laute vortragen zu können." „Hm. Hört sich romantisch an. Und worüber sangen sie?"
„Das Hauptthema war das Heimweh nach der Geliebten." „Da gab es auch romantische Naturbeschreibungen." „Beispielsweise das Liebesspiel der

Nachtigallen in maigrünen Wäldern." „Es gab auch
Gesänge, die vom Leben der Ritter handelten." „Wie das
Lied eines Wächters auf der Turmzinne, der die fahrenden
Ritter mit seinem Morgenruf weckt." „Und immer wieder
das Thema Liebe. Frohlocken. Und Wehklagen über die
Liebe, die unerfüllt bleiben muss."
„Am romantischsten war wohl die Verherrlichung der
Rosen, die aus dem Munde der Geliebten blühten." „Und
die, wenn sie gepflückt werden, in ihrem Lächeln immer
wieder neu erblühen." „Romantisch ist gut. Aber das ist mir
allmählich zu kitschig!"

„Dann wieder etwas Handfesteres?" „Ja, bitte." „Die
Bodenseekultur begann im ersten Jahrhundert durch
römischen Formensinn und alemannische Kraft."
„Stop! Keine Schulstunde, bitte!"
„Willst du zurück zu deiner Bank?" „Das nun auch wieder
nicht. Noch nicht zumindest."

„Dann komm jetzt mal mit zur Mehrerau." „Wo ist
das?" „Bei Bregenz." „Wieder Kloster?" „Allerdings."
„Wenn auch 1807." „Was war da Besonderes?" „Die Abtei
wurde säkularisiert." „Gut. Was ist denn das?" „Schau doch
mal: die Kirche wird abgerissen." „Und wo bringen sie die
Steine hin?" „Damit wird der Lindauer Hafen
gebaut." „Nicht eben nett." „Aber für die Lindauer war es
immerhin gut."
„Und was passiert jetzt?" „Das ist ein großes Volksfest.
Die Bregenzer wissen endlich, wo sie ihre
Faschingsveranstaltung feiern werden!" „Vorher haben sie
allerdings noch einige Arbeit." „Sie müssen die Bücher aus
dem Bibliothekssaal ins Freie bringen."
„Die zünden ja die Bücher an!" „Genau! Und das Feuer
brennt drei Tage und drei Nächte lang." „Und die
Menschen schauen zu, trinken und essen Würste
dazu." „Entsetzlich! Gab es denn keine andere Möglichkeit

27

für die Bücher?" „Aber ja, etliche wurden als Lochfüller in den Straßen oder gegen Zugluft in Hauswänden verwendet ..."
„Ist das wirklich wahr?" „Ja. Es ist wahr."

„Komm, wir zeigen dir etwas ganz Anderes. Etwas sozusagen Weibliches." „Hier waren wir noch nicht. Wo sind wir?" „In Münsterlingen. Das ist am Schweizer Ufer, in der Nähe von Kreuzlingen." „Irgendwie ist es hier ganz anders, und doch auch wunder-wunderschön." „Tja, das ist das Virus!" „Ich dachte: Bazillus." „Es ist ein Virus. Einen Bazillus könntest du ja leicht wieder los bekommen!" „Ach ja? So ist das also!"
„Und zu diesem Münsterlingen gibt es eine Legende." „Fein." „Vor dem Jahre tausend geriet eine Englische Königstochter auf dem Bodensee in Seenot. Und sie gelobte, am Ort ihrer Rettung ein Frauenkloster bauen zu lassen." „Nett von der Königstochter. Fragt sich bloß, was so eine Englische Königstochter auf dem Bodensee verloren hatte!"
„Es gibt da auch eine weit weniger romantische Gründungsgeschichte." „Frauen vom Pilgerhospiz in Konstanz wurden ausgesiedelt, weil sie den reformerischen Plänen Gebhards II im Weg waren."
„Ich bevorzuge die Geschichte von der Königstochter!" „Das dachte ich mir doch gleich!"

„Komm mit nach Radolfzell." „Gern. Und was zeigt ihr mir hier Besonderes?" „Die Gegensatzwelt." „Wie bitte?" „Ja, hier ist die Welt der Gegensätze dargestellt. Der Gegensatz zwischen ,rechter' und ,verkehrter' Welt. Der Gegensatz von Bürgern und Narren." „Dabei geht es nicht um lustige Narren, sondern um die, die ihr Seelenheil verspielen." „Mit Narrenkappen und obszönen Gesten sind sie die Peiniger Christi." „Schau mal die Bürger an. Die sind in ihren typischen Trachten dargestellt. Die Frauen

mit Bälge, der Radolfzeller Radhaube." „Und diese braven Bürger stehen Christus bei."
„Links im Hintergrund ist Golgatha. Und rechts ist Radolfzell, das sozusagen gleichzeitig Jerusalem ist." „Jerusalem, der Ort, von dem der Leidensweg Christi ausging." „Und das gleichzeitig das Ziel der Gläubigen ist, nämlich das himmlische Jerusalem."
„Und was ist das für ein toller Altar?" „Der Rosenkranzaltar." „Er wurde mitten im 30jährigen Krieg von der Rosenkranzbruderschaft gestiftet." „Die 15 Medaillons erzählen die Geheimnisse des Rosenkranzes." „Und in der Mitte ist eine Mondsichelmadonna." „Das gefällt mir. Und – hier will ich auch mal herkommen." „Wussten wir doch schon von Anfang an, dass es dir so ergehen würde!" „Und: nicht bloß dir!"

„Dürfen wir dich zu einer Kirche entführen?" „Aber ja doch." „Wir kommen zur St. Georgs-Kirche auf der Reichenau." „Wir möchten, dass du ein Gefühl dafür bekommst, wie damals eine Messe ablief."
„Total anders als heute? Ach ja, in Latein. Und dann wurde da auch noch von der Kanzel gepredigt, nicht wahr?" „Schau es dir an!" „Wo sollen denn die Leute sitzen? Da sind ja gar keine Bänke!" „Genau." „Und das hatte seinen besonderen Grund." „Erzählt mal!"
„Die meisten Menschen waren damals Analphabeten. So waren die Innenwände der Kirchen mit Heil- und Wundergeschichten Christi bemalt, denn Bilder, die konnten die Gläubigen verstehen." „Die Gläubigen blieben damals nicht an einem Platz." „Sondern sie wanderten während des Gottesdienstes durch die Kirche, von Bild zu Bild." „Beim sozusagen Ausgang war ein Bild vom Jüngsten Gericht." „So musste jeder Gläubige die Pforte des Jüngsten Gerichts durchschreiten." „Ich verstehe: so hörten die Gläubigen nicht nur, sondern sie sahen auch."

„Mehr noch: durch dieses Herumgehen erlebten sie den Glauben regelrecht." „Wirklich interessant. Das hatte ich bis jetzt noch nicht gewusst."

„Da hätten wir noch ein speziell weibliches Thema für dich." „Gerne." „Wusste ich doch, dass du daran interessiert sein wirst." „Wir erzählen dir vom vermutlich ersten Sitzstreik in der Geschichte, zumindest in der Geschichte der Frauenbewegung." „Das klingt interessant. Wo war denn das?" „Etwas weg vom See, in der Schweiz. In Warth bei Ittingen." „Keine Ahnung, aber ich komme gerne mit euch dorthin." „Ursprünglich war es ein Augustinerchorherrenstift, nachdem vorher dort eine Burg gestanden hatte." „Ziemlich dramatisch." „Die Gründungslegende ist echt tragisch, aber die erzählen wir dir jetzt nicht." „Sondern?" „1084 erstanden die Kartäuser das Anwesen. Und die hatten sehr strenge Ordensregeln. Sie führten ein Leben zwischen Einsiedlertum und Mönchswesen." „Dies führte zu Problemen mit der ansässigen Bevölkerung. Die zurückgezogen lebenden, oft ausländischen Mönche verschlossen ihre Kirche vor dem Volk." „Warum das?" „Weil sie unter sich sein wollten." „Und dabei war die Kirche sowieso ganz speziell aufgeteilt." „Wie denn?" „Der erste Teil gleich nach dem Portal war für Bauern und Knechte vorgesehen." „Also NICHT für Frauen!" „Und dieser Teil war durch eine Laienschranke vom vorderen Teil der Kirche abgegrenzt." „Über dem Portal war eine Empore für Gäste. Dieser Teil war aber nur vom Gästeflügel aus zugängig."

„Vor dem Tor in der Laienschranke war der Platz für den Bruderchor, der den Laienbrüdern für ihren Gottesdienst diente." „Vom Altarraum war dieser Teil durch einen begehbaren Lettner abgegrenzt." „So war jede Sicht auf

den Mönchschor versperrt." „Voll doof. Und was passierte?"
„Was die Männer von Warth taten, ist nicht überliefert." „Na eben. Vermutlich taten sie gar nichts!" „Ganz gut möglich. Jedenfalls waren die Frauen von Warth nicht bereit, auf ihre Kirche zu verzichten." „Und veranstalteten einen Sitzstreik." „Sie besetzten die Kirche. Im wahrsten Sinne des Wortes." „Und wann verließen sie die dann die Kirche?" „Erst als ihnen der Bau einer Kapelle in Warth versprochen wurde." „Und bekamen sie die auch?" „Ja." „Gut so", schmunzelte Saskia.

„Komm mit nach Weingarten!" „Gerne, das ist ja fast schon in meiner Richtung!" „Und wir erzählen dir eine besondere Geschichte." „Das nahm ich an. Lasst hören!" „Schau mal, diese Orgel in der Basilika." „Wunderschön ist sie." „Und erst, wenn du sie hörst!" „Wieso? Hat sie einen besonderen Klang?"
„Und ob! Angeblich verkaufte der Erbauer der Orgel, Joseph Gabler, seine Seele dem Teufel." „Warum das?" „Um die ‚vox humana', die menschliche Stimme, für seine Orgel zu bekommen!" „Und? Hat der Teufel geholfen?" „Zumindest hört sich die Orgelpfeife tatsächlich wie eine menschliche Stimme an."
„Und wie erging es dem Teufel?" „Nicht so sehr gut. Im Deckengemälde des mittleren Langhausjochs wird er vom Bannstrahl Benedikts getroffen und fällt ins Bodenlose, über den Rand des Gemäldes hinaus." „Armer Teufel! Sozusagen ewig da zu fallen, na, das stelle ich mir nicht eben angenehm vor," grinste Saskia.

„Kennst du die Legende von der Entstehung des Bodensees?" „Nein. Wie geht die?"
„Als Gott den Sündenfall von Adam und Eva sah, weinte er eine Träne. Diese Träne fiel als leuchtender Tropfen an

31

den Fuß der Alpen und spiegelt seither ein Stück vom
verlorenen Paradies wider."
„Das ist eine nette Legende. Die will ich mir merken!"

„Komm mit!" „Gern. Ich freue mich, wieder über dem
Bodensee zu sein. Was ist das für ein Schloss da unten?
Das sieht ganz fremdartig aus!" „Das ist das
Montfortschloss in Langenargen." „Und du siehst richtig:
es ist in maurisch-italienischem Stil erbaut." „Wirkt
jedenfalls recht exotisch auf mich."

„Weniger exotisch ist beispielsweise
Singen." „Warum?" „Sie wird auch die ‚Stadt der Arbeit'
genannt." „Wieso das? Gibt es dort so viele Betriebe?" „Ja.
Und ganz besonders einen: die Maggi-Werke."
„In Langenargen ist das Institut für Seenforschung." „In
Arbon entwickelte Rudolf Diesel erstmals Automobil-
Diesel-Motoren." „Romanshorn hat den größten
Bodenseehafen." „St. Gallen ist die älteste Kulturstätte des
Bodenseeraums." „Lindau ist die südlichste Deutsche
Stadt."
Saskia hielt sich lachend die Ohren zu: „Genug. So viel auf
einmal, das vergesse ich ja schneller, als ich es aufnehmen
kann!"

„Und dabei wollten wir dir eben den Rheinfall
zeigen." „Was ist das nun wieder für ein Reinfall?" „Nein,
ich meine den echten Rheinfall bei Schaffhausen." „Also
gut. Worauf warten wir?!"
„Schau mal, hier überspringt der Rhein sozusagen den
Jura." „Und noch mal schulmeisterlich: der Rheinfall ist
110 Meter breit, 20 Meter hoch. Und da stürzen 700.000
Sekundenliter drüber, so als mittlere Wassermenge." „Das
ist ja eine ganze Menge." „Ziemlich."

„Wieso nehmt ihr eigentlich an, dass der Rhein durch den

Bodensee durchfließt? Ist es nicht eher so, dass der Rhein in den Bodensee reinfließt, und dann eben irgendein Fluss der Abfluss des Sees ist?" „Das wissen wir ja immer schon. Und wir wissen das ganz genau." „Und da wurden auch Färbeversuche gemacht. Und die bestätigten, was wir ja immer schon wussten!" „Na, dann glaube ich das auch noch!"

„Was ist das für eine Schlacht?" „Das ist vor Maurach. Im Jahr 1819." „Was war den da für ein Krieg?" „Gar keiner." „Aber – die kämpfen doch!" „Irrtum. Die kämpfen nicht wirklich." „Kann man denn auch unwirklich kämpfen? Am Bodensee ist ja wohl alles möglich!" „Zumindest so Einiges. Das, was du siehst, ist ein Schaugefecht. Die Bürgerwehren von Maurach veranstalteten es zu Ehren des Großherzogs von Baden." „Tja. Und heute gibt es die Spiele am See ..." überlegte Saskia. „Und sogar ein James-Bond-Film wird teilweise dort gedreht werden." „Das wisst ihr?" „Na, versuch doch mal, den Geistern über dem Wasser etwas zu verheimlichen!" „Vermutlich sinnlos, nehme ich an." „Wir widersprechen dir sicher nicht!"

„Und was ist da los? Das muss ziemlich am Westende des Sees sein!" „Ja, das ist in Konstanz. Und zwar im April 1665." „Das Bild erinnert mich an die Karte ‚der Turm' aus meinen Tarot-Karten. Da sind auch so große Tropfen drauf." „Gut beobachtet." „Das ist eine Kometenerscheinung." „Und die bringt Angst und Schrecken, wird als Vorbote einer unheilbringenden Zeit angesehen." „Und was war tatsächlich?" „Es war ein Superweinjahr. Noch nie war ein Wein so gut gewesen wie der Kometenwein!" „Ernsthaft?" „Voller Ernst. 1811 gab's nochmals so ähnliche Erscheinungen." „Na, dann wären solche Kometenerscheinungen ja bald wieder fällig!" „Gut möglich."

„Jetzt sieht es aber eher nach Überschwemmung aus!" „Genau. Das war 1817 die bisher größte Überschwemmung in Konstanz, vor allem auf der Marktstätte."
„Und was ist das, bitte?" „Das ist das genaue Gegenteil. Das ist Konstanz bei extremem Niedrigwasser." „1858 ist das. Da sind die Sandbänke vor Konstanz begehbar. Die werden ‚Aletrain' genannt." „Und die lebensfrohen Konstanzer feierten dort gleich ein Schützenfest."

„Das Bild da unten mag ich nicht sehen!" „Ja, das verstehe ich. Das ist der Zusammenstoß der Dampfschiffe ‚Zürich' und ‚Ludwig' am 11. März 1861."
„Und da war auch der echte Reinfall mit dem Dampfschiff ‚Rheinfall'." „Ist ja auch ein blöder Name für ein Schiff, finde ich. Und was war mit diesem Reinfall mit dem Rheinfall?" „Der Dampfkessel explodierte." „Schrecklich." „So ist das Leben."

„So allmählich will ich dann doch wieder zu meiner Bank zurück." „Selbstverständlich. Noch eine rührselige Geschichte zum Abschluss?" „Nur zu, gern."
„Dazu sind wir etwas weiter weg vom See, in Fischingen auf der Schweizer Seite." „Wenn du zu Fuß hin wanderst, hast du nur noch schlappe 1910 Kilometer nach Santiago de Compostela." „Nein, danke, an solchen Riesenwanderungen habe ich derzeit keinen Bedarf! Obwohl der Weg ja jetzt hoch im Kurs steht!"
„Im Kloster von Fischingen gibt es jedenfalls eine rechteckige Öffnung für die Füße der müden Wanderer." „Und wen treffe ich sonst noch dort?"
„Wir stellen dir die Heilige Idda vor. Damals – da ist sie ja noch nicht so sehr heilig." „Und was ist mit der Heiligen Ida?" „Nicht Ida, sondern Idda mit zwei De." „Das ist selbstverständlich etwas ganz anderes! Klar, dass sie dann eine Heilige wird. Und was machte sie vorher?" „Erst

einmal feierte sie Hochzeit. Mit dem Grafen von Toggenburg." „Bei so manchen Männern müssen wir Frauen ja wirklich Heilige sein, sie zu heiraten!" seufzte Saskia theatralisch. Die sie begleitenden Geister lachten hell.

„Dann wurde es dramatisch. Ein Rabe stahl ihr nämlich den Ehering." „Ich dachte, dafür sind die Elstern zuständig." „In dieser Geschichte war es ein Rabe." „Und ein Jäger fand den Ring im Rabennest." „Na klar glaubte der Ehemann die Geschichte nicht." „Es kam zu Verleumdungen und Anschuldigungen wegen Ehebruchs." „Vorsichtshalber wurde der Jäger von einem Pferd zu Tode geschleift." „Und was passierte mit Idda?" „Die ließ der Herr Graf von den Burgzinnen werfen." „Da machte sich der Herr Ehemann nicht mal die Finger schmutzig. Typisch! – Und deshalb wurde die arme Idda heilig gesprochen?"

„So warte doch!" „Während des Falls rief Idda nämlich Gott an." „Und der errettete sie tatsächlich. Sie lebte dann in einer Höhle. Ihre einzige Gesellschaft war ein Hirsch." „Bloß gut, dass der Jäger nicht mehr in der Gegend rumkurvte!"

„Aber Saskia! – Später tauchte ihr Mann dann wieder auf, bat um Verzeihung. Und Idda verzieh ihm. Jedoch kam sie nicht mehr zu ihm zurück." „Hätte ich auch nicht gemacht!" „Idda ging nach Fischingen zur Mette. Der Hirsch leuchtete ihr." „Auf Bitten der Nonnen blieb Idda in Fischingen. Sie beschloss ihr Leben dort als Reklusin." „Was ist denn das nun wieder?"

„Sie ließ sich einmauern, hatte nur über ein kleines Fenster mit der Außenwelt Kontakt." „Schrecklich!" „Das war damals eine durchaus beliebte Art der Klausur, vor allem bei Frauen."

„Nach der Legende löschte der Teufel die Kerze der Heiligen aus, um sie leichter versuchen zu können." „Und?"

„Idda rief zum Friedhof hinüber: ‚Zünd nur Todt dis Licht geschwind, so mir ausgelöscht der böse find.'" „Und?" „Ein Toter stand auf und brachte Idda Licht." „Und er sagte: ‚Idda, nimm hier von meiner Hand, Toggenburg bin ich genannd.'" „Also der Versuch einer Wiedergutmachung?" „Vermutlich."
„Wirklich eine rührende Geschichte. Und so eine Liebesgeschichte der unglücklichen Sorte sozusagen ... Ich nehme an, ihr wollt mir damit etwas Besonderes sagen." „Gewonnen! Und du bist klug genug, aus dieser Geschichte deine eigenen Schlüsse zu ziehen." „Das werde ich. Danke. Danke für alles." „Schon gut. Wir freuen uns über Menschen, die etwas feinfühliger sind als die meisten." „Wir hatten Freude an deiner Gesellschaft. Doch nun atme tief durch. Und öffne dann langsam deine Augen." „Vergiss uns nicht!" „Bestimmt nicht. Und: ich komme wieder!"

Saskia rubbelte sich die Augen. Sie saß auf der Bank, sah zur untergehenden Sonne. Sie sah auf die Armbanduhr. Das konnte doch nicht wahr sein! Bloß wenige Minuten waren vergangen!

Hatte sie das Alles wirklich erlebt? Hatte sie geträumt? Gewissermaßen war das nicht wichtig, schien ihr.

Plötzlich kam der Begriff „Aquarell" in ihr hoch. Ja. Das Erlebnis war in zarten Aquarellfarben gewesen. Feenhaft. In Pastelltönen.

So, wie jetzt der Himmel war.

Und Saskia fühlte sich leicht; längst nicht mehr so schwer, wie sie an den Bodensee gekommen war.

36

VORSICHTIGE ANNÄHERUNG

Gut gelaunt fuhr Saskia in Richtung Bodensee. Das hatte sie doch schon so lange vorgehabt! Aber irgendwie war immer wieder was dazwischengekommen.

Umso mehr freute es sie, an diesem 1. Mai unterwegs zu sein. Ohne besonderes Programm. Mal sehen und vor allem fühlen, wohin es sie denn so ziehen würde. Vermutlich nach Lindau, vermutete sie.

Strahlend schön war dieser Tag. Und sie war angenehm flott unterwegs.

Zumindest anfangs.

Als sie nur noch in einer Blechschlange mitschlängelte, fuhr sie von der Hauptstraße ab und gondelte gemächlich durch welliges Gelände. Denn diesen schönen Tag im zunehmenden Stau zu verbringen, danach war ihr nun wirklich nicht!

Wo war sie? Grad mal etwas südlich von Leutkirch. Mitten in saftig grünen Wiesen und jeder Menge Landschaft samt Landwirtschaft. Im Allgäu also.

Amüsiert entdeckte sie das Ortsschild „Ewigkeit" und wunderte sich, dass es eine so kleine Ewigkeit gab! Wohin sollte sie fahren? Richtung Isny? Die Straßen hier waren einladend, beinahe leer.

Und – warum auch nicht – sie wollte sich auf das Abenteuer Isny einlassen!

Gelegentlich hatte Saskia etwas über den Bodensee gelesen. Eigenartig: sobald sie sich für etwas interessierte, stolperte sie immer wieder über Informationen genau über dieses Thema. Und klar war das beim Bodensee auch so. Der Bodensee wurde sogar als „die Seele Europas" bezeichnet. Schwärmer erzählten von der Blütenpracht im Frühjahr, den prallen Weinbergen und Obstbäumen im Herbst, vom reinsten Trinkwasser dieses größten

Trinkwasserspeichers Europas, von den 35 Arten an Speisefischen, die im Bodensee lebten. Die Luftlinie zwischen Konstanz und Bregenz betrug 46 Kilometer, das war eine Erdkrümmung von 41,5 Metern.

Na klar weinte der Bodensee, wenn es regnete. Und er lachte, wenn die Sonne schien. Wenn ein heftiger Wind wehte, konnte er ziemlich zornig werden. Wenn Morgendunst oder Nebel über dem See war, war er sozusagen auch in ihm: der Bodensee verschmolz dann mit seinen Ufern und erschien endlos wie ein Meer. Der Bodensee war eben ein Mehr an Erlebnissen.

Schmunzelnd dachte sie daran, dass da jemand ausgerechnet hatte, dass die Fläche des Bodensees einen großzügigen Parkplatz für dreißig Millionen Fahrzeuge abgäbe! Etwas raumsparender geparkt hätte der gesamte Bestand an Personenkraftwagen von ganz Deutschland – also beinahe fünfzig Millionen – dort Platz. Na, wenn die alle dorthin kämen, da wären die Straßen wohl noch weit mehr verstopft als heute! Und funktionieren würde das ja auch bloß, wenn wieder mal eine Seegfrörne wäre!

Nein, jetzt wollte Saskia nicht gleich wieder in die fantastischen Geschichten ihres vorigen Besuchs eintauchen. Aber klar erinnerte sie sich oft und vor allem auch gerne an diese ungewöhnlichen Erlebnisse. Jetzt war es wohl besser, sich aufs Fahren zu konzentrieren.

Über das Wasser des Bodensees hatte sie einige erstaunliche Informationen bekommen. Im See waren etwa fünfzig Milliarden Kubikmeter Wasser. Das waren fünfzig Billionen Liter! Also, eine Fünf mit dreizehn Nullen dahinter!

Bei Sipplingen wurde Wasser für die Region Stuttgart entnommen. Selbst wenn kein Wasser mehr in den Bodensee hineinflösse, könnten die Stuttgarter noch mehr als 350 Jahre lang Wasser trinken.

Amüsiert stellte sich Saskia vor, wie das so wäre, wenn die

Stuttgarter das Bodenseewasser ungefiltert bekämen: so mit Fischchen drin und verlorenen Bikiniteilen und mit verunglückten Gummitieren. Beinahe schade, dass das nicht so lief!

Was war das? Was ging mit ihr vor? Ihre Laune verbesserte sich von Kilometer zu Kilometer. Erfreut und dankbar nahm es Saskia zur Kenntnis.

Sie erinnerte sich daran, dass durch die Verdunstung sozusagen mehr Wasser verloren ging als durch die Entnahme. Und dass sogar der Rheinfall selbst ohne Zufluss noch so vier Jahre lang genauso weiterfallen könnte, wie er das jetzt tat. Also, die großen Frachtschiffe und auch die kleinen Sportboote im immer größeren, breiteren, behäbigen Rhein noch nicht zu Fuß gehen müssten, sozusagen.

Und doch hatten die Weltmeere fünfundzwanzig Millionen Mal so viel Wasser wie der Bodensee. Also war das ganze Wasser vom See für die Weltmeere grade mal soviel wie der Inhalt eines kleinen Fläschchens mit etwa dreißig Tröpfchen in einer angenehm großen gefüllten Badewanne. Wie jetzt? Groß und klein – zugleich sozusagen. Wie immer Saskia diese Wassergeschichte ansah: sie selbst war gegen diese Größen winzigklein. Normalmaß? Möglicherweise. Hoffentlich.

Noch etwas fiel Saskia ein: laut WWF-Bericht war der „Wert" der Weltmeere 21 Billionen Dollar. Jährlich! Dabei wurden „nur" die Dienstleistungen des Meeres gelistet. An erster Stelle Nahrung, Medizin, Katastrophen- und Klimaschutz.
Bloß gut, dass die Meere keine Meerwertsteuer verlangten, überlegte sie.

Inzwischen war Saskia in Isny. Auf dem Parkplatz 4 bekam sie einen freien Platz, der heute nichts kostete. Weil ja Feiertag war. Doppelter noch dazu: Christi Himmelfahrt und Erster Mai. Saskia überlegte: Da war doch endlich mal klar, dass so eine Himmelfahrt ein schönes Stück Arbeit war!

Saskia ging durch das Hintenmoos zur Stadtmauer. Durch das Wassertor kam sie in die Innenstadt. Saskia fühlte sich hier wie in eine längst vergangene Zeit versetzt. Irgendwie war es traumhaft, dieses fröhliche Gemisch von Mittelalter und Neuzeit.

Da gab es ein Irisches Lokal, das „Murphys Pub", das um diese frühe Zeit noch nicht offen hatte. Wer würde denn auch jetzt schon... Sozusagen dahinter entdeckte Saskia eine heitere Gruppe von Skulpturen, denen sie spontan den Namen „ein Loch ist im Eimer" gab.

Saskia ging zurück, unter Laubengängen am Rathaus vorbei. Sie amüsierte sich über eine Bäckerei mit dem Namen Schumacher. Da war wohl mal ein Sprössling aus der Tradition ausgebrochen, stellte sie sich vor.

Saskia entdeckte eine spezielle Buchhandlung. „Für Igel", stellte sie für sich fest. Dort gab's wunderschöne Paperblanks. Schade, dass heute geschlossen war.

Sie ging auf das Espantor zu, eines der Tore in der Stadtmauer. Espan? War das was Spanisches? Hörte sich jedenfalls so an! Eine Tafel klärte sie auf: Espan, das war ein von der Dreifelderwirtschaft ausgenommenes Land, also allgemeines Weideland. Na ja, im 13. Jahrhundert! Da war die Allgemeinheit samt Rindviechern wichtig, stellte sie sich vor.

Auf der anderen Seite des Espantors kam Saskia zum Stadtbach. Und dort links? Was war das für ein ungewöhnliches Haus? Das wollte sie sich unbedingt genauer ansehen!

Fröhlich rosarot war das Haus. Mit Zodiakzeichen. Und vor allem mit einem Till Eulenspiegel. So richtig mit Eule und Spiegel. Und einem riesigen Glockenspiel. Na, wenn das mal wirklich spielte, dann würde das bestimmt einigen Lärm machen!

Direkt gegenüber war die Zunftstube. Bestimmt für die Faschingszunft! Und schräg gegenüber das Museum am Mühlturm. Und sozusagen von ihrem Platz aus gesehen im Eck, da war eine Wohnung zwischen Himmel und Erde. Im Übergang zum Rossmarkt über der Spitalgasse. Ein ungewöhnliches Plätzchen, so gar nicht in die Jetztzeit passend, stellte Saskia fest. Und – sie würde sich nicht wundern – hier etwas Besonderes zu erleben.

Vermutlich war das die Magie des Bodensees, die sie auch hier spürte.

Warum standen jetzt ein paar Leute rum und sahen in Richtung Till Eulenspiegel? Immer mehr Leute kamen. Saskia wollte wissen, was es damit auf sich hatte und blieb ebenfalls stehen. Unverhofft kam ein Hündchen auf sie zu. Aber: dieses Hündchen, das kannte sie doch! Mitsamt Frauchen.

Eigenartig: diese Frau schien keineswegs überrascht zu sein, Saskia hier zu treffen! Und klar hatte das Hündchen Saskia viel früher entdeckt als ihr Frauchen. Grade da begann das Spektakel, um halb zwölf.

Till Eulenspiegel saß sozusagen lässig auf zwei doppelflügeligen hohen Fenstern. Die öffneten sich jetzt. Aus den linken Flügeltüren kam eine etwa lebensgroße Puppe mit einer Posaune. Und rechts kam ein Trachtenpärchen heraus. Vermutlich vom Band kamen in Glockenspielmanier bekannte Lieder, nach dem das Pärchen tanzte und der Posaunist blies. Köstlich-kitschig diese mechanischen Puppen. Besonders das Pärchen führte eine Vielzahl von Figuren durch: trat vor das Publikum, tanzte, verbeugte sich vor einander, winkte einander zu, bedankte sich...

Saskia blieb – wie ja auch alle anderen – bis sich die Doppelflügel wieder schlossen, die Musik schwieg. Die Hündin stupste sie an, brachte sie aus der Welt der Puppen in die Realität zurück.

Ein Blick in die Gesichter der Umstehenden machte Saskia bewusst, dass sich auch die anderen bezaubern hatten lassen. Klar auch die Frau, die sie doch von Bregenz, vom Casting her kannte!

„Direkt dem Märchenbuch entsprungen! Meinst du nicht auch!" „Ja! Einfach super, dieses Erlebnis. Ich hatte keine Ahnung gehabt..." „Wozu auch! Immerhin: du warst zur rechten Zeit am rechten Ort. Und das genügt vollauf. Mehr brauchen wir nicht zu wissen."

„Und Sie, Sie kennen diese zauberhafte Vorführung." „Vorführung. Eine Verführung. Eine Führung in unser Inneres. – Nein, ich kannte es noch nicht. Eigentlich war ich wo ganz anders hin unterwegs. Und dann nervte mich der Verkehr und ich bog ab." „Grad so ging es mir. Ich wollte nämlich zum Bodensee."

„Ja? Hat es dich erwischt, das Bodenseevirus?" „Das kennen Sie? Von dem wissen Sie auch?" „Na klar. Was glaubst denn du, warum ich am See lebe!" „Was hat es mit dem Bodenseevirus auf sich?"

„Keine Ahnung! Jedenfalls verändert er das Leben der Menschen, die es bekommen. Das ist keine Frage. Und klar tritt so ein Virus bei Jedem und vor allem auch Jeder anders auf."

Längst waren sie weitergegangen. Wie selbstverständlich nebeneinander. Bloß die Hündin hatte ihre ganz spezielle Art, Isny für sich zu erobern. Immerhin kam sie fast immer, wenn sie gerufen wurde.

In der Obertorstraße lachten sie gemeinsam über den

„Schwäbischen Fastfood-Imbiss". „Na, vermutlich hat auch
der seine Kundschaft!" „Tja. Erschreckend, aber durchaus
möglich." „Irgendwie ist es ja doch auch eine witzige Idee!
Und auf jeden Fall ist mir so ein Schwäbischer doch lieber
als noch ein Amerikanischer mehr!" „Auch wieder wahr!"
„Da ist das ehemalige Spital!"
Im Durchgang zur Espantorstraße vor dem Rathaus wurde
das Hündchen zurückgerufen, weil sein Frauchen in eine
verstaubte, nichtssagende Auslage mit einem Fernseher
schaute. Was sollte denn das nun?
„Komm! Schau! Da gibt es eine Life-Übertragung!" Was
sollte das wohl? Eher unwillig kam Saskia zurück. Und:
freute sich kurz darauf über die Direktübertragung von
Romeo und Julia. Dem Storchenpaar, das in seinem Nest
am Rathausdach lebte!
Saskia schämte sich etwas ihrer ungehaltenen Gedanken.
Und fragte sich, wie das dieser doch so um Einiges älteren
Frau bloß möglich war, so schnell auf flüchtige Eindrücke
zu reagieren. Denn allem Anschein nach war sie ja auch
bloß Tagesgast, war auch bloß für einige Stunden hierher
gekommen.
Saskia war bester Laune, als sie weitergingen. Beim
Rathaus begann die Wassertorstraße. Und dann gab es eine
Klosterapotheke. Vom Kloster war ja nichts mehr zu sehen.
Der „Ochs" hatte nur als imponierendes Wirtshausschild
überlebt. Jetzt wurden dort Klamotten vertickt. Immerhin
gab es noch eine Ochsengasse.

„Hast du Lust, mit uns zum Essen zu gehen?" „Gerne."
Diesmal wurde die Hündin angeleint.
Gewissermaßen gleichzeitig peilten sie ein eher
altmodisches Lokal an: „Zum schwarzen Adler". Für den
Biergarten war es ja noch zu windig, zu kühl. Schade.
Belustigt sah Saskia, dass das Klo irgendwo hinten in der
ehemaligen Durchfahrt war. Ja, das Lokal war in etwa so,
wie sie es sich vorgestellt hatte. Köstlich altmodisch. Und

43

es füllte sich zusehends.

„Kann ich jetzt noch Weißwürste haben? Obwohl es ja schon nach zwölf ist?" Selbstverständlich war das möglich. „Was sollte die Frage?" „Das kennst du nicht? Im Bayerischen heißt es doch, dass anständige Weißwürste das Mittagsläuten nicht gehört haben dürfen!" „Na so was!" lachte Saskia.

„Übrigens: ich möchte mich endlich mal vorstellen. Ich heiße Saskia..." „Das genügt vollauf!" „Meinen Sie?" „Na klar. Du bist Saskia. Das bleibt vermutlich so. Familiennamen verändern sich oft. Und außerdem sagen sie kaum was über einen Menschen aus."

„Da haben Sie vermutlich Recht." „Warum sprichst du mich per Sie an?" „Nun ja. Ich weiß doch, dass ich weit jünger bin..." „Der Zustand ändert sich, da kannst du sicher sein. Und außerdem: ich fühle mich keineswegs so alt, wie ich bin und vermutlich auch aussehe! Ich finde es als einen besonders doofen Spruch, wenn jemand verlangt, dass der oder die andere doch erst einmal so alt werden sollte, ... Und vor allem: ich lebte etliche Jahre in Ländern, wo das Sie ungebräuchlich oder überhaupt nicht vorhanden ist. Daher spreche ich oft mit Anderen, mit bisher Unbekannten genauso gern wie mit alten Bekannten. Wenn sie mir sympathisch sind, selbstverständlich." „Danke." „Und klar erwarte ich von meinem Gegenüber dann auch, per Du angesprochen zu werden." „Einverstanden. Und wie heißt – du?" Saskia war dieses Du noch recht ungewohnt.

„Tja. Wie wohl? – Ich mache dir einen Vorschlag: finde doch du einen Namen für mich!"

Saskia lachte: „Also, die große Unbekannte?" „Aber nein! Bloß so als Hilfe für Alzheimer-Aspiranten!"

„Also, du meinst, ich soll dir einen Namen geben? Du willst für mich sozusagen einen besonderen Namen annehmen?" „Genau. Für dich bin ich nicht die historische Persönlichkeit. Für dich bin ich die schrullige Alte, die du beim Casting getroffen und der du eben jetzt wieder begegnet bist. Und genau so soll es für dich sein. Für dich ist nämlich genau das richtig. Denn in diesem gegenseitigen Spiel geht es nicht um unsere Vergangenheiten und all den Quatsch, sondern bloß um das Heute! Um das Hier und Jetzt! Um uns, wie wir gerade jetzt und eben hier sind! Zum Wohl!" prostete ihr die Frau zu.

Saskia dachte nach. Ungewöhnlich dieses Verhalten. So jemanden hatte sie bis jetzt noch nicht kennen gelernt. Und doch – irgendwie interessant, so total anders. Und jedenfalls nicht unsympathisch.

Die Frau ließ ihr Zeit für ihre Überlegungen. Die Hündin lag unter dem Stuhl, schien zu schlafen.

Aber ja! Warum eigentlich nicht? Saskia sah die Frau gegenüber an. Und plötzlich hatte sie eine Idee. „Ich las ein Buch." „So?" „Ein ganz besonderes Buch. Es heißt ,Grenzenlose Erlebnisse'. Und da kam eine Frau drin vor, an die du mich erinnerst." „Und wie hieß diese Frau?" „Das war die Edle von Habenichts und Binsehrviel." „Nicht eben ein alltäglicher Name." „Gewiss. Grade darum vermutlich richtig für eine nicht alltägliche Frau. Und wenn ich mir diese Frau vorstelle, dann könntest du das sein!" „Einverstanden. Der Name gefällt mir recht gut!"

Dann kam das Essen. Die Edle von Habenichts und Binsehrviel freute sich über das Majoranzweiglein im Wasser, in dem die Weißwürste badeten. Leise erzählte sie Saskia, dass normalerweise in Bayern eine ungerade Zahl an Würsten serviert würde. Aber heute waren ihr die zwei Würste grade recht. Mehr Hunger hatte sie nicht.

„Es ist was Besonderes, dass ich heute Weißwürste esse." „Die gibt es am Bodensee wohl nicht so oft?" „Am Bayerischen Ufer schon. Aber das hat einen anderen Grund. Normalerweise lebe ich vegan. Zumindest vegetarisch. Aber heute ist mir nach Ausnahme zu mute. Und: ich genieße sie!"

„Sie, entschuldigen, du scheinst mir eine ganz besondere Frau zu sein." „Na klar doch. So als Edle von Habenichts und Binsehrviel steht mir das ja auch zu, nicht wahr?" „Auch das. Vor allem aber fällt mir auf, dass du mit mir sprichst, als wäre ich etwa gleich alt, gleich gebildet wie du." „Und? Weißt du, ich war mit sechzehn enorm klar im Kopf, hatte auch einige besondere Erfahrungen. Damals wusste ich ziemlich genau, was alles ich NICHT wollte. Und das vergaß ich nie. – Übrigens, so klar wie damals, das bin ich leider immer noch nicht wieder! Wobei ich klarerweise weiß, dass es eine Klarheit auf höherer Ebene sozusagen sein wird. Aber darauf warte ich immer noch! – Leider."

„Dass du so fit bist nach der Walpurgisnacht, ist verwunderlich!" Saskia wollte zu viel Ernsthaftigkeit vermeiden. Die Edle von Habenichts und Binsehrviel ging sofort auf den munteren Plauderton ein: „Echte Hexen haben doch damit kein Problem! Das weißt du doch selbst am besten! Und klar ist diese Nacht der Kelten zu Ehren der Fruchtbarkeit immer wieder etwas ganz Besonderes. Kränze aus Gundelrebe sehen nicht bloß hübsch aus." „Sondern?" „Gundelrebe ist eine ganz besondere Heilpflanze: als Hustenmittel und zur Wundheilung. – Was ich nicht so sehr mag, das ist das Peitschenknallen, das in manchen Gegenden noch üblich ist." „Wozu denn das?" „Dem Wunsch nach Befreiung Ausdruck zu geben. – Aber jetzt genug von der Vergangenheit!"

„Da will ich ja was ganz Besonderes von dir wissen. Entschuldige meine Neugier. Bekamst du Post von den Casting-Leuten?" „Bis jetzt zumindest noch nicht. Ich hatte ja ohnehin nicht damit gerechnet. Aber das Casting, das wollte ich mir nun mal nicht entgegen lassen. So einen Event gibt es in Bregenz ja nicht alle Tage! – Und wie ist das bei dir?"

„Ich hätte mir doch eine gute Woche Urlaub nehmen müssen. Und das geht jetzt nicht. So sagte ich ab. Ohne zu wissen, ob ich nun eine Chance gehabt hätte oder nicht. Irgendwie schade."

„Dafür veränderte sich Bregenz total." „Wie denn das?" „Nun, für den James-Bond-Dreh brauchte Bregenz doch einen Flughafen." „Die haben doch nicht wirklich...?" „Nein, da borgten sich die Filmemacher einen Flughafen in London aus." „Werden da jetzt wohl Bregenzbesucher über London geschleust?" „Warum nicht? – Und Feldkirch war am Dienstag, also am 29. April, total im James-Bond-Fieber." „Wo ist Feldkirch?" „Etwa dreißig Kilometer südlich von Bregenz. Sozusagen gegenüber von Liechtenstein." „Und warum waren die gar so sehr aus jeglichem Häuschen und total im James-Bond-Fieber?" „Weil dort die Innenstadtszenen gedreht wurden." „Also, dann ist die Bregenzer Innenstadt in Wirklichkeit in Feldkirch?" „Genau. Und so erweiterte sich Bregenz um Einiges. – Übrigens bekam ich einen Anruf von den Filmmenschen." „Und?" „Möglicherweise werde ich ja doch noch gebraucht!" „Ich wünsche es dir!" „Danke. Für eine Nacht möglicherweise." „Na, da bin ich echt froh, dass ich mir nicht für die ganze Zeit Urlaub nahm!"

„Und heute? Fährst du gleich wieder zurück?" „Eigentlich wollte ich zum Bodensee. Aber der Stau brachte mich dann sozusagen hierher. Nach Isny. Und zu dir. Ich weiß noch nicht, was mir wichtiger ist."
„Lass es geschehen. Wenn du aufnahmebereit bist, dann passiert garantiert das für dich genau Richtige." „Das Gefühl habe ich auch. – Und da ist etwas, über das ich gerne mit jemanden sprechen möchte. Mit jemanden, der auch für das Durchaus-nicht-alltägliche aufgeschlossen ist. Und ich denke, dass genau du dafür die richtige Gesprächspartnerin bist." „Ganz gut möglich. Also: worum

geht es?"

„Als ich nach dem Casting noch einige Zeit beim See blieb, da hatte ich ein ganz besonderes Erlebnis. Wobei ich nicht sicher bin, ob ich vielleicht träumte." „Und wenn es ein Traum war: war es ein angenehmer,
erfreulicher?" „Insgesamt ja. Wenn Teile davon auch nicht so sehr angenehm waren. Aber die Gesamtgeschichte, die war eben wundervoll und traumhaft." „Nun: dann schieß mal los!"
Saskia erzählte von ihren Erlebnissen an diesem 20. Januar. Die Edle von Habenichts und Binsehrviel hörte zu. „Ich gebe dir Recht: es ist nicht wichtig, ob das nun ein Traum oder ein Erlebnis war. In gewisser Weise war es jedenfalls ein Erlebnis. Ein traumhaftes, wundervolles noch dazu. Eines von der Sorte, von dem du lange zehren kannst. Eines, an das du dich immer wieder gerne zurückerinnern, in das du dich immer wieder mal hineinversetzen kannst!"
„So empfinde ich es auch." „Dann bewahre ihn gut, diesen Schatz. Erzähle davon! Allerdings nur denen, von denen du annehmen kannst, dass sie Verständnis dafür haben."
„Ja. Ich glaube, du beurteilst das richtig. Und der Bodensee – nun, ich weiß nicht, für mich hat er jedenfalls gewissermaßen eine magische Faszination."

„Die hat er für dich. Weil du dafür empfänglich bist. Anderen gefällt es bloß. Aber das ist ja auch schon ganz gut."
„Irgendwie habe ich das Gefühl, dass ich beim Bodensee immer wieder mal ganz besondere Erlebnisse haben werde." „Wenn du das Gefühl hast, dann wird es auch so sein. Darauf kannst du dich schon mal vorbereiten. Soll ich dir etwas über den See erzählen?"
„Ja, bitte. Aber erst möchte ich noch Kaffee bestellen, wenn du magst." „Gute Idee!" „Und jetzt erzähl mir was

über den Bodensee, bitte."

„Im Sommer solltest du unbedingt mal mit der Weißen Flotte unterwegs sein. Das ist immerhin eine der größten Binnenschifffahrtsflotten Europas. Vier Millionen Passagiere lassen sich alljährlich von ihr befördern. Dabei legt sie in bloß einer Saison 600.000 Kilometer zurück. Also das entspricht fünfzehn Mal der Umrundung der Erde! Wenn du's nostalgisch magst, dann mach eine Panoramafahrt mit der Hohentwiel." „Von der weiß ich doch schon was!" „Eben! Eine tolle Möglichkeit wäre ja auch eine Lunchfahrt." „Was ist das?" „Das ist erst mal eine Fahrt von Lustenau mit Dampfzug durchs Rheintal zum Rheindamm mit anschließender Rundfahrt mit der Hohentwiel mitsamt Lunch." „Hört sich gut an!" „Wenn du's mal flotter magst, dann könntest du ja mal mit dem Katamaran unterwegs sein." „Danke für die Hinweise."

„Ja, das ist der Bodensee von heute. Interessiert dich die historische Entwicklung?"
„Schon."
„Den Bodensee in seiner heutigen Gestalt gibt es erst seit etwa zehntausend Jahren. Vorher war an derselben Stelle ein – wie er heute so genannt wird – Ur-Bodensee."
„Echt?" „Ja. Der Ur-Bodensee war größer als der heutige Bodensee. Auch er wurde vom Rhein gespeist. Und – du wirst es nicht glauben: damals war der abfließende Rhein ein Nebenfluss der Donau." „Nebenfluss der Donau? Also das Wasser floss ins Schwarze Meer und nicht in den Atlantik?" „Vorzugsschülerin in Geographie, was?"
„Nicht grad eben. Aber, erzähl bitte weiter!"
„Also dieser ehemalige Rheinabfluss, der floss etwa bei Ravensburg nach Norden ab, quer durch das heutige Oberschwaben." „Wann war denn das?" „Vor etwa siebenhunderttausend Jahren." „Na ja, schon einige Zeit her. Klar, dass ich mich daran nicht mehr erinnere, nicht

wahr?"

„Also, das hätten dir die Geister über dem Wasser doch echt auch erzählen können! Eines ist damit klar zu erkennen: das Verhalten des Sees wurde immer schon vom Rhein geprägt. Weil der spült Material an und lagert es ab. Er verringert laufend die Möglichkeit des Fließens im Bodensee, also das Volumen des Sees. Das heißt also: ständig weniger Wasser bei gleichzeitig mehr Füllmaterial. Und so ist es ziemlich absehbar, dass bald schon der Konstanzer Trichter zugeschüttet wird." „Wieder mal Veränderung angesagt?"

„Na klar. Da fällt mir grade ein Zitat von Martin Walser ein. Über den Bodensee. Er sagt: ‚Wenn er etwas einprägt, dann den Wechsel.'"

„Darüber muss ich später nachdenken." „Tu das."

„Grad mal so flapsig gefragt: badeten die Dinos im Bodensee?" „Vermutlich nicht! Stell dir vor: Archäologen fanden Salzwassermuscheln und Haifischzähne. Aber vermutlich verschwand das Meer vor siebzehn Millionen Jahren vor dem Entstehen des Bodensees."

„Uff! Irgendwie sause ich da gefühlsmäßig durch die Weltgeschichte." „Na klar doch! Bloß gut, wenn du dann nach deinen Besuchen im Genfer See und im Plattensee endlich wieder im drittgrößten Binnensee Europas landest!"

„Gut, bin ja schon wieder da. Aber, gib es zu, so eine Zeitraffergeschichte, die ist ja wirklich keine Kleinigkeit!" „Das hatte ich ja auch nicht versprochen! Und außerdem ist der jetzige Bodensee ja auch alles Andere als eine Kleinigkeit!"

„Gibst du mir, bitte, ein Bild, wie das so total früher mal ausgesehen hat?" „Nun gut. Eigentlich war da überhaupt nichts Besonderes, irgendwie war es recht langweilig. Da gab es öde Gebirge. Sumpfland. Urwälder. Bevölkert mit Höhlenbären, Mammuts und dem edlen Ren." „Erzähl mir doch mehr darüber!"

„Das ist vermutlich weit ansprechender, wenn ich dir etwas über die Pflanzenwelt erzähle!" „Wirklich? Na, probier es mal damit!"

„Irgendwie sind wir gut beraten, mal mit dem Flutrasen anzufangen." „Was ist denn das nun?" „Da geht es um die Kriechgräser. Stell dir mal vor, alleine in Vorarlberg gibt es 117 verschiedene Grasarten! Und es gibt echte Exoten. So kriecht das ziegelrote Fuchsschwanzgras durch Feinsand." „Das muss ja ein totaler Überlebenskünstler sein!" „Genau. Das sogenannte Seegras ist eine Vielzahl von Blütenpflanzen. Und die blühen sogar unter Wasser!" „Echt toll!" „Enormes Überlebenspotential haben die Lehmpfützenpflanzen an Kleinstgewässern. Die schaffen es vom Keimen über Blühen bis zu Früchten in Rekordzeit!" „Klingt interessant." „Ja, die schaffen ihr komplettes Leben sozusagen innerhalb von drei Wochen. Das ist nämlich die Zeit, in der die Pfütze wieder trocken wird." „Unglaublich. Kennst du eines der Pflänzchen genauer?" „Beispielsweise das Tausendguldenkraut. Das wird etwa zwei Zentimeter hoch und hat rote Blütensterne. Es hilft gegen Blutarmut. Auch in der Brieftasche." „Wie das?" „Es wurde früher als sozusagen Geldvermehrer in die Brieftasche gesteckt. Und vermutlich deshalb ist es inzwischen sehr selten." „Irgendwie verständlich! – Kannst du mir etwas über das Schilf erzählen. Bei meinem speziellen Abenteuer war es recht wichtig für mich."

„Aber klar doch. Schilf wächst an Weihern und Tümpeln. In höheren Lagen wächst der flutende Schachtelhalm. Und Schachtelhalmwälder von vor dreihundert Millionen Jahren waren maßgeblich am Aufbau der Steinkohlenlager beteiligt. – Schilf wächst in Herden." „In Herden? Wie Schafe, Rinder und so?" „Gar nicht so unähnlich, das stimmt. Und diese Herden von Schilf sind recht unduldsam gegen andere Pflanzenarten. Und sie wachsen

Jahrhunderte bis Jahrtausende weiter. Diese Herden sind extrem anpassungsfähig. Bloß jetzt ist ihr Bestand etwas rückgängig." „Warum?" „Wegen der Umweltverschmutzung!" „Mist!" „Im wahrsten Sinne des Wortes." „Also: Umweltverschmutzung."
„ Ja. Das Bodenseevergissmeinnicht leidet ganz besonders. Weil das braucht unbedingt sauberes Wasser." „Schlimm, da gibt es ein besonderes Vergissmeinnicht. Und dann wird es sozusagen total vergessen!"

„So grad noch: vor etwa fünftausendfünfhundert Jahren wurde der Mensch vom Landschaftsbewohner zum Landschaftsgestalter. Es gab immer mehr Rodungsinseln. Für Ackerland, für Wälder. Für systematische Beweidung." „Auch verständlich. – Und wie war es oben auf den Bergen?" „Alpwirtschaft gab es schon sehr früh." „Vermutlich ein wichtiges Kapitel. Doch ich meine, jetzt gehen wir erst mal weiter. Einverstanden?" „Na klar doch!"

Unterwegs begann Saskia zögernd: „Da war noch eine ganz besondere Geschichte, die ich bis jetzt noch nicht so richtig einordnen kann." „Schieß schon los!"
„Da war ein Segelboot. In einem Sturm. Und zwei Leute waren auf diesem Boot." „Weiter im Text!" „Und die Frau auf dem Boot, das warst du!"
Die Edle von Habenichts und Binsehrviel lachte: „Na klar doch! Das war meine erste Fahrt mit dem Segler auf dem Bodensee!" „Das scheint schon einige Jahre her zu sein." „Allerdings! Aber der Bodensee ist so eine Art großer Gefühls– und Gedankenspeicher. Der vergisst sozusagen nichts und niemanden. Und wenn du – möglicherweise sogar unbewusst – an mich dachtest, so ist es völlig normal, dass du eine Szene sahst, die mit mir zusammenhing!" „Da gab es sicherlich noch viel mehr, das ich hätte sehen können! Warum dann diese Szene?"

„Das ist doch ganz einfach. Vermutlich warst du grade eben beim Thema Sturm. Gedanklich, gefühlsmäßig. Und dann gibt es eben diese Verknüpfung." „Stimmt. – Und: hattest du Angst?"

„Eigentlich eher Bammel. Andererseits wusste ich, dass ich mich auf den Segler verlassen konnte. Der kam mit seiner Möwe – so hieß sein Boot – recht gut zu Recht. Und außerdem bin ich bekennende Nichtschwimmerin. Bei dem Seegang hätte mir die Schwimmerei ohnehin nicht geholfen. Und andererseits war es selbstverständlich ein tolles Abenteuer, eine Art wunderbare Euphorie. Und die große Freude, mitten drin im Geschehen zu sein, was ganz Besonderes zu erleben. Es war sozusagen ein spezieller Moment von Lebendigkeit. Und den genoss ich. Trotz Bammel. – Vermutlich wurde dieses Gefühl der Lebendigkeit sogar noch durch diesen Bammel verstärkt!"

„So empfand ich das auch. Wenn ich auch lange nicht so mutig bin!"

„Das war kein Mut."

„Nein?"

„Absolut nicht. Ich wurde in der Situation ja gar nicht gefragt, ob ich jetzt mutig sein wollte oder nicht. Ich war nämlich vollauf damit beschäftigt, etwas viel Wichtigeres zu tun."

„Und was?"

„Zu leben. Das wunderbare, einmalige, wundervolle Leben zu leben."

„Es scheint, dass du überhaupt gerne lebst."

„Sollte ich denn nicht? Und wäre es irgendwie von Vorteil, nicht gerne, nicht mit all meinen Sinnen, mit all meiner Kraft und Freude zu leben?"

„Vermutlich hast du Recht. Sag: warum leben dann nicht alle so gern?" „Aus Angst vermutlich. Weil sie ihre alte Konditionierung durch Erziehung und Meinung nicht ablegen können. Was weiß ich. Jedenfalls genieße ich es, gerne zu leben."

„Das sehe ich dir auch an. – Und jetzt steuerst du die Kirchen an?"
„Aber ja doch. Komm mit!"

Zuerst kamen sie zur Nikolaikirche. Diese evangelische Kirche war stimmungsvoll und schlicht. Die Edle von Habenichts und Binsehrviel schrieb ins Buch: „Danke Gott! Auch für all das, was ich noch nicht verstehe." „Irgendwie eigenartig", empfand Saskia, sagte aber nichts. Anschließend gingen sie in die St. Georgs-Kirche. Katholisch. Stuckverziert. Wunderschön. Irgendwie wie direkt vom Zuckerbäcker. Gleich daneben das Kloster Isny, das Hauskloster der Grafen von Altshausen-Vehringen. 1096 gegründet. 1942 an die Stadt Stuttgart verkauft. Als Hilfskrankenhaus und Altenpflegeheim genutzt.

Im Park stand ein kopfloser Engel. Er trug trotzdem eine Botschaft: „Die Wissenschaft ist mächtig. Der Kunst stehen die Engel bei." „Hoffentlich nicht nur kopflose", hoffte Saskia. Möglicherweise wäre die Kunstausstellung in der Kunsthalle im Schloss etwas Besonderes gewesen. Aber die Hündin der Edlen von Habenichts und Binsehrviel gab deutlich zu verstehen, dass sie das jetzt gar nicht so gut fand, noch mal alleine zu bleiben. Gegenüber dem Hintereingang des Schlosses war das Rentamt der Stadt. Jahreszahl 1872.

Vorher schon hatten sie immer wieder heitere und vor allem auch laute Musik gehört. Da wurde der Biergarten vom „Dritten Mann" eröffnet. Na klar konnte das nicht geräuschlos ablaufen! Der ehemalige Schlossgraben war jetzt ein Kundenparkplatz für eine Parfümeriekette. Sie gingen weiter zum Wassertor. Fanden den Eingang

nicht. Das sollte heute eben nicht sein! Vielleicht sollten sie nicht zu viel Wasser...
Sie amüsierten sich über „Mr. Imbiss": eine Döner- und Pizza-Bude.

Und dann – ganz ohne Vorankündigung, verabschiedete sich die Edle von Habenichts und Binsehrviel. Sie wollte versuchen, die Bibliothek der Nikolaikirche zu besuchen. Eine Prädikatenbibliothek. Über der Sakristei der Nikolaikirche. Sie sagte, sie hätte Lust, sich ein halbes Jahrtausend zurückversetzen zu lassen! Und irgendwie schien es für sie wichtig zu sein, Handschriften aus Straßburg zu sehen. Besonders interessiert war sie auch am Amsterdamer Weltatlas. Und an irgendetwas von einem Nemo von Ulrich von Hutten. Angeblich gab es auch Hebräische Drucke, eine Abendmahlschrift von Ulrich Zwingli und ein ganz besonderes Herbarium, das in Straßburg gedruckt worden war.

Überrascht stellte Saskia fest, dass es sie gewissermaßen traurig stimmte, nun auf die Gesellschaft der Edlen von Habenichts und Binsehrviel verzichten zu müssen.
„Treffe ich dich wieder mal?" „Wenn es für uns beide stimmt, dann treffen wir einander wieder." „Ich hoffe es!" versicherte Saskia. „Ist ja ganz gut möglich!" lächelte die ihr immer noch oder eigentlich jetzt noch viel unbekanntere Frau.

Durch die Unterführung „Untere Stadtmauer" kam Saskia zum Viehmarktplatz. Ihr fielen die vielen Hinweistafeln „Vorsicht Dachlawinen" auf. Am 1. Mai!
Außerhalb der Stadtmauer – im ehemaligen Weidegebiet – freute sich Saskia über die Gartenlandschaft mit Teich und Bäumen und einer Vielfalt an Grün.
Beim Kurhaus entdeckte sie einen kleinwinzigen Bauerngarten nach alter streng geometrischer Form.

Interessant. Aber sie mochte die „wilden" Gärten eindeutig lieber.

Fast war sie wieder beim Parkplatz. Sollte sie? Wollte sie? Na klar doch! Sie setzte sich ins Auto und fuhr weiter Richtung Bodensee.

In Wildberg sah Saskia das Landen eines kleinen Flugzeugs. Auf einem Miniflugplatz. Nicht mal eine Start- und Landebahn gab es da! Das Flugzeug landete auf der Wiese! Das wollte sie sich genauer ansehen! Und so landete Saskia auf einem der vermutlich kleinsten Flugplätze Deutschlands. Beim „Fliegenden Bauern". Na klar setzte sie sich in die Gartenwirtschaft. Immer wieder mal kam eine kleine Maschine an oder flog weg. Dass es so etwas gab! Fantastisch! Drinnen fand Saskia eine Fotogalerie. Viele Schwarz/Weiß-Fotos waren das. Und: sie entdeckte Fotos von der Seegfrörne. Plötzlich war ihr bewusst, dass wenigstens einer der waghalsigen Piloten von hier gestartet war! Saskias Nachfrage ergab, dass der alte Herr Schnell vom Zweiten Weltkrieg, eigentlich aus der Gefangenschaft danach – vorsichtig ausgedrückt – mit einem kleinen Flieger nach Wildberg zurückgekehrt war. Und dann die Ausnahmegenehmigung für den Flughafen ohne befestigte Start- und Landebahn bekommen hatte. Und heute noch war der kleine Flugplatz nicht nur für interessierte Touristen, sondern vor allem auch für Fallschirmspringer ein Geheimtipp. Jetzt wollte Saskia über die Natur und ihre Bewohner nachdenken.

Da hatte Saskia doch gelesen, dass der Seeadler zumindest in den Hainburger Donauauen in Niederösterreich wieder

gelandet war. Doch sie hatte auch gelesen, dass von 97
Säugetierarten schon etwa die Hälfte auf den Roten Listen
zu finden waren.
Immerhin gab es wieder Luchse. Saskia mochte die
putzigen Pinselohrenkatzen. Die Männchen hießen ja
Kuder, erinnerte sie sich. Vor etwa neunzig Jahren war der
letzte Luchs in Vorarlberg erlegt worden. Im
niederösterreichischen Ötschergebiet vor allem gab es nun
wieder welche. Vermutlich kam er aus dem Böhmerwald.
Zurück. Immerhin gab es jetzt einige, die von einer
„Bereicherung der Fauna" schwärmten.

Ganz schlimm war es doch den Braunbären ergangen. Da
half auch nicht, von einem Bärensterben zu sprechen. Und
da half schon gar nicht, dass die vor allem von den Briten
gefürchteten Nazi-Bären sich weiter vermehrten. Diese
Waschbären hatte Hermann Göring aussetzen lassen, um
damit die deutsche Tierwelt zu bereichern. Nun ja, er hatte
dieses Ziel mehr als erreicht.
Und von den etwa 3000 wild wachsenden Pflanzenarten
waren etwa 40 Prozent vom Aussterben bedroht. Straßen
überrollten immer öfter immer mehr.

Saskia erinnerte sich an die Waldelefanten, die sie
entdeckt hatte. Da hatte sie doch über Waldelefanten
gelesen! Die gab es auch heute noch!
In Afrika. Im Kongobecken. Eine der grünen Lungen der
Erde. Ein Urwald. Wo sie seit Jahrtausenden mit Pygmäen
als menschliche Ureinwohner in friedlicher Harmonie
lebten.
Doch jetzt kamen die Kettensägen. Mindestens so schlimm
wie im Amazonasgebiet. Abholzung – Brandschatzung –
Wilderer.
Diese Ureltern aller Elefanten – hatte Saskia gelesen –
hatten vor ungefähr 900.000 Jahren sogar Europa
besiedelt, manche Inseln schwimmend erreicht. Und dabei

sind ihre Familienverbände eher klein, kaum mehr als sechs Tiere umfassend. Dabei schaffen diese Tiere es, weit mehr als hundert Baumarten im schrumpfenden Tropenwald zu verbreiten! „Hoffentlich gelingt es den scheuen Waldelefanten und vor allem auch den Pygmäen, im Regenwaldparadies zu überleben!" hoffte Saskia.

Dann dachte Saskia über Insekten nach. Diese Anpassungswunder! Die konnten doch sogar mit Maschinen gut auskommen! Das war ja nicht bloß im alten Flohzirkus so. Auch Küchenschaben akzeptierten Roboter. Wenn Saskia da so an die guten alten Kakerlaken dachte, die nicht laufen konnten, weil ihnen das Marihuana fehlte, konnte sie sich ganz gut vorstellen, dass sie mit Robotern gemeinsame Sache machten. War dann die Rolle der Menschen bloß noch die der Futterbringer?

Zurück zum Bodensee. Hier gab es andererseits immer mehr Tierarten. Also gab es nicht nur menschliche Zuwanderer. Und die tierischen und auch pflanzlichen, die mussten nicht erst um Bewilligungen ansuchen – die waren einfach da. Und blieben es. Manche davon breiteten sich schnell aus. Da ändert es auch nichts, dass die neuen Tierarten „Neozoen" genannt werden. Diese Aliens kamen als blinde Passagiere mit Wanderbooten, wurden von genervten Besitzern freigesetzt, kamen über den Rhein oder...
Und weil auch der Bodensee wärmer wurde, gab es jetzt auch hier die Süßwasserquallen.

Am schlimmsten für die Fischer jedoch waren die Kormorane, die nicht bloß große Kolonien bildeten, sondern auch vor allem Fische als Nahrung schätzten. Da half nicht einmal die Vergrämungsstrategie.
Da ging es dem Kuckuck denn doch etwas besser. Immerhin wurde er zum Vogel des Jahres 2008 gekürt!

Unglaublich: alljährlich flogen die Vögel bis Süd-Afrika!
Zumindest bis südlich der Sahara. Und im April waren sie
schon wieder da. Gewissermaßen kam ihnen das Amt zu,
den Frühling für eröffnet zu erklären.
Ganz besonders dachte Saskia an das Schicksal der
Kuckucksweibchen. Zwanzig Eier legten die jeden Frühling.
Und dazu mussten sie erst mal genug Partner für die
Befruchtung finden und dann grade mal geeignete Nester
für die Aufzucht.
Dann mussten sie die Eier den Pflegeeltern überlassen, und
– damit die Zahl stimmte – auch noch eines der Eier der
Pflegeeltern aus deren Nest zu Boden werfen. Und so
wuchs dann das Kuckuckskind auf, fühlte sich
möglicherweise lebenslänglich als Rotkehlchen. Irgendwie
kein angenehmes Schicksal, das so ein Kuckucksweibchen
hatte!
In Wien hatten die Falken jetzt einen besonderen Job: sie
sollten den geplagten Wienern zumindest beim
Verscheuchen der allgegenwärtigen Tauben helfen.

Allgemein wurde jetzt immer mehr von Nature Watch
gesprochen anstatt von Birdwatch.

Eine gute Idee wäre es ja, sich in Konstanz das „Sea Life"
anzusehen. In diesem ersten Centre im deutschen
Binnenland waren fünfzig naturgetreu dargestellte Süß-
und Meerwasserbecken, die Tausende von Lebewesen
beherbergten. Dort könnte sie vom Gletscher bis zum Meer
den Rhein begleiten. Teilweise in Acryltunneln. Und sogar
Haie und Rochen beobachten. Zu denken, dass es
Schwämme gab, die zehntausend Jahre alt waren, überstieg
ihr Vorstellungsvermögen.

Saskia wollte weiter. Und weil sie doch jetzt schon mal
knapp vor Lindau war, wollte sie bis Lindau weiterfahren.

Na klar: Allmählich wurde es Zeit, wieder zurückzufahren. Doch noch nicht gleich, erst später!

Saskia kam zur Hauptstraße. Nach links ging es nach Lindau. Irgendwie fühlte sie sich euphorisch. Die „Schanz" gefiel ihr recht gut. Aber da wollte sie diesmal nicht stehen bleiben. In der Ortschaft Rothkreuz sah sie im Vorbeifahren eine mehr oder weniger Antikhandlung. Mit einigen lebensgroßen Tieren davor. Vermutlich kam die Figurengruppe, die sie „ein Loch ist im Eimer" genannt hatte, aus diesem „Stall". Gewissermaßen mochte sie es, dass es noch ein paar Kilometer dauerte, bis sie nach Lindau kam.

Und dann: dann sah Saskia Lindau. Samt Bodensee. Atemberaubend schön war dieser Blick! Kein Wunder, dass die Gegend „Schönbühel" hieß! Am liebsten wäre sie hier stehen geblieben, aber das war nicht empfehlenswert. Da kamen doch immer noch mehr, die auch nach Lindau wollten.

Bald schon war der Ausblick nicht mehr ganz so schön. Saskia rollte weiter. Bei einer Kreuzung fuhr sie zur Seite. Klar war das noch nicht das „richtige" Lindau, wie sie für sich feststellte. Aber das Gebäude war irgendwie besonders. Und außerdem war es ein Restaurant. Da konnte sie sich einen Kaffee bestellen, gerade recht für ihre Heimfahrt.

Saskia ging ins „Köchlin". Und dort erfuhr sie, dass dies die ehemalige Zollstation war.

Echt gut: da war sie bei der Zollstation gelandet. Nein, heute, da hatte sie dafür wohl keinen passenden Pass dabei. Da war es für sie besser, denn doch wieder nach Hause zu fahren, Lindau nicht bei Nacht zu erobern.

MÄNNER, MÄNNER, MÄNNER

Wieder war Saskia Richtung Bodensee unterwegs. Es war
Pfingstmontag, der 12. Mai. War es eine Flucht? Wollte sie
bloß etwas Anderes erleben als den normalen Alltag?
Wollte sie Erich entkommen? Oder besser: ihrer Hoffnung,
dass er denn doch an einem Feiertag sich für sie Zeit
nehmen würde?
Ja, zugegeben. Gestern hatte sie auf ihn gewartet. Es war
ja wirklich nicht das erste Mal gewesen, dass er ihr gesagt
hatte, dass er möglicherweise kommen würde. Und dann
doch nicht gekommen war.
Was lief denn bei ihnen so total schief?
Nein, daran wollte sie jetzt nicht denken. Zumindest noch
nicht. Jetzt wollte sie einen angenehmen Tag am Bodensee
verbringen.
Doch eigenartig, dass Erich den Bodensee so gar nicht
mochte! Vielleicht ja auch bloß, weil er ihn gar nicht
kannte.
Entschuldigte sie ihn schon wieder mal vor sich selbst?
Weg mit diesen Gedanken. Die wollte sie hinter sich
lassen, den guten Tag genießen!

Ohne zu überlegen, wohin sie denn fahren sollte, fuhr sie in
Richtung Langenargen. Dieses Montfortstädtchen kam ihr
besonders reizvoll vor. Ob das Schloss wohl auch heute so
exotisch auf sie wirken würde wie in ihrem traumhaften
Erlebnis?
„Ganz schön zugeparkt", stellte Saskia fest. Immerhin
ergatterte sie einen Parkplatz, der vermutlich ziemlich
nahe am See war.

Bald schon war sie mitten in einem Volksfest. Durch eine
automatische Zählanlage wurde auch Saskia gezählt.
Immerhin wurde kein Eintritt verlangt.
Da gab es die üblichen Getränke- und Imbiss-Angebote.

Und auch so Einiges zu kaufen. Saskia war leicht irritiert.
Sie hatte sich doch am See entspannen wollen!
Sie ging bis zu See.
Aha! Da war große Regatta heute! Sie wanderte erst mal
nach links. Bis sie wieder aus dem größten Volksfesttrubel
draußen war.

Selbstverständlich gab es auch viele Frauen. Aber vor
allem sah Saskia Männer. Männer, Männer, Männer, immer
wieder Männer! Na klar: Segelsport, das war ja
hauptsächlich etwas für Männer. Für mutige,
kraftstrotzende, voll-aktive Männer! Und dass sie sich
diesen Sport leisten konnten, mussten es ja auch gut
betuchte Männer sein. Entweder von vornherein reich oder
gut verdienend. Und da waren Frauen eben vor allem in
den Nebenrollen vertreten. In schmückenden. In
hilfreichen. Sogar im wahrsten Sinne des Wortes in
tragenden.

Seit dem 19. Jahrhundert kamen Sommerfrischler nach
Langenargen. So mauserte sich das Fischerdorf zur
Anlegestelle für Ferienträume. Und jetzt war das
Montfortstädtchen echt edel. Eigentlich schon
schickeriamäßig.
Langenargen und Kreßbronn hatten die größten
Segelsporthäfen am Bodensee. Und Friedrichshafen war
inzwischen mit seinem Bodensee-Airport das Tor zur
Bodenseeregion geworden.

Saskia ging nochmals durch diese – für sie heute –
Unwirklichkeit des Volksfestes. Sie wollte zum
Montfortschloss.
Bei der Zählschranke dachte sie an die Edle von
Habenichts und Binsehrviel. Was hätte die hier wohl
gemacht? Und ihr Hündchen? Vermutlich wären die ein
paar Mal drum rumgesaust. Und dann hätte sie das

Hündchen auf die Arme genommen, um den
Zählmechanismus am Ende des Tages vor die Rätselfrage
zu stellen, wo denn dieses eine Wesen nun abgeblieben
war!
Doch, die Edle von Habenichts und Binsehrviel, die würde
sie heute vermutlich nicht treffen. Kaum anzunehmen, dass
die sich so eine Massenveranstaltung antun würde.

Und Saskia?
Irgendwie hatte sie das Gefühl, da jetzt sozusagen durch zu
müssen! Klar hätte sie wo anders hinfahren können. Aber
es fühlte sich für sie richtig an, jetzt hier zu bleiben.
Sie hatte das Gefühl, dass ihr der See gerade jetzt
unendlich gut tat. Dass es kein Problem für sie war, die
vielen Menschen hier sozusagen auszuschalten. Sich wie
eine Insel inmitten dieses Menschenmeeres zu fühlen.

Sollte sie eine Bratwurst essen? Nein, das war heute nicht
das Richtige. Sie würde mittags in ein gutes Restaurant
gehen.
Gemütlich schlenderte sie am See entlang. Kam bis zum
Schloss. Die wundervollen Bäume! Die Ausblicke! Die
Farbenpracht der Blumen!
Und das Schloss sah tatsächlich genau so aus, wie sie es in
Erinnerung hatte.
Im Park entdeckte sie die Statue eines sitzenden Mannes.
Eines nackten Mannes.

Nein! Jetzt wollte sie nicht an Männer denken. Dazu hatte
sie später noch Zeit!
Jetzt schlenderte sie erst noch in das Städtchen. Dort
entdeckte sie eine andere Statue „Der Büttel". Was der ihr
wohl mitzuteilen hatte?
Vor dem Rathaus war die Statue eines Fischers. Sollte sie
heute Fisch essen?
Was sollten all die Männer hier? War das wohl die

eindeutige Aufforderung für sie, sich hier und heute mit dem Thema Männer auseinanderzusetzen? Vermutlich!

Trotz der vielen Menschen fand Saskia einen Platz im Garten des Hotel-Restaurants „Engel". Den Beistand der Engel konnte sie gut gebrauchen, so setzte sie sich in die angenehm wärmende Sonne. Saskia wählte das Menü Nr. 1. Spargelsuppe. Grüner Spargel mit Kalbfleisch und Kartoffeln und dann noch eine leichte Nachspeise. Ein Joghurtdingsbums in einer Kirschenkompottsauce mit einem Klacks Sahne. Dazu wollte sie einen Seewein trinken, einen Bodensee-Müller-Thurgau.

Saskia erinnerte sich, was sie über Bodensee-Weine gelesen hatte. Und über Weine insgesamt. Vor allem auch darüber, dass Wildreben zu den ältesten Pflanzen der Erde gehören. Dass bereits die Pfahlbauern Weintrauben geschätzt hatten. Auch am Bodensee. Die Römer hatten dann neue Sorten und bessere Verarbeitungsmethoden mitgebracht. So war der Ausdruck „Torkel" lateinischen Ursprungs.
Die Alemannen hatten vor allem Bier getrunken. Damals! Und teilweise ja auch noch heute.
Im siebenten Jahrhundert unterwarfen die Franken die Alemannen. Sie führten den christlichen Glauben ein, und der Wein wurde wieder populär.
Ein beurkundeter Winzer war Karl Martell. Er pflanzte im heute schweizerischen Ermathingen um 724 Reben. 818 gab es Rebstöcke auf der Reichenau. Um 845 ließ Walafried Strabo den Weinbau erweitern und ließ dafür vierzig Rebleute aus dem schweizerischen Steckborn kommen.
Etwa gleichzeitig hatte Karl der Dicke – ein Urenkel von Karl dem Großen – in Bodman eines der ersten großen

64

Weingüter gegründet.

Auch die Spitalsstiftungen betrieben Weinbau, vor allem in Konstanz, Überlingen und Salem. Wein, das war Arznei, wurde zum Kochen und sogar zum Waschen verwendet. Im Überlinger Spital bekam 1589 jede Person drei Liter Wein pro Tag! Den brauchten sie vermutlich auch bei den damaligen Behandlungsmethoden.

Im 15. Jahrhundert war die Weinbaufläche am Bodensee rund vier Mal so groß wie heute. Im 18. Jahrhundert war der Pro-Kopf-Verbrauch an Wein an die zweihundert Liter im Jahr! Da hatte Saskia ja einiges nachzuholen!

Im Mittelalter diente Wein als Zahlungsmittel. So bekam so mancher Pfarrer Wein als Zehentsteuer.

Und die Maurermeister verwendeten Wein für den Mörtel. Heute noch gibt es rund um den Bodensee Weinfeste. Vor allem in Meersburg, Hagnau und auf der Reichenau.

Saskia genoss die angenehme Umgebung, die freundliche Bedienung, das gute Essen und vor allem auch den guten Wein.

Pfingsten. Das kam aus dem Griechischen. Bedeutete den fünfzigsten Tag nach Ostern. Und der war ja genau heute! Wieder mal so ein Zählfehler: bis Pfingstsonntag waren es doch bloß 49 Tage!

Pfingsten ging auf das jüdische Wochenfest Schawuot zurück.

Und Pfingsten, das hatte vor allem mit dem Heiligen Geist zu tun. Würde er heute wohl auch über sie kommen, ihr endlich zeigen, wie es mit dieser Beziehung weitergehen würde? Saskia hoffte es.

Wie war das mit den Eisheiligen? Das schien doch eine ziemlich regionale Angelegenheit zu sein.

In Norddeutschland gab es drei Eisheilige, vom 11. bis zum 13. Mai: Mamertus, Pankratius, Servatius.

In Süddeutschland gab es auch drei, allerdings vom 12. bis zum 15., und es gab da ja nach dem Pankratius, dem Servatius und dem Bonifatius auch noch die „Kalte Sophie". Und in Vorarlberg gab es noch einen Eisheiligen mehr: den Johannes Nepomuk am 16.
Bis auf die Kalte Sophie schon wieder lauter Männer! Und die ließen die Sophie völlig kalt.

Da hatte doch Martin Walser, der meistens in Überlingen lebte, grade erst einen Roman über den schon ziemlich angejahrten Goethe geschrieben. Der sich als 73-jähriger in eine 18-jährige verliebte. Ja, dafür hat so Mancher Verständnis. Aber wie wäre das wohl umgekehrt? Na klar, bei extrem Prominenten wird ja sogar so eine Beziehung, wenn schon nicht toleriert, dann ist das doch zumindest ein gefundenes Fressen für die Regenbogenpresse.

Neandertaler dürften oft rothaarig gewesen sein. Daran musste sie jetzt immer wieder denken, wenn sie den Kollegen aus der Buchhaltung traf.
„Ja, gut, so ist es wohl richtig, sich dem Thema Männer zu nähern, " konstatierte Saskia. Sie bestellte noch ein Glas von dem wundervollen Wein.

Der Berg Athos, diese Mönchsrepublik, zu der Frauen seit Jahrhunderten keinen Zutritt hatten, beherbergte mehr als zweitausend Mönche. Die Landzunge ist Maria gewidmet. Immerhin!
Oder Ötzi! Inzwischen ist ja bekannt, dass er etwa fünfzig Kilo wog, etwa 45 Jahre alt war, Schuhgröße 38 hatte, dass er Einkornbrei mit Gemüse und Hirschfilet aß, also eine vermutlich „ausgewogene Diät" aus Getreide und Fleisch. Er trug ein wertvolles Kupferbeil bei sich, das er auch zu verwenden gewusst hatte. Und: er hatte eine Körperbemalung. So wie sie heute als Heilmethode wiederentdeckt wird.

Und immerhin gab es jetzt die sogenannte „Virtuelle Anthropologie". Irgendwie bloß deshalb, weil vor 15 Jahren diese über fünftausend Jahre alte Gletschermumie gefunden wurde.

Biologen fanden heraus, dass das Mähnenwachstum stark vom Klima abhängt. Je kühler, desto dichter und länger. Doch das Mähnenwachstum kostet Energie und verrät den Mähnenträger beim Anschleichen auf seine Beute schneller. Zumindest bei den Löwen!

Und da hatten doch in London irgendwelche Wissenschaftler den Code der Glatzköpfigkeit geknackt. Sie teilten mit, dass sie einen Eiweiß-Code entdeckten, der Zellen den Befehl zum Haarwachstum geben soll!

Der kleinste und leichteste Mann der Erde lebte angeblich in Nepal. Grad mal etwas über fünfzig Zentimeter groß und nicht mal ganz fünf Kilo schwer!

Und dann war einem Chinesen als erstem Mann der Welt der Penis eines anderen transplantiert worden. Und den wollte er dann doch lieber wieder zurückgeben.

Das Fernsehen hatte nach dem großen Erfolg der „Fälscher" dann den echten Fälscher gezeigt.

Als am Nebentisch einer nach Kürbiskernöl fragte, lächelte Saskia. „Vermutlich auch einer mit Prostatabeschwerden!" Aber warum fragte er öffentlich darum? Vor seiner Partnerin? Als Ausrede womöglich? Schon mal vorbauend? Vielleicht schmeckte es ihm aber auch bloß.

Ché Guevara! Was für ein Mann! Gerade dadurch, dass er geschlagen und gedemütigt wurde. Er gab niemals auf. Nicht mal, wenn er kotzte, Durchfall hatte oder an Asthma litt! Ja, er war einer der Männer, die nicht nur eine Vision hatten, sondern auch der Vision gemäß lebten. Und starben.

Vivaldi wurde während eines Erdbebens geboren. In Venedig. Er war zum Priester geweiht worden. Er war

Dirigent und Violinlehrer. Und vor allem Komponist.
Wie anders da die heutigen Männer fürs Grobe waren! Die
einen entsorgten, für dessen Entsorgung irgendjemand gut
bezahlte. Die anderen beschafften Alibis. Oder Intimas.
Oder, oder, oder... Hauptsache für diese Männer war wohl,
es nur bloß nicht mit moralischen Bedenken zu übertreiben.
Wenn die Kasse stimmte, dann war für sie alles paletti.
Astreinheit? Wozu denn? Das wird doch nicht bezahlt!
Spionieren, abhören, ausplaudern – das hatte doch alles
schon längst Tradition!

Wo gingen Saskias Gedanken denn nun schon wieder
spazieren? Einigermaßen amüsiert beobachtete sie diese
blitzartigen Einfälle weiter.

Was war das mit diesem Kirchenrebell und Mystiker?
Diesem Adolf Holl? Schon mit 14 hatte er unbedingt
Priester werden wollen. Und er wurde ein beliebter Kaplan,
Religionslehrer und Dozent. Ein überaus engagierter. Mit
seinem Buch „Jesus in schlechter Gesellschaft" wurde
dann alles anders. Dogmatische kirchenpolitische
Divergenzen – eines der Schlagwörter. Einer der Schläge.
Trotzdem oder gerade deshalb schrieb er mindestens
dreißig Bücher. Er wurde Moderater vom „Club 2". Er hielt
Vorträge. 75 war er. Und gewissermaßen war der
Aufmüpfige damit wieder gesellschaftsfähig geworden.
Vielleicht gerade weil er seit 35 Jahren mit der Journalistin
Inge Santner zusammenlebte. Er kochte, kümmerte sich um
Garten und Katzen. Er war praktizierender Katholik,
suspendierter Priester, wurde mit dem Komturkreuz des
päpstlichen Silvesterordens ausgezeichnet. Aber vor allem:
er war ein Mensch! Und was für einer!
Falco! Zehn Jahre war er jetzt schon tot, der Falke! Hans
Hölzel hatte er geheißen, bevor er berühmt geworden war.
Internationaler Durchbruch mit „Rock me Amadeus" in den
Achtzigern. Erster Österreicher in den amerikanischen

Billboard Charts. Popheld. Einsamer Mensch. Drogen und Alkohol. Dann wieder Erfolg pur. Der Unfalltod machte ihn zur Legende. Und die Dominikanische Republik etwas dunkler.

Er hatte damals schon vorausgesagt: „Sie werden mich erst ganz lieb haben, wenn ich ganz tot bin." Und er hatte vorausgesehen, dass sich noch alle wundern werden, wie viele Freunde er doch so gehabt hatte. Zumindest im Nachhinein.

Arme Männer. Da hocken sie mit dem Bier vor dem Fernseher und warten, dass endlich das Fußballmatch anfängt. Müssen sie aufs Klo, dann sollen sie es gefälligst als Sitzklo benutzen. Macho? Igitt! Weichei? Nein danke. Aber klar suchte sie einen Partner zum Anlehnen, zum Schmusen. Computerfreak? Das war doch normal. Wenn er dann aber keine Reifen wechseln konnte und keinen Müll runterbrachte, konnte er sein Computerwissen auch für sich behalten. Softie, der sich dauernd von allen vollalbern lässt? Nein danke. Weltverbesserer? Supersportler? Viel zu anstrengend! Oder so ein Super-Lover? Besser auch nicht! Weil der nascht bestimmt auch in fremden Gärten rum. Saskia setzte sich aufrecht hin. Lächelte. Nippte. Plötzlich wurde ihr bewusst, dass ihr Beuteschema lang nicht mehr so klar war, als noch vor ein paar Jahren. Bekam sie möglicherweise deshalb keinen sozusagen Richtigen, noch immer nicht ihren Mr. Right, weil sie im Grunde gar nicht wusste, wie denn der so zusammengebastelt und überhaupt gebaut sein musste? Suchte auch sie die inzwischen berühmt-berüchtigte eierlegende Wollmilchsau? Na klar, am besten war wohl, sich den liebenswerten, gut aussehenden und zumindest gut verdienenden, einfühlsamen, altersmäßig und niveaumäßig passenden, eventuell etwas älteren, gesprächsbereiten und konfliktfähigen, anschmiegsamen Mr. Wunderbar zu wünschen. Saskia nippte nochmals. Und plötzlich fühlte sie sich unendlich wohl. Mit sich selbst im Einklang. Ja, genau so wollte sie über dieses Thema weiterdenken!

Erwartete sie Versorgung? Oder doch eigentlich Luxus? Was war heute für sie Luxus? Nun, beispielsweise, dass so ein Kerle mal mit ihr einen Ausflug machte. Nicht immer bloß von beruflicher Überlastung sprach, sich freudig, wichtigtuerisch und unbedingt mitleidheischend selbst als Workaholic bezeichnete.

Ja, und in ein paar Jahren wäre es ja ganz nett, wenn er dann kinderlieb wäre. Aber Erich, der hatte ja schon ein Kind. Und angeblich war ihm das ja so sehr wichtig, dass er sich erst später scheiden lassen würde, wenn das Kind zumindest in die Schule ging.

Mit einem großen Schluck spülte Saskia die Gedanken daran weg. Die passten nicht hierher!

Klar wurden die Jungens hauptsächlich von Frauen erzogen. In der Familie, im Kindergarten, in der Schule und dann selbstverständlich auch in der Ehe! Mal von den Freundinnen vorher mal abgesehen. Na klar, dass die dann schon möglichst früh in eine Clique abschwirrten.

Und noch was fiel Saskia erst jetzt auf: Erich schien keinen Freund zu haben! Ja, er hatte Kollegen, Bekannte. Doch keine Freunde. Eigenartig. Das würde ihr total fehlen, ja, das könnte sie sich von sich überhaupt nicht vorstellen.

Klar: mit Freundinnen fuhr sie auf Urlaub, ging mal ins Kino, zum Tanzen, zum Schwimmen. Freundinnen rief sie an, wenn sie Kummer hatte, wenn sie Rat brauchte, wenn sie was Wichtiges erzählen wollte. Ja, vor allem waren Freundinnen wichtig, wenn sie sonst geplatzt wäre, wenn sie nicht jemanden gehabt hätte, mit der sie reden konnte! Und dann lasen sie ein Buch. Nacheinander meistens. Und sprachen über das Gelesene. Oder sie gingen zu einem Seminar.

All das tat sie kaum mal mit Erich. Grad mal gelegentlich gingen sie zusammen in die Disco. Aber da war es ja so laut, dass eine Unterhaltung praktisch unmöglich war!

Und Erich? Hatte der jemanden, den er anrief, wenn es in seinem Leben etwas Wichtiges gab? Redete der jemals mit jemandem über seine Probleme? Über alltägliche Erlebnisse?

Wenn er mal mit einem Bekannten telefonierte, dann bloß über eigentlich Belanglosigkeiten. Und klarerweise des Langen und Breiten über den Job.

Er sprach auch nicht über sie! Warum war ihr das bisher noch nie aufgefallen? Vermutlich hatte sie es nicht wissen wollen.

Wann hatte er ihr gesagt, was er möchte? Ja, dass er Lust auf Sex hatte, das sagte er ihr. Aber sonst?

Und? Hatte sie ihn darum gefragt? War sie nicht bloß immer verschnupft gewesen, dass er ihr nichts erzählte? War das also teilweise auch ihre Schuld, dass diese Beziehung irgendwie an einem Todpunkt angelangt war?

Saskia bestellte Kaffee. Darauf hatte sie jetzt Lust.

Warum fiel ihr Don Juan d'Austria ein? Ein erfolgreicher, bewunderter und von Frauen geliebter Mann war er gewesen, der Halbbruder des Spanischen Königs und uneheliche Sohn von Kaiser Karl V. Der war ja schon Witwer gewesen, als er die attraktive Barbara Blomberg in Regensburg kennen gelernt hatte. Bei einem Reichstag.

Der Herr Papa glaubte den Gerüchten und verbannte den kleinen Hieronymus nach Spanien, wo er ihn seinen Anordnungen entsprechend erziehen ließ.

Bald schon galt er als der schönste Prinz Europas. Obwohl der Herr Papa erst nach seinem Tod das Geheimnis sozusagen lüftete.

Schon recht jung hatte Don Juan d'Austria Romanzen. Sein um zwanzig Jahre älterer Bruder verpflichtete ihn als Heerführer. Zuerst sollte er die Volksgruppe der Morisken endgültig unterwerfen und dem Christentum zuführen. Diese Aufgabe erledigte der schöne Mann im Sinne seines

Bruders allerbestens.

Dann sollte auf Vorschlag des Papstes und Venedigs eine Flotte gegen den Erzfeind, die Türken, kämpfen. Don Juan war der Oberbefehlshaber. Pius V versah die Schiffe mit dem päpstlichen Segen und je einem Partikel des wahren Kreuzes Christi. In der Meerenge zwischen Peloponnes und dem griechischen Festland zwang Don Juan die Türken unter Oberbefehlshaber Ali Pascha zur Schlacht. Während rundum das Blut in Strömen floss, tanzte Don Juan mit zweien seiner Offiziere eine Gaillarde zum Klang von Querflöten, mitten in Feuer und Rauch. Das war am 7. Oktober 1571. Don Juan war der ruhmreiche Sieger.

Das gefiel seinem Bruder, Philipp II, gar nicht. Er schickte ihn in die Niederlande. Als Statthalter. Don Juan kam mit den Niederländern nicht zurecht. Und sie nicht mit ihm. Er bezeichnete die Niederländer als „wandelnde Weinschläuche" und die Niederlande als ein „Babylon des Ekels".

Don Juan verlor seine gute Laune, wurde von einer geheimnisvollen Krankheit befallen. Es wurde von Gift gemunkelt. Gegen sein Ende zu wurde er in ein unbenutztes Taubenhaus gesperrt. Nach der prunkvollen Aufbahrung in Namur wurde der Leichnam zerteilt. So kam der Körper des schönsten Prinzen Europas, auf mehrere Satteltaschen verteilt, nach Spanien. Im Escorial wurde er mit allen Ehren beigesetzt. König Philipp II und viele Frauen weinten um ihn.

Plötzlich war da ein ganz anderer Mann in Saskias Gedanken: Franz Jägerstätter. Der Mann, der selig gesprochen wurde. Weil er anders dachte als die meisten. Und weil er sich seiner Überzeugung gemäß verhielt. 1943 war er enthauptet worden, weil er sich geweigert hatte, mit der Waffe zu kämpfen. Ein Bauer. Ein Vater. In Oberösterreich. Das es ja damals vorübergehend nicht gab. So kurze tausend Jahre lang nicht gab.

72

In der Forschung über Ludwig van Beethoven waren die Experten wieder einen Schritt weitergekommen. Vermutlich war er an der Behandlung mit bleihältigen Arzneimitteln gestorben. Der Komponist wurde nicht nur mit Bleisalz behandelt, sondern er verwendete auch bleihaltige Seife, die damals als Antibiotikum galt. Schon mit elf hatte er mit seinen Eltern mitgetrunken. So litt er schon jung an Leberzirrhose. Kurzsichtig war er, mit 28 schwerhörig, und er hatte eine Reihe von Krankheiten, wie auch Typhus und Hepatitis A. Und doch war er so vorausschauend, schon damals die Europahymne zu komponieren!

Saskia lächelte über ihre Gedanken. Wie die da jetzt so durch sie durchkamen, die waren ja fast so wie ihre Träume. Aber da war noch etwas. Und das schien Saskia wichtig zu sein. Sie erkannte, dass sie diese Gedanken hatte. Und dass sie nicht diese Gedanken sozusagen war!

Sie bezahlte, ging noch ein paar Schritte am Ufer entlang und setzte sich gemütlich auf eine Bank. Wie gut, dass diese Bank sozusagen auf sie gewartet hatte. Sie schloss die Augen. Fühlte angenehm die Sonne auf dem Gesicht, auf ihrem Körper. Na klar wollte sie das sozusagen Kino in ihrem Kopf jetzt noch nicht abstellen! Dazu machte es ihr doch viel zu viel Freude.

Saskia wunderte sich keineswegs, jetzt an den Bayerischen Sonnenkönig zu denken, an Ludwig II. Aufwendiger Lebenswandel und wahnsinnige Bautätigkeit waren damals für die Untertanen bestimmt nicht angenehm. Aber jetzt noch waren die Schlösser ein lohnendes Ausflugsziel, in dem sich auch erwachsene Kinder in eine Märchenwelt versetzt verkamen. Vielleicht ja gerade wegen seiner Eskapaden war er ein König der Herzen. Und schön war er!

73

Besonders seine auffallende Gestalt, seine herrlichen Haare und seine blauen Augen nahmen für ihn ein. Da sah ihm so mancher nach, dass die Regierungsgeschäfte von Ludwig von der Pfordten erledigt wurden. Und dass sich Ludwig vor allem mit Richard Wagner beschäftigte.
Als der Ministerpräsident gegen den verehrten Wagner war, war er nicht länger Ministerpräsident. Ludwig II wurde immer mehr zum Tagträumer, weil er ja auch die Nacht zum Tag machte, reichlich dem Alkohol und gutem Essen zusprach.
Bloß zu einer einzigen Frau, zu seiner Cousine Sisi, hatte er sich hingezogen gefühlt. Er verehrte sie so sehr, dass er ihr um Mitternacht seine Aufwartung machte, ihr schweigend einen Riesenstrauß roter Rosen überreichte. Und dann eine geschlagene Stunde lang stumm ihr gegenüber am Tisch saß. Zum Abschied küsste er sie kurz auf die Wange.
Eine Beinahe-Ehefrau gab es dann doch noch: Sisis Schwester Sophie Charlotte. Schon bald widmete sich Ludwig vor allem wieder seinem Stallmeister. Doch der nahm sich dann eine Frau, nachdem er in die ihm geschenkte Villa am Starnberger See gezogen war. Schließlich wurde Ludwig für geisteskrank erklärt. 1886 wurden im Starnberger See seine Leiche und die seines Arztes gefunden. Im knietiefen Wasser.

Unwillig öffnete Saskia die Augen. Der Märchenprinz, ja, der hatte ihr gefallen. Das Ende mochte sie aber nicht. Und so nahe am See war das feuchte Ende noch unangenehmer.

Was war bloß mit den Männern los? Da hatte sie von den neuen Söldnern gelesen. Von bestens ausgebildeten Spezialisten für fast alles. Vor allem auch für Personenschutz. Und dann boten sie ihre Dienste irgendwo möglichst weit weg an, arbeiteten illegal. Und wenn was schief lief, dann suchten die Anverwandten die Hilfe der

Behörden! Eine alternative Chance für Polizisten und Heeresangehörige?

Da hatte Saskia doch gelesen, dass Albert Einstein auch Geige gespielt hatte. Doch gut, dass er nicht darauf bestanden hatte, bloß Geige zu spielen!

Etwas unwillig rückte Saskia zur Seite. Da kam eine etwa Gleichaltrige direkt auf ihre Bank zu. Sie wollte doch jetzt mit ihren Männergeschichten alleine sein! Und jetzt wurde sie gestört. So ein Mist!

„Vielleicht lässt du dich ja doch gerne in deinen Gedanken über Männer stören", lächelte die Frau und nahm Platz. Überrascht sah Saskia sie an. Die hatte ja nicht mal eine Handtasche dabei! Na vielleicht hatte sie ja eine Tasche im Kleid. Aber viel konnte sie da nicht bei sich haben. Und dass sie da in der Nähe wohnte, so kam es ihr auch nicht vor.

„Genau, ich wohne nicht hier. Und: ja klar – ich kann deine Gedanken lesen. Ich bin AEIOU." „Wer? Die Fee? Aus dem Buch?" „Genau. Mich gibt es nämlich nicht nur in Büchern, sondern recht real." „Aber du bist doch am Mittelmeer!" „Nicht nur beim Mittelmeer. Und außerdem sind gewissermaßen alle Gewässer miteinander verbunden. Also auch der Bodensee mit dem Mittelmeer. Und beide Gewässer sind außerdem ganz besondere Orte der Kraft."
„Moment! Lass mir, bitte, etwas Zeit! Zum Mitdenken sozusagen." „Aber gerne, ich habe ja Zeit!"
„Und? Das ist wahr? Ich träume nicht grad mal zufällig?" „Aber nein! Du bist hellwach. Das würde ich dir allerdings selbstverständlich auch in einem Traum sagen, das weißt du doch!" „Uff!"
Aufmerksam beobachtete Saskia diese AEIOU. „Na klar hatte ich mir dich so oder doch so ähnlich zumindest vorgestellt. Und trotzdem fasse ich es nicht!" „Was fasst

du nicht?" „Dass es dich wirklich gibt. Dass du hier bei mir bist."

„Du weißt doch, dass alles, was denkbar ist, auch möglich ist." „Ja, schon..." „Und bei deinem ersten Abenteuer hier am See, denk doch mal nach. Was war denn da? Warum denkst du denn, dass du all die fantastischen Erlebnisse erfahren durftest?" „Das frage ich mich gelegentlich auch!" „Weil du es für möglich halten konntest. Weil du dich für eine Begegnung auch mit der spirituellen Welt geöffnet hattest. Anders klappt so etwas nämlich nie!" „Mit Meditieren und Konzentrieren?" „Zu meditieren kann hilfreich sein. Aber konzentrieren, das geht nicht. Da willst du ja was ganz Spezielles erreichen. Da bist du bewusst nicht offen. Also kann das auch nicht klappen."
„Ich merk schon, mit dir kann ich vermutlich so Einiges dazulernen. Nicht bloß all das, was ich in ‚Grenzenlose Erlebnisse' mir schon angelesen habe!" „Ich hoffe es für dich. Und wenn du etwas dazulernen willst: bitte gern, es gibt ja genug zu lernen!"

„Über Männer zum Beispiel." „Auch darüber."
„Also gut, ich nehme es gerne an, so eine kleine Nachhilfestunde zu bekommen." „Prima!"
„Was soll das heute mit all diesen Einspielungen über die verschiedensten Männer?"
„Tja, erst wenn du sozusagen über das Thema Männer rundherum etwas weißt, dann kannst du mit deiner speziellen Problematik umgehen. Locker, verständnisvoll. Und in der Folge dann logisch und in einer liebevollen Art richtig."
„Akzeptiere ich. Aber warum so ganz verschiedene Typen aus den unterschiedlichsten Zeiten und Ländern, mit den unterschiedlichsten Problemen?"

„Kurz mal zu deiner Meinung, dass es sich um Probleme handelte." „Waren denn das keine Probleme?" „Das kommt gewissermaßen auf die Einstellung drauf an. So lange du etwas als ein Problem ansiehst, dann ist das wie ein riesiger Felsbrocken mitten auf deinem Weg. Du stehst davor, bleibst davor stehen, fühlst dich überfordert."

„Und was kann ich dagegen machen?"

„Sieh eine Situation als eine Situation an." „Situation? Du meinst, ich soll ganz bewusst mir vorstellen, diese Situation zu verändern? Mich sozusagen nicht von dem Riesenstein auf meinem Weg aufhalten lassen?" „Genau."

„Aber der ist doch nun mal da! Den kann ich doch nicht einfach ignorieren – und schon ist er weg!"

„Ignorieren ist keinesfalls der richtige Weg." „Und – was soll ich sonst tun?"

„Wäre es möglich, dass es einen besonderen Grund gibt, warum du diesen Weg nicht weitergehen sollst?" „Wie meinst du das?"

„Vielleicht gibt es ja einen ganz anderen Weg für dich. Und du siehst ihn bloß nicht, weil du auf den Problemfelsen vor dir starrst. Vor ihm selbst zu einem Felsen erstarrst." „Sprich weiter. Ich weiß zwar noch nicht, wo du hinauswillst, aber irgendwie kommt es mir richtig vor, was du versuchst, mir zu erklären."

„Gut. Sobald du mir bewusst zuhörst, bist du ja auch schon auf dem besten Weg, es zu verstehen. – Du kennst doch den Begriff Y-Situation?" „Ja. Was hat das nun damit zu tun? – Du meinst, wegen dem Riesenmugl von Stein kann ich nicht gradaus weiter, sondern..."

„Genau. Wenn es nicht mehr gradaus weitergeht, dann hast du die Entscheidung, links oder rechts weiterzugehen." „Logisch."

„Bloß eines solltest du nicht: stehen bleiben. Weil dazu ist der Felsen nämlich nicht da!" „Einfach dahin oder dorthin soll ich gehen, wenn es gradaus nicht mehr weitergeht?" „Allerdings." „Und wenn ich dann in die falsche Richtung laufe?" „Wenn das tatsächlich passiert, dann kannst du ja immer noch deine Richtung wechseln.

Und vergiss dabei nicht, dass du umso schneller wieder auf den für dich richtigen Weg kommst, umso schneller du dich für einen Weg entschieden hast."

„Nun ja. Das kommt mir richtig vor. Und so läuft das mit Problemen?" „Gewiss. Denn Probleme, das sind in Wirklichkeit nämlich Chancen. Chancen, etwas Besseres zu erleben, dich für etwas Neues zu öffnen, endlich das zu tun, was dir tatsächlich entspricht."

„Das heißt also, dass die Probleme all der Typen in Wahrheit Chancen für eine manchmal sogar recht radikale Änderung ihres Lebens sind?" „Genau so ist es. Und du hast – wie jeder andere und jede andere auch – die Chance, dein eigenes Leben zu gestalten. Ganz egal, wie es für jemand anderen auch aussehen mag. Denn niemand kann deine Situation beurteilen. Niemand kann dein Leben für dich leben. Niemand kann für dich entscheiden. – Außer du erlaubst es jemandem. Mehr oder weniger bewusst."

„Uff. Da habe ich eine Menge Lernstoff zu verkraften." „Ende der Schulstunde?" „Bitte, ja. – Aber bitte, bleib noch bei mir." „Und was willst du jetzt tun?" „Erst mal habe ich Lust auf ein Eis. Soll ich dir auch eines mitbringen?" AEIOU lachte: „Du vergisst, dass ich doch eine Fee bin!" „Aber ja doch, entschuldige." „Hol dir ein Eis. Ich warte hier auf dich!" „Danke."

Als Saskia zur Bank zurückkam, schleckte AEIOU bereits an einem Rieseneis. „Fühlt sich so herrlich nach Sommer an!" lachte sie. „Grade so gefragt: außer mir kann dich vermutlich hier niemand sehen?" „Bloß so offene Typen wie du." „Und wie ist das, wenn da jemand hierher kommt und sich genau dorthin setzen will, wo du jetzt sitzt?" „Dann setzt er sich eben her." „Und das stört dich so gar nicht?" „Nein. Und ich mache ihr oder ihm nicht mal Eisflecken auf die Klamotten!" „Und wo bist du dann?" „Entweder ich lasse meinen feinstofflichen Körper dort oder ich bringe ihn wo anders hin." „Da hört sich ja grad so an, als wärest du ja gar nicht dieser Körper!" „Genau, so ist es auch. – Aber lassen wir jetzt das Thema. Die Schulstunde war lange genug!" „Allerdings. Und jetzt bin ich doch auch damit beschäftigt, mein Eis zu schlecken." „Genieße es so richtig. Ich erzähle dir inzwischen etwas über Eis. Magst du?" „Na klar doch!"

„Also dann: Eis im Stereoeffekt für meine Freundin Saskia! Eis, das ist nämlich nicht erst eine Erfindung der italienischen Eissalons. Eis, das gab es schon viel früher!" „Echt?" „Aber ja doch. Schon die High Society im alten China mochte es. Genauso wie im alten Indien. Und klarerweise im antiken Griechenland." „Wie bitte? Damals gab es doch noch keine Kühlschränke!" „Die zwar nicht. Aber immerhin Gletscherschnee und Eis. Vom sozusagen nächstgelegenen hohen Berg. Beispielsweise den Himalaja." „Und wie kam das Zeugs dann zu der damaligen High Society?" „Da rannten die Schnellläufer durch die Gegend." „Stell ich mir recht mühsam vor. Und die Kaiser und so mampften dann dieses Gletscherzeugs?" „Aber Saskia! Die hatten doch damals schon recht gute Köche! Und die vermengten die kühle Unscheinbarkeit mit zermanschten Früchten, Rosenwasser und Honig." „Klingt schon brauchbarer." „Hippokrates mochte dieses Eis auch sehr gern. Und beispielsweise Alexander der Große." „Hippokrates? Hat der auch einen Eid aufs Eis geschworen?" „Keine Ahnung!" „Jedenfalls brachten die Kreuzfahrer, die ja eigentlich gar nicht gefahren sind, das Eis dann nach Europa. – Na zumindest die Rezepte dafür. Weil die Araber zwar besiegt werden mussten, nicht aber deren gute Ideen." „Und wo nahmen die das Eis dann her? So mitten in Italien beispielsweise, mitten im Sommer?" „Meistens verwendeten sie Eis in Stangenform. Und die Stangen schleppten sie möglichst zugedeckt durch die Gegend oder bunkerten sie in tiefen Kellern. In Deutschland gab es dann bald auch schon eisgekühlten

Milchrahm." „Hört sich lecker an!" „Bald wurde Eis in
Cafés angeboten. Und etwas später schon auf der
Straße." „Klingelingeling, der Eismann kommt! Ich
weiß!" „Ein Schleckermäulchen erfand eine Eismaschine
mit Handkurbel. Bald gab es dann schon Fabriken für
Speiseeis. Da brauchten die Eishersteller allerdings immer
noch Stangeneis vom letzten Winter und Salz für die
Kältemischung. Erst Lindes Kältemaschine brachte dann
den totalen Durchbruch für Speiseeis." „Ich bin fast fertig
mit meinem Eis. – Erzähl mir grad noch den sozusagen
Rest, bitte." „Eis am Stiel ist jetzt auch schon mehr als
hundert Jahre alt. Und weißt du, wer an der Entwicklung
von Softeis mitgewirkt hat?" „Keine Ahnung!" „Margaret
Thatcher" „Die?" „Genau." „Also, da hatte die nicht nur
was für Politik übrig!" „Jetzt geht es ihr allerdings gar nicht
gut." „Wieso das?" „Seit etwa acht Jahren leidet sie an
Alzheimer." „Schlimm!"

„Willst du über was Locker–Leichtes
plaudern?" „Eigentlich schon." „Gut. Dann bleiben wir doch
bei deinem heutigen Thema: bei den Männern." „Aber ja
doch!"
„Hast du dir schon einmal überlegt, warum die Brustwarzen
haben?" „Wie bitte?" „Ja. Denk doch mal nach: Männer
produzieren ganz bestimmt keine Milch, müssen ja keine
Säuglinge stillen. Wozu dann die Brustwarzen?" „Die
würden doch doof ausschauen, so ohne!" „Bloß deshalb,
weil du es so gewohnt bist. Möglicherweise sogar
manchmal gern dran rumknabberst und damit rumspielst.
Aber hast du schon gemerkt, dass das die Männer kaum
mal wirklich erregt?" „Mir macht es gelegentlich Spaß!"
AEIOU lachte: „Verhinderte Lesbierin!" „So sah ich das bis
jetzt noch nicht!" „Da siehst du wieder mal, wie gut es ist,
eine befreundete Fee zu haben, die dich restlos
aufklärt!" „Oh, danke. Und dabei dachte ich doch, schon so
einigermaßen aufgeklärt zu sein!" „Super. Also glaubst du

nicht mehr an die überforderten Klapperstörche?" „Die haben auch schon ohne die Babyranschlepperei genug zu tun, meine ich."

„Allerdings. Dass die Männer Brustwarzen haben, das liegt an ihrer Entwicklung als Embryo." „Wie das?" „Erst mal haben alle Embryos nämlich weibliche Anlagen. Und entwickeln sich dementsprechend gleich samt Brustdrüsen und Brustwarzen." „Und wie lange ist das so?" „Die ersten acht Wochen. Erst danach entwickelt sich der männliche Fötus anders als der weibliche."

„Tatsache?" „Allerdings." „Das wusste ich noch nicht. Wenn ich da so weiterdenke..." „Tu's doch!" „Na, dann ist doch klar, dass die Frauen das ursprüngliche Geschlecht sind, die Männer sozusagen eine Art – Verzeihung! – Mutation." „Denk weiter!" „Dann stimmt es, dass sozusagen nicht Adam der erste Mensch war! Sondern eben bloß der erste Mann. Und dann stimmt vermutlich auch, dass die Urmutter möglicherweise ja diese Lilith war, nicht wahr?" „Und wie siehst du dann Eva?" „Vermutlich eine sozusagen Erfindung der doch meist männlichen Geschichtenschreiber. Die unbedingt die Männer als die Wichtigen im Universum darstellen wollten. Daher auch die männlichen Gottesvorstellungen. Und dass die arme Eva aus einer Rippe..." „So ganz unrichtig sind deine Gedankengänge bestimmt nicht."

„Da ist es ja auch nur zu verständlich, dass es den Muttertag schon viel länger gibt als den Vatertag!" „Und was ist es wohl damit, dass eines der beliebtesten Geschenke für den geliebten Papi Parfum ist?" „Na ja, vielleicht will da jemand nicht so sehr, dass der liebe Papi wie ein Iltis stinkt?" „Sind doch rundherum bedauernswert, die armen Papis! Endlich ringen sie sich dazu durch, Hausmänner zu sein. Und schon genügt das auf einmal nicht mehr! Da wollen doch die erfolgreichen Frauen, dass ihre in ihrem Glanze stehenden Ehemänner nicht bloß Haushalt und Kindlein schaukeln, sondern so ganz nebenbei

auch noch Karriere machen! Echt unfair, nicht?" „Na ja, grade das, was ja die Männer schon längst von ihren Frauen erwarten," überlegte Saskia. „Eben."
„Und da gibt es denn doch einen Unterschied, kommt mir vor." „Und welcher könnte das sein?" „Irgendwie fällt uns das bei den Männern mehr auf. Bei den Frauen, da ist alles sozusagen ganz normal, war gewissermaßen immer schon so." „Wenn auch nicht immer, so doch schon sehr, sehr lange. Damit hast du vermutlich Recht."

„Ich will jetzt nicht rumlabern, dass wir Frauen rundherum schlechter dran sind. Aber die Wechseljahre, die finde ich ja eine ganz blöde und unfaire – ja eigentlich Krankheit." „Das ist zwar nicht so, aber dazu bist du jetzt noch nicht in der richtigen Situation, darüber zu sprechen. Jedenfalls scheinst du zu glauben, dass es für die Männer keine Wechseljahre gibt." „Na klar doch!" „Irrtum!" „Aber die Männer, die haben doch keine Wechseljahrsbeschwerden!" „Und ob! Bloß läuft das bei ihnen anders ab." „Und wie, bitte?"
„Etwa mit 45 beginnt bei den Männern die sogenannte Andropause. Die Hormonproduktion nimmt ab. Für viele drastisch und dramatisch." „Und dann brauchen sie ein ganz besonderes Stimulans, um wieder mal..." „Entweder eine spezielle Verlockung oder sehr, sehr viel Verständnis und Liebe."
Saskia wurde nachdenklich. „Das ist doch total bescheuert! Wenn da die Frauen mit den Wechselbeschwerden rumraufen, da sollen sie sich auch noch ganz besonders um die Ehemänner kümmern?" „Zumindest wäre es wünschenswert." „Dass die Männer ihnen nicht davonlaufen, na klar!" „Beispielsweise."

„Und dabei sind Männer doch recht einfach gestrickt." „Wie meinst du das? Hast du mir da so eine Art Gebrauchsanweisung?" „Aber ja doch! Also hör gut zu." „Das tu ich doch sowieso. Und ich hoffe sehr, dass mein Gehirn die ganze Zeit, in der ich mit dir zusammen bin, sozusagen auf ‚Aufnahme' geschaltet ist!" „Solltest du was vergessen, dann kannst du es später mal nachlesen." „Und wo?" „In einem Buch." „Aha. Und wie heißt das?" „Bodenseevirus." „Na klar doch. – Dann mal los mit der Gebrauchsanweisung für Männer!" lachte Saskia.

„Männer brauchen klare Ansagen. Sonst funktionieren sie nicht richtig. Alles hat lösungsorientiert abzulaufen. Ansagen müssen so sein, wie die Männer nun mal gebaut sind; sie müssen kurz, klar, einfach und für Männer verständlich sein." „Also, kann ich mir jegliche Möglichkeitsform schenken?" „Die musst du dir sogar schenken. Weil das ist viel zu kompliziert für ein Männergehirn. Für die Männer musst du immer alles klar signalisieren. Wenn du das nicht machst, kannst du gleich Monologe halten." „Also meine Wünsche und Bedenken der nächsten Wand erzählen." „Gewonnen, gewonnen! Beispielsweise: du willst mit ihm sprechen." „Was habe ich dabei zu beachten so beispielsweise?" „Erstens musst du ihm sagen, dass du mit ihm reden willst. Zweitens musst du ihm mit einem Satz in Bildzeitungslänge, viel mehr Bildzeitungskürze, erklären, welches Thema du mit ihm besprechen willst. Und drittens musst du einen exakten Termin mit ihm vereinbaren. Und – nicht vergessen – viertens musst du dir von ihm jeden Punkt wiederholen lassen. Denn vergiss nicht, dass vor allem Männer zwei Ohren haben, mit einem heftigen Durchzug für alles, was sie nicht so sehr mögen." „Wie recht du hast", seufzte Saskia.

„Da gibt es noch so ein paar männliche Besonderheiten, die du möglichst beachten solltest." „Und das sind?" „Vor allem: Männer wollen Lösungen. Die haben ganz einfach keinen Gesprächsbedarf. Wenn du über was reden willst, dann tu das mit deiner Freundin. Die versteht das. Und das tut dir und deiner Beziehung weit besser.* Also, wenn du einem brauchbaren Partner erklärst, dass du deinen Chef zur Hölle schicken willst, dann tut der das für dich, wenn er dir helfen will. Doch du hattest doch eigentlich bloß deinem Frust Luft machen wollen. Und jetzt bist du plötzlich deinen Job los. Und das wolltest du doch gar nicht!" „So läuft das?" „Ja. Frauen und Männer sind nun mal ganz unpraktisch verschieden. In so manchen Beziehungen." „Erzähl doch weiter!" „Männer können ihr Gehirn auf ‚stand by' schalten. So echt total nichts tun. Nicht mal nachdenken oder meditieren oder sonst was tun, sondern echt total nichts. Was Frauen oft zur Raserei bringt." „Wie wahr!" „Oder: wenn sie ein Problem nicht gleich lösen können, dann können sie es ewig lange in eine Warteschleife stellen. Was klarerweise auch für Frauen oft genug recht brauchbar wäre!" „Hm. Werde ich mal versuchen, kommt mir echt vernünftig vor." „Männer zeigen ihre Zuneigung durch Taten. Männer reden sachbezogen. Männer wollen abwarten. Männer ziehen sich bei Kränkungen zurück. Männer haben panische Angst davor, sich zu blamieren. Männern ist Status wahnsinnig wichtig. Sie müssen wissen, auf welcher Sprosse der Hühnerleiter sie da sitzen. Und mag die Hühnerleiter noch so beschissen sein. Männer müssen einfach wissen, wer da im Kaninchenzüchterverein über wem steht. Denn ihnen ist ein Gefühl der Unabhängigkeit wichtig. Gewissermaßen sind und bleiben Männer ihr Leben lang Einzelkämpfer. Die brauchen ein direktes, einfaches Muster. Männer schauen erst mal. Bevor sie möglicherweise dann denken. Männer haben durchaus Gefühle. Aber die gehen keinen was an, nicht einmal sie selbst in den meisten Fällen. Kompliziert wird es für Frauen, zu akzeptieren, dass Männer erwarten, dass Frauen jede Menge Zeit und Verständnis haben, wenn

Männer sich in ihre Höhle zurückziehen. Dann wollen sie sich von niemandem stören lassen. Am allerwenigsten von einer Partnerin." „Total heftig ist das! Meinst du, dass Erich...?" „Über Erich rede ich heute nicht mit dir. Da darfst du gerne selbst deine kleinen grauen Zellen benutzen. Und vergiss bloß nicht, dass Männer nicht alles zerreden wollen." „Nun ja. Ich weiß ja, dass ich mich nach meinem Mister Right sehne. Er soll viel Geld haben. Er soll ein guter Liebhaber sein. Er soll gut kochen können und den Haushalt schmeißen." „Alles bestens. Achte aber bloß darauf, dass die drei Herren einander nicht über den Weg laufen!"

Saskia lachte befreit. Und es war ihr völlig egal, was Vorbeikommende über sie dachten.
„Jetzt wird es aber Zeit, dass du fährst!" ermahnte AEIOU. „Hast du keine Zeit mehr?" „Das ist es nicht. Aber siehst du die dunklen Wolken? Ich meine, es ist vernünftiger, wenn du rechtzeitig in deinem Auto sitzt, bevor es zu regnen beginnt!"
„Ich achtete gar nicht darauf. Danke. Sehe ich dich wieder?" „Wenn du dich auf mich einstellst, dann ist das durchaus möglich." „Na klar. Wieder am See?" „Gerne."

Kaum saß Saskia im Auto, begann es auch schon zu regnen. Sie warf eine dankbare Kusshand in Richtung AEIOU.

Sollte sie jetzt über Erich nachdenken? Nein, irgendwie passte dieser Regen nicht mit den Gedanken an ihn zusammen. Und gewissermaßen passte dieser Erich ja auch nicht zum Bodensee und zu ihren guten Erlebnissen hier. Was tat Saskia? Überrascht beobachtete sie sich, gewissermaßen von außen, wie sie da so dahinfuhr, einfach bloß die Gegend ansah, ohne sie bewusst wahrzunehmen.

Und plötzlich war er da: ein wunder-wunderschöner Regenbogen.

Saskia bog in einen Feldweg ein, stieg aus dem Auto. Der leichte Regen fühlte sich angenehm auf ihrer Haut an. Und sie tat bloß eines: sie betrachtete den Regenbogen.

JAMES BOND Nr. 22

Eigentlich war es ja gar kein so besonders guter Tag, dieser 27. Juni, der Siebenschläfertag. So trüb-warm. Gewissermaßen so, wie sich Saskia fühlte. An diesem Freitag, den sie sich frei nehmen hatte können.

Im Grunde hatte sie nichts wie weg wollen. Und wohin? Na klar doch! Richtung Bodensee. Das war doch schon längst ihr bevorzugtes Gebiet, wo sie sich immer wieder hingezogen fühlte. Dort hatte sie – mal von allen besonderen Ereignissen und Begegnungen abgesehen – das Gefühl, ihre Batterien neu aufladen zu können. Und genau das brauchte sie jetzt dringender als je zuvor. Immerhin stand ihr das genauso zu wie ihrem Auto.

Saskia fuhr Richtung Lindau. Überlegte sich es dann, fuhr erst nach Wasserburg, dem Geburtsort von Martin Walser. Bevor sie zum See fuhr, steuerte sie das Malhaus an, denn dort war im Museum eine ganz besondere Ausstellung: eine Hexenausstellung.
Im 17. Jahrhundert, unter der Herrschaft der Fugger, waren hier 25 Menschen der Inquisition zum Opfer gefallen. Hier überraschenderweise in der Mehrzahl Männer. Im Alter von neun bis 63 Jahren.
Im Erdgeschoss gab es noch Hexenzellen, der Gerichtssaal war im ersten Stock. Und im Hauptraum gab es Original-Folterinstrumente.
Saskia fror. Vor allem innerlich.
Nein, da hatte sie jetzt keine Lust, zum See zu fahren. Sie beschloss, das erst in Lindau zu tun.

Was schwirrte so alles in ihrem Kopf über Lindau herum? Lindau, die Stadt im und am Bodensee. Lindau, das Schwäbische Venedig. Und dabei war es doch bayerisch!

Seit 1805 beim Königreich Bayern.

Auf dem Weg zur Insel kam Saskia im Ortsteil Aeschach durch.

In Aeschach blieb sie bei einem Lokal stehen. „Rebstock" hieß es. Saskia brauchte einen Kaffee. Und bekam so ganz nebenbei einiges vom Aeschacher Lokalkolorit mit.

Sollte sie sich zum Wasserschloss Senftenau durchfragen? 1344 hatte dort ein Graf von Montfort gewohnt. Amüsiert dachte Saskia: „Ist ja nicht sicher, ob der gute Mann zu Hause ist, vielleicht ist er ja in Langenargen. Oder in Tettnang. Oder sonst irgendwo!"

Und da war sie ja wieder, diese Veränderung, die immer wieder mit ihr vorging, sobald sie in die Nähe des Bodensees kam! Sie wurde gelassen und heiter. Alles andere war für sie ganz weit weg!

Saskia atmete tief durch, seufzte, und fühlte sich unendlich wohler als die letzte Zeit.

Jetzt wollte sie erst mal zur Insel. Vor allem wollte sie endlich beim und dann auch noch im See sozusagen sein.

Ein paar besondere Punkte hatte sie sich für die Insel sogar notiert. Einige Plätze, vor allem Sehenswürdigkeiten wollte sie unbedingt aufsuchen.

Auf alle Fälle die Kirche St. Peter, ehemals die Kirche der Fischer, vor der Stadtmauer-Errichtung, 900jährig, mit Fresken vom älteren Holbein, die „Lindauer Passion". Dann den Diebsturm aus dem Jahre 1380, möglichst auch den Pulverturm, das Haus zum Cavazzen, die Gründerkirche der Barfüßer, in dem jetzt das Stadttheater untergebracht war, die protestantische Stefanskirche und die katholische Stiftskirche. Selbstverständlich wollte sie zum Hafen. Mit Mangturm und dem 1858 errichteten Löwen.

Lädinen, wie die ehemaligen Frachtsegler hießen, würde sie ja keine mehr sehen. Das waren die Marktschiffe im 14. Jahrhundert gewesen, mit Platz für Ladung und 60

Personen. Eines dieser Schiffe war 1383 in einem
Föhnsturm in der Bregenzer Bucht gekentert, 47 Reisende
waren ertrunken.

Und dann war Lindau ein ganz anderes Erlebnis für Saskia.
Schon Friedrich Hölderlin hatte vom „glückseligen Lindau"
geschwärmt. Das konnte sie ihm nur zu gut nachfühlen!

Saskia parkte vor der Brücke. Irgendwie wäre es ihr nicht
richtig vorgekommen, mit dem Auto auf die Insel zu fahren.
Wie traumhaft schön es hier war! Diese Brücke mit den
wundervollen Ausblicken! Die vielen Wasservögel, die
fröhlichen Tretboote, die in allen Sprachen
durcheinanderplappernden Menschen. Nicht mal die Autos
störten. Selbst das Wetter wurde immer besser. Die
herrlich gepflegten Parkanlagen! Die wundervollen Bäume
und Sträucher, die Farbenpracht der Blumen! Da waren
irgendwelche Sehenswürdigkeiten lang nicht so wichtig.
Die waren ja irgendwann später auch noch da.

Es war noch ziemlich früh. Saskia ging erst einmal am See
entlang, freute sich darüber, hier zu sein.
Sie entdeckte einen Milchpilz, vermutlich aus den 50er-
Jahren, so richtig nostalgisch war der. Saskia hatte Lust
auf Kaffee. Und vor allem auch darauf, einfach nur
dazusitzen und überhaupt nichts zu tun.
So ganz stimmte das selbstverständlich denn doch nicht.
Saskia war ja nicht neugierig, aber es interessierte sie
doch, worüber die Leute an den Nebentischen so
plauderten.
Da ging es um die Nobelpreisträgertagung. Und wie
freundlich und menschlich doch diese ganz besonderen
Menschen waren.
An einem anderen Tisch wurde darüber gesprochen, dass
das Krankenhaus Lindau verkauft werden sollte. Und
angeblich sollte der Hafen zu Friedrichshafen gehören!

An einem dritten Tisch schwärmte ein Grauhaariger von den 90 Ferraris, die vor einem Monat etwa am Lindauer Hafen zu sehen gewesen waren. Neunzig Super-Boliden! Der Ferrari-Club Deutschland hatte sein 30. Clubjubiläum gefeiert! Welche Farben? Für den Grauhaarigen gab es nur eine richtige Farbe: rot!

Ein anderer erzählte, dass im Vorjahr fast 600 Tonnen Fisch aus dem Bodensee gefischt wurden. So viel? Und doch war der Mann nicht zufrieden. Das lag angeblich um etliches mehr als ein Viertel unter dem Durchschnitt der letzten zehn Jahre.

Saskia ging in Richtung Bahnhof. Was für eine ganz besondere Idee, dass der Bahnhof auf der Insel war! Und für die Gleise war ein künstlicher Damm geschaffen worden. Das war bestimmt ein angenehmer Spazierweg, stellte sie sich vor. Ganz besonders, wenn es so richtig heiß war, boten die Bäume wohltuenden Schatten und bestimmt gab es immer wieder gute Ausblicke auf den See.

Auf dem Weg zum Bahnhof kam Saskia beim Diebsturm vorbei. Unwillkürlich dachte sie an Rapunzel, die hier ihr Haar runterlassen würde. Oder eben auch nicht. Je nachdem, wer wohl nach ihr rief.

Ja, die Geschichte, die war ihr jetzt gar nicht so wichtig. Es war viel netter, so als Touristin staunend immer weiter zu laufen.

Am Beginn der Fußgängerzone ging sie einige Meter in die Fußgängerzone rein. Und fühlte sich gleich wohl in dieser Operettenkulisse. Aber erst wollte sie Richtung Hafen.

Der Bahnhof war aus einer anderen Zeit, vermutlich Jugendstil. Und riesig! Total überdimensioniert, kam es Saskia vor. Daraus ließe sich bestimmt ein imposantes Theater machen, überlegte sie. Denn als Bahnhof war dieser – wenn auch Kopfbahnhof – denn doch wohl eher unterbeschäftigt.

Gleich darauf war sie beim Hafen. Mitsamt Löwen- und

Leuchtturmeinfahrt. Dieser fröhliche Hafen sah in
Wirklichkeit noch besser aus, als auf den Ansichtskarten!
Und überall die großzügigen Blumenkästen, die vielen
Menschen. Gewissermaßen sah das hier ja gar nicht mehr
nach Deutschland aus, eher nach Italien.
Saskia ging an ehemaligen Lagerhäusern vorbei, ging mal
in dieses Sträßchen, dann in jene Gasse, stand plötzlich vor
der Rückseite des Bilderbuchrathauses, ging ums Rathaus
herum und landete wieder in der Fußgängerzone.
Sie ging zu den zwei Kirchen weiter, dann doch wieder
mehr zum Wasser hin.
Bloß schade, dass sie jetzt nicht ins Marionettentheater
gehen konnte. Denn das würde ihr sicher gut gefallen. Das
Marionettentheater spielte Operetten und sogar Opern!

Sie ließ sich verführen, dann doch noch mal nach rechts
abzubiegen. Sah, dass viele Leute in einer niederen
Einfahrt verschwanden, ging den Leuten nach durch ein
ganz enges Gässchen und landete bald schon auf der
Gerberschanze. War das ein toller Ausblick! Wenn sie auch
die immer noch weißgipfeligen Berge nicht namentlich
kannte, so wusste sie doch, dass es Schweizer Berge
waren. Saskia fühlte, dass sie hier auf einem besonderen
Ort der Kraft war.
Nur wenig später kam sie beim Casino vorbei, inmitten
wunderschöner Parkanlagen. Da war sie also in der
sozusagen sündigen Ecke der Insel. Ein Teil davon hatte
früher mal Hurenschanze geheißen, hatte sie gelesen. Und
jetzt das Glücksspiel dazu, das passte ja gut, lächelte sie.

Fast gespenstisch leise zeppelte der Zeppelin am Himmel
entlang. „Wie ein Wal, der sich seine Heimat mal von oben
ansieht!" kam es Saskia in den Sinn.

Eigentlich viel zu früh fuhr Saskia vom schönen Ende
Bayerns weg. Anfangs war sie sich nicht bewusst, warum

denn schon jetzt. Als sie dann gegen Bregenz rollte, änderte sich ihr beinahe schlechtes Gewissen Lindau gegenüber in eine Art Vorfreude, zumindest in die Erwartung, in die Hoffnung auf eine ganz besondere Begegnung.

Wo könnte die Begegnung stattfinden? Wo würde sie die Edle von Habenichts und Binsehrviel treffen? In Bregenz? Oder in Hard, wo sie wohnte?

Auf der Uferstraße mit dem wunderbaren Ausblick auf den See, auf die Berge, auf die herrliche Landschaft rund um den See, da wusste sie, dass sie es sich wünschte, diese Frau zu treffen. Vermutlich würde ihr diese Begegnung gut tun!

Am frühen Nachmittag war Saskia in Hard, gegenüber einer Kirche, in einem zum See hin offenen Lokal in der Grünanlage, das Rostlaube genannt wurde. Dort gab es wundervolles Eis. Eine Sorte kannte Saskia noch nicht: Alpenkaramel.

Sie dachte an die Erzählung der Fee. Ob die wohl jetzt noch das Eis von den Gletschern holen? Hier waren sie ja allem Anschein nach gar nicht so sehr weit weg!

Saskia stellte sich an die Theke, mit dem Rücken zu Wand. So hatte sie einen guten Blick zur Parkanlage und zum See. Und klar auch zu den anderen Gästen.

Saskia bestellte einen leckeren Eisbecher und ein Glas Wasser.

Saskia sah sich um, genoss das Eis mitsamt den Früchten und der Sahne obendrauf. Ja, hier war sie richtig, das wusste sie.

Sie fühlte, dass sie sich entspannte. Weit mehr noch als in Lindau.

Was war da jetzt mit den Farben los? Die Umsitzenden schienen nichts zu bemerken, aber Saskia sah es ganz deutlich, auch wenn sie zwischendurch die Augen zukniff:

92

das waren keine „normalen" Farben! Dieses Hellgrün der Rasenflächen! Dieses Rosa der Rosenhecken! Die Farben schienen von innen her zu strahlen. Saskia erinnerten sie an „Neonfarben". Alles schien ungemein plastisch zu sein. Die Wolken. Die Weiden.
Saskia schien es, als wären die Farben gewissermaßen parallel. Es war eine Vielfalt an Farben. Alleine die Grüntöne hatten ein ungewohnt breites Spektrum.
Da gab es Grün, das gelblich war, anderes weißlich, gleich daneben graulich, denn Saskia weigerte sich, es als „gräulich" zu bezeichnen. Klar gab es auch rötliches Grün. Und bläuliches. Gewissermaßen gab es Grüntöne in allen Farben!
Unwirklich war das! Wunderschön!
Die Hintergrundfarben kamen gewissermaßen in den Vordergrund.

Dann schob sich eine Wolke vor die Sonne. Die so wunderbare, unwirkliche Landschaft wurde wieder die gewohnte.
Eine Gruppe von Radfahrern brachte Saskia wieder in die Gegenwart zurück. Sie beobachtete knallgelbe T-Shirts im rasenmähergedrillten Grün.
Bei der Altherrenrunde verabschiedete sich einer. Er hinkte zum Fahrrad. Fuhr davon in Richtung Friedhof. Die Verbliebenen tranken einander zu. Ihre Gedanken waren wirklich nicht schwer zu erraten.

Dann beobachtete Saskia amüsiert eine kleine Szene, fühlte sich wie eine Zuschauerin im Kabarett.
SIE sagte, dass sie zahlen wollen.
ER schaute desinteressiert drein. (Also: blöd aus der Wäsche.)
ES kam die Rechnung.
ER betrachtete angelegentlich die Umgebung.
SIE bezahlte die Rechnung.

ES war Zeit für beide, zu gehen.
Vermutlich.

Die Wolke war weitergezogen, die Sonne schien strahlend.
Und wieder veränderten sich die Farben. Doch diesmal
waren sie nicht mehr ganz so strahlend leuchtend wie
vorher, eher so wie durch einen Filter, aber immer noch
anders als „normal".
Ein Möchtegern-Punk lief vorbei. Er wirkte wie eine der
Körperfiguren für den Zeichenunterricht. Saskia wunderte
sich, dass die Gelenke tatsächlich funktionierten.

Und dann kam erst mal die Hündin um die Ecke. An der
Leine kam die Edle von Habenichts und Binsehrviel
hinterdrein. Wie selbstverständlich kamen die beiden zu
Saskia. Zugegeben: die Begrüßung durch die Hündin war
recht herzlich.
Trotzdem wurde sie an die Fußstange der Theke
angehängt.
Die Edle von Habenichts und Binsehrviel war gut gelaunt.
„Na, das dauerte ja ganz schön lange, bis du den Weg
hierher gefunden hast!"
„Ich hatte..." „Geschenkt! Jetzt habe ich erst mal Durst!"
Auch Saskia bestellte ein Getränk.
„Willst du gleich mal erzählen?" „Das hat Zeit", winkte
Saskia ab: „Jetzt will ich erst mal wissen, ob denn doch
noch was aus den Dreharbeiten für den Bond-Film wurde!"

„Aber ja doch! Eine Nacht lang war ich Bond-Girl!" „Super!
Erzähl doch schon!"
„Also, gut. Ohren auf für den Originalbericht, direkt vom
Set. Aus der James-Bond-Stadt Bregenz." „Super!"
„Am ersten Mai hatte ich ja noch keinen Auftritt." „Was
war denn da? Außer dass du in Isny warst." „Na, das war
die Nacht der Nobelkarossen." „Was? Die wollten deinen
Uralt-Polo mit Plastikheckscheibe nicht dabei haben? Das

94

kann ich einfach nicht glauben!" „Tja. Ich war mir da von vornherein nicht so sehr sicher. Also meldete ich mich erst gar nicht an. Doch von mir bin ich selbstverständlich völlig überzeugt. Alleine schon wegen meines Aussehens." „Nun ja..."

„Ich bin nun mal eines der Beispiele für Beidseitigkeit." „Wie meinst du das nun wieder?" Saskia wusste, dass von ihr erwartet wurde, auf den Scherz einzugehen. Also tat sie es.

„Na ganz einfach: Hint' Lyzeum, vorn Museum." Die Edle von Habenichts und Binsehrviel sagte das so ernst, als meinte sie das wirklich so. Saskia lachte herzlich.

„Der Spruch gefällt mir. – Wann warst du denn dran?"

„Das war in der Nacht vom 5. auf den 6. Mai. Da war ich am Set! Da war ich beim Dreh! Morgens um Viertel nach sechs war ich wieder beim Auto." „Uff. Und wann musstest du dort sein?" „Um halb acht." „Und: hast du den Daniel Craig gesehen?" „Aber wo! Ein paar von den Statisten glaubten das zwar, aber das war vermutlich nur ein Double, was sich da mal sehen ließ." „Irgendwie ja schade. Aber jetzt erzähle doch mal der Reihe nach!"

„Mein Einstieg in die Filmerei war ja nicht so sehr toll. Ich hatte ein marokkanisches Originalkleid an. Bodenlang. Und flache Schuhe, weil ich doch nicht die ganze Nacht unnötig rumstöckeln wollte. Und damit hatte ich ein kleines Problem." „Warum denn das?" „Weil mir sozusagen das Kleid ursprünglich zu lang war, hatte ich es hochgenäht. Und nun mit den Applikationen der Schuhe verfing sich der Zwirn der großzügigen Stiche in eben diesen Applikationen. So blieb ich immer wieder mal stehen, dividierte die Schuhe und das Kleid auseinander. Dezent natürlich. Sollte doch keiner merken. Und parken konnten wir ja ohnehin nicht auf dem Festspielplatz. So blieb ich auf der anderen Seite vom Bahnhof stehen, hatte also einen ziemlichen

Weg. Na ja, ich hatte ja Zeit genug. Fand dann auch den richtigen Eingang. Und dann begann erst die große Rumlatscherei."

„Und warum das?"

„Weil das alles dort enorm großzügig ist. Und weil alles ziemlich weit auseinander liegt.
Zumindest bei sozusagen laufmäßiger Behinderung, die ich doch möglichst vertuschen wollte. Gut. Ich schaffte die Eingangskontrolle. Marschierte zu meiner Gruppe. Waren da viele Leute! Na ja, insgesamt waren wir ja über tausendvierhundert Statisten. Und dann selbstverständlich noch jede Menge vom Management, die uns betreuten. Ja, und da war ich also da im sozusagen Personalbereich des Festspielhauses.
Und da gab es nicht nur die Tische mit den Nummern, sondern auch so Einiges an Futter."

„Futter?" „Ja, wir wurden großzügig von einem Katering versorgt. Manche fraßen sich so richtig durch das warme Buffet, versorgten sich reichlich mit Getränken." „Und du?"
„Ich bin doch nicht blöd! Bei solchen Events weißt du ja nie, wann mal Pause angesagt wird. Und wie schlimm das für so Manche wurde, die dann einfach nicht aufstehen und weggehen durften, daran denke ich lieber nicht mehr. Jedenfalls verzichtete ich lieber auf die Nudelgerichte, auf die Nachspeisen und all das Zeugs. Und trank grad mal Kaffee."

„Und wie ging es weiter?"

„Immer wieder sagte irgendwer irgendwas ins Megaphon. Was sowieso niemand verstand. Immerhin schaffte ich es, als anwesend vermerkt zu werden. Und dann ging auch ich irgendwann zum Riesenzelt, wo wir begutachtet, eingekleidet, geschminkt und frisiert wurden." „Tolle Erfahrung, was?"

„Aber ja doch. Die Wichtigen sprachen Englisch. Also hatte ich schon mal einen kleinen Vorteil, weil ich mit den gestressten Typen rumblödeln konnte." „Und? Gefiel denen dein Kleid?" „Und wie! Aber leider..." „Was leider?" „Es war zu winterlich. Die wollten nämlich, dass wir in eleganter Sommergarderobe dort rumsitzen sollten." „Und, was machten sie mit dir?" „Ich wurde weitergereicht, sozusagen. Zur Garderobiere. Und die suchte was Passendes für mich aus. Das dauerte einige Zeit. Mal gefiel es mir nicht, mal ihr nicht. Und außerdem sagte ich ihr, dass es doch in meinem Alter nicht so sehr vorteilhaft war, mit nackten Oberarmen da so rumzusitzen. Sie lachte, verpasste mir dann ein dunkelgrünes Oberteilchen mit Jäckchen darüber. Dazu behielt ich meine schwarze Hose an, die ich ja sowieso unter dem Kleid angehabt hatte." „Super. Und wie ging es weiter?" „Erst stellte, dann setzte ich mich an, um bei der Friseuse dranzukommen! Ich erwischte eine sehr nette. Und die zauberte eine echt supertolle Aufsteckfrisur. Bloß schade, dass ich kein Foto davon habe!" „Und wie war es mit dem Schminken?" „Ich hatte mich ja zu Hause geschminkt. Und das war in Ordnung."

„Also warst du eine strahlend schöne Opernbesucherin. Und da hast du dann die Tosca gesehen, ohne dafür bezahlen zu müssen!" „Wo denkst du hin! Tosca sehen!" „Na, aber das war doch eine Aufnahme der Tosca, um die es im Film ging!"
„Nun ja. Daran merke ich, dass du nicht weißt, wie so ein Film produziert wird. Weißt du, da wird nicht die ganze Oper runtergespielt. Sondern bloß die Szenen, in denen dann etwas für den Film Signifikantes passiert. Also, allerkleinste Szenchen. Die allerdings immer und immer wieder. Weil die ja von den verschiedensten Standorten aus aufgenommen werden müssen. Und klarerweise immer wieder, bis endlich alles haargenau so läuft, wie das im Drehbuch vorgesehen ist."
„Dann war das ja nicht so sehr toll aufregend?" „Aber ja doch! Zumindest ICH genoss die ganze Filmerei. Weißt du,

wir sozusagen paar Leutchen mussten doch praktisch das Publikum für eine voll besetzte Festspielaufführung abgeben." „Und wie habt ihr das gemacht?"

„Wir wanderten. Immer wieder. Sobald eine Einstellung zur Zufriedenheit abgedreht war, wanderten wir in den nächsten Sektor. Bei zehn verschiedenen Sitzplätzen hörte ich dann auf mitzuzählen. Anfangs mussten wir uns die vorigen Sitzpositionen merken, weil wir nochmals dorthin mussten. Später lief das dann doch etwas lockerer." „Ich kann mir das noch immer nicht so recht vorstellen." „Na, da wurde genau gesagt, wo wer zu sitzen hatte. Möglichst Männchen und Weibchen nebeneinander. Und dann wurden die Kameras aufgebaut. Die Abstände wurden gemessen. Die Feineinstellungen wurden vorgenommen. Leute wurden umgesetzt. Friseusen besserten Frisuren nach. Uns wurde gesagt, wo wir hinzuschauen, was wir zu tun hatten. Und fast immer mussten alle still sein." „War das nicht kalt, da so in der Nacht rumzusitzen?"

„Und ob das kalt war! Total arschkalt, das kann ich dir verraten! Und auch sonst war's äußerst eisig. So allmählich bekamen alle Frauen zumindest schwarze Decken. Die Männer in ihren Smokings mussten die an uns weitergeben. Doch auf Kommando, also bevor ein Take gedreht wurde, mussten wir die Decken unter den Sitzen verschwinden lassen. Denn klar waren wir doch das elitäre, gutgekleidete, elegante Publikum der Seefestspiele, das da in lauer Sommernacht die Opernaufführung genoss."

„Es hört sich so an, dass du die ganze Veranstaltung tatsächlich genossen hast!" „Na klar habe ich das! Weißt du, ich weiß einiges über die Filmerei. Doch Statist war ich noch nie gewesen. Und so sah ich das alles jetzt aus dieser Warte. Und weil ich wusste, wo ich hinschauen musste, war das für mich ganz besonders interessant."

„Ich kann mir das noch immer nicht so richtig vorstellen. Erklär mir das doch bitte etwas genauer." „Gern. Wir mussten möglichst flott unsere Sitzplätze einnehmen.

Notfalls den Platz wechseln. Dann wurde kontrolliert, ob alles sozusagen richtig war. In der Zwischenzeit froren wir dann etwas weniger unter den Decken. Warteten, bis alles eingerichtet war. Plauderten miteinander. Auf Kommando mussten wir die Decken unter dem Sitz verstauen, wir waren nur noch mitgerissenes, hingerissenes Publikum, voll auf das Geschehen auf der Seebühne konzentriert. Klar war Sprechverbot. Dann kam das Kommando ‚Action', die Klappe mit der Take-Nummer wurde kurz vor die Kamera gehalten, dann wurde gedreht. Nur mit Originalgeräuschen von der Bühne, vielleicht einem gelegentlichen Räuspern aus unseren Reihen, wenn das von uns verlangt wurde. Die Aufnahmen dauerten immer nur recht kurz. Und klar: die richtige Szene wird dann ja erst von den Cuttern zusammengesetzt." „Und? Lief es gut?" „Ja, insgesamt waren die Leute von der Crew recht zufrieden. Deshalb genügte ja auch die eine Nacht."

„Und da seid ihr die ganze Nacht so rumgehockt?" „Eigentlich schon. Um etwa Mitternacht gab es grüppchenweise eine Pause. Pinkelpause. Und zum Nachfassen für alle, die noch mal was wollten." „Und du?" „Ich blieb beim Kaffee. Mehr brauchte ich wirklich nicht! Immerhin war ich froh, mir ein wenig die Füße vertreten zu können und ein wenig im doch deutlich wärmeren Innenraum zu sein."

„Hast du jemanden getroffen, den du vom Casting her gekannt hast?" „Nicht dass ich wüsste! Dafür plauderte ich mit so Einigen ein wenig." „Erzähl doch!"

„Eines der ganz jungen Dinger war da sogar ohne Strümpfe. Weil es ja total uncool war, in den angesagten Schuhen Strümpfe zu tragen. Sie tat mir echt leid. Ich hatte mir ja vorsichtshalber unter der langen Hose zwei Strumpfhosen übereinander angezogen. Denn auf eine Erkältung samt Blasenentzündung hatte ich wirklich keine Lust." „Aber du sprachst doch sicher auch mit Männern!" „Na klar. Einen verunsicherte ich ziemlich, als ich über Überwachungssysteme im Allgemeinen und integrierte Kameras in Verkehrsampeln im Besonderen erzählte. Was ja zum Opernthema passte. Dafür erzählte mir ein Stuttgarter, dass er sich extra einen Smoking ausgeliehen hatte. Kostenpunkt hundertzwanzig Euro. Und wenn er ihn zurückbringt, muss er frisch gereinigt sein. Nicht der Kerl, bloß der Smoking." „O weia, da verdiente er wohl nicht eben viel, nehme ich an." „Ach wo. Für die Nacht bekamen wir die versprochenen sechzig Euro. Und das war's."

„Aber wenn du so spät erst zum Auto zurückgekommen bist. Habt ihr tatsächlich so lange gedreht?"

„Beinahe. Wir drehten tatsächlich noch, als es bereits hell zu werden begann." „Aber, das ist doch quatsch! Das können die doch nicht als Nachtaufnahme bringen!" „Mit moderner Elektronik ist das keine große Sache. Wenn es drauf ankäme, dann könnten die die kompletten Szenen am Tag drehen." „Das wusste ich nicht." „Ist aber so. Weißt du, was besonders nett war? Am Morgen meldeten sich die Wasservögel. Und klar mussten da einige Szenen wiederholt werden." „Und dich hat das amüsiert, habe ich recht?" „Allerdings."

„Und dann? Wie war der Schluss?" „Plötzlich war die Müdigkeit bei den meisten vorbei. Da half natürlich auch, dass es morgens noch kälter war als in der Nacht. Wir mussten die Decken abgeben. Dann ging es wieder ins Riesenzelt. Klamotten und Haarnadeln abgeben. Dann zurück und endlos anstellen. Erst mal um die Bestätigung, dass wir da gewesen waren. Und dann ums Geld. Und ganz plötzlich durften wir dann weggehen."

„Hattest du da einen speziellen Ausweis?" „Ja. So um Mitternacht bekamen wir ihn. Immerhin durfte ich ihn behalten!"

„Hast du von den Filmmenschen noch mal was gehört?" „Ja, ich wurde angerufen, dass ich vielleicht nochmals gebraucht würde. War aber dann doch nicht. Mir

100

auch recht. Mein Erlebnis hatte ich jedenfalls."

„Was hältst du davon, ein wenig rumzulaufen?" „Eine gute
Idee. Für die dir vor allem meine Wuffeline dankbar sein
wird!"
„Ich kann mir ganz gut vorstellen, dass ganz Bregenz
wegen dieser Bond-Geschichte aus dem Häuschen war."
„Und wie! Bregenz freute sich darüber, die Lizenz zum
Feiern zu haben. Und das tat Bregenz und alle, die da grad
in Bregenz waren, dann auch total ausgiebig. Da wurden
die Parkverbote und Fahrverbote problemlos in Kauf
genommen." „Fahrverbote?" „Ja, rund um die Seebühne
beispielsweise war auch das Seegebiet gesperrt. Na klar,
sonst wären da doch jede Menge Bootsmenschen
rumgeturnt, vielleicht doch auch noch ins Bild zu kommen.
Oder doch zumindest, etwas von den Dreharbeiten
mitzubekommen. Vom Strandbad bis zum äußeren
Molenkopf des Gondelhafens war die Sperre. Viele
weibliche Fans waren ja echt enttäuscht, dass ihr so heiß
verehrter Daniel Craig nicht alleine mit dem Privatjet aus
Rom in Friedrichshafen landete. Da waren nicht nur die
Bodyguards, sondern auch noch seine Lebensgefährtin
Satsuki Mitchell mit dabei. Die dann alle von einem
Limousinen-Konvoi in Empfang genommen wurden." „Tja,
so schlimm kann das Leben für uns arme Frauen spielen!"
„In den Zeitungen stand ja, dass Daniel Craig von der
Opernbühne durch die Zuschauerränge ging." „Aber?" „Die
Szene mit ihm war schon in der Nacht vorher gedreht
worden. Ohne störendes Publikum. Immerhin war ich ganz
nah dran bei den Original-Bösewichten. Das ist ja auch
schon war, nicht wahr?"
„Bösewichte sind in James-Bond-Filmen ja ganz besonders
wichtig." „Na klar, und die in diesem Streifen fahren mit
einem edlen Jaguar durch die Gegend, sind also Top-
Bösewichte sozusagen. Irgendwie schade für die Männer:
Bond-Girl Olga Kurylenko spielte keine Rolle in

Vorarlberg." „Na klar, bei den Vorarlbergerinnen, die es so gibt!" „Meinst du mich damit?" „Na sicher!" „Nun ja. Ich bin ja sozusagen eine frischimportierte Vorarlbergerin. Aber jedenfalls: danke für das Kompliment! Ich stell es in die Vase, solange es noch frisch ist!" „Du bist die Richtige!" „Na klar doch. In Feldkirch war das ja fast ein Problem." „Warum das?" „Na, die Leute, die dort im Bereich der Dreharbeiten wohnten, die bekamen Bewohnerkarten, um in den Drehpausen zu ihren Häusern durchzukommen." „Stelle ich mir ganz schön nervig vor, für so manche, die da nichts mit 007 am Hut haben."

„Irgendwie war das ganze Land in totalem Aufruhr!" „Wie denn so?" „Da gab es jede Menge an Party-Events, an 007-Dinners, überall standen Papp-Bonds in der Gegend rum, und die Auslagen hatten ein spezielles Thema. Da gab es tolle James-Bond-Ausstellungen im Foyer des Landestheaters und im Casino. Im Metrokino in Bregenz wurden alte James-Bond-Filme gezeigt. Und in der Fußgängerzone in Bregenz gab es eine Beschallung mit Soundtracks aus Bond-Filmen und noch eine Menge Remi-Demi. Aber da machte ich ja nicht so sehr mit." „Traurig darüber?" „I wo. Insgesamt war der Rummel ja allmählich schon an der Grenze des Erträglichen. In der James-Bond-Night in Bregenz sang Christine Nachbauer Titelsongs und alle, alle waren James-Bond-verrückt. Der Bregenzer Bürgermeister posierte als 007 und kam so in der Bildzeitung zu ungeahnten Ehren. Eben alle James-Bond-verrückt." „Bloß du vermutlich nicht." „Aber wo! Zu so Großveranstaltungen zieht es mich ja sowieso nicht hin, wie du dir ja denken kannst." „Allerdings." „Sogar die Hauptdarsteller der Tosca, Karine Babajanyan und Sébastien Soules als Scarpia hatten Spaß und klarerweise auch einige Anstrengungen damit, ihre Rollen auch im Bond-Film zu spielen." „Und wie reagiert die Tourismusbranche?" „Na, die hoffen selbstverständlich,

dass der Bond-Film Bregenz in der ganzen Welt bekannt machen wird und alle, alle, alle nach Bregenz auf Urlaub kommen werden!" „Na klar doch. Und dann landen sie erst mal auf dem Londoner Flughafen, " lachte Saskia.
„So eine Originalmeldung war ja beispielsweise, dass Anfang Mai die Entourage rund um den James-Bond-Darsteller Westösterreich bevölkern würde. Und dass die Aufnahmen vor und hinter den Kulissen der Tosca-Bühne stattfinden würden." „Und?" „Da wurden Takes im Festspielhaus, in den Gängen, auf den Dächern und sogar in der rosarot ausgeleuchteten Küche gedreht. Aber hinter der Kulisse vermutlich kaum. Weil da ist es dann ja gar nicht mehr so weit bis zum Wasser. Und baden, das war zu der Zeit ja wirklich noch nicht angesagt!" „Du scheinst so ziemlich immer alles von der heiteren Seite zu nehmen!" „Ist erstens gesund und macht zweitens mehr Spaß!"

Die Edle von Habenichts und Binsehrviel ging etwas weg vom See, auf ein kleines Bächlein zu. Was wollte sie dort? „Das ist der Dorfbach", erklärte sie. „Und schau, da ist ein Kneipp-Bad. Und das ist eine wundervolle Sache, da mal so eine Runde zu drehen!"
Saskia zog ihre Schuhe aus und stieg in das verhältnismäßig kühle Wasser. Die Steine waren nicht alle gerade angenehm unter den Füßen, aber insgesamt war es ein tolles Erlebnis. „Danke! Das macht echt Spaß!"
„So kann ich was Gutes für dich tun." „Und deine Hündin?" „Der geht es wie mir: es genügt ihr vollauf, grade mal mit den Pfoten ins Wasser zu gehen. Schwimmen ist nicht so sehr ihre Sache!" „Auch eine Einstellung. Ich schwimme riesig gerne. Komme aber leider nur viel zu selten dazu." „Worauf wartest du dann? Hier am Bodensee hast du doch jede Menge Gelegenheit dazu!" „Ehrlich?" „Na klar doch!" „Weil es mir wichtiger ist, mich jetzt mit dir zu unterhalten." „Na dann, " grinste

103

die Edle von Habenichts und Binsehrviel.

„Wie hieß eigentlich der Regisseur?" „Das war der Marc
Forster. Und der hatte eine Crew von bestimmt
zweihundert Leuten." „Was für ein Aufwand!" „Immerhin
soll der Film ja schon im November in die Kinos kommen.
Also, gibt es da noch eine ganze Menge zu
tun." „Vermutlich. Wann hat dieser Film eigentlich
angefangen?" „Quantum of Solace startete im Frühjahr
2007 in London, in den Pinewood-Studios. Im Februar
2008 wurde in Panama gedreht. Dort geriet das Filmteam
sogar in einen Kampf gegnerischer Straßenbanden. Und
das stand garantiert nicht im Drehbuch!" „Davon wusste
ich nichts." „Du warst ja auch nicht am Set, liebe Saskia!
Ja, und dann gab es auch noch Szenen in Mexiko. Anfang
April gab es zur Abwechslung Ärger beim Dreh an der
chilenisch-bolivianischen Grenze. Weil die Chilenen was
dagegen hatten, dass ihr Dorf ein bolivianisches sein
sollte." „Na, da stell dir mal vor, wenn die Feldkircher da
protestiert hätten, dass sie nun mal nicht Bregenzer sind..."
„Tja, so kann das gehen. Im April wurde dann in Italien
gedreht. Am Gardasee. Ein Set-Mitarbeiter hatte da
vermutlich falsch gelesen, weil der landete im Gardasee
samt Aston Martin. Was dem gar nicht so sehr gut
bekam." „Einzelschicksal." „Dafür prallten am 23. April
zwei Stuntmen mit einem Auto gegen ein anderes und dann
gegen eine Mauer. Das tat keinem gut. Die Mauer
überstand den Crash einigermaßen gut. Einer der Stuntmen
musste wiederbelebt werden. Weil sie ja doch nicht allzu
viele Stuntmen dabei hatten, wie ich vermute."
„Also! Manchmal ist dein Humor ganz schön schwarz!" „Na
klar doch. Weißt du denn nicht, dass ich auch gerne mal in
die Rolle der Schwarzen Gräfin schlüpfe?" „Das traue ich
dir sofort zu! Und dann?"
„Ja, dann begannen die Dreharbeiten in Vorarlberg. Doch
inzwischen sind die ja längst nicht nur über dem Arlberg,

sondern überhaupt über alle Berge!" „Es tut mir unendlich gut, dich so luftig-lustig erzählen zu hören!" „Deshalb, genau deshalb tue ich das ja auch. Selbstverständlich wäre mein Vortrag weit erhabener, wenn das mit den Aufnahmen in Machu Picchu geklappt hätte." „Und warum hat es das nicht? Hatten die Inkas was dagegen?" „Zumindest der Wettergott war ungnädig." „Ja, dann!"

„Und klar ist auch der neue Bond nicht mehr der gute alte Bond." „Es ist ja auch ein anderer Darsteller!" „Das auch. Aber auch auf so Sprüche von gerüttelt und geschüttelt verzichtet der heutige Bond. Laut Drehbuch zumindest. Auch die alten Wunderwaffen haben ausgedient. Einziges Spielzeug, das er mitbringen darf ist der Aston Martin DBS V 12 im Casino-Ice-Farbton." „Da tut mir ja der 007 richtig leid", lächelte Saskia.

„Da gab es noch so einige Probleme bei diesem Film." „Ja, ich weiß. Da sollte doch Amy Winehouse für den Titelsong zuständig sein. Was dann irgendwie ins Wasser fiel."

„Ich würde das ja nicht grade Wasser nennen... Der arme Daniel verletzte sich auch noch an der Hand. Er schnitt sich in den Finger. Vorher hatte er schon eine Verletzung im Gesicht." „Was ja fast einer Katastrophe gleichkommt!" „Ja, aber da gab es noch viel schlimmere Verletzungen!" „Erzähl doch!" „Nicht für 007. Sondern für einen Techniker. Der lernte in Dornbirn eine Frau kennen. Gut, da war dann ja auch einiger Alkohol im Spiel, als das dann plötzlich sehr ernst wurde. Die Frau hatte ihn nach Hause mitgenommen. Und dann waren die beiden mit Steakmessern auf einander losgegangen. Da gab es einige Verletzungen, sogar im Kopfbereich, nicht nur an den Händen. Stich- und Schnittverletzungen. Die beiden hätten sich wohl doch lieber eine Pizza bestellen sollen, nicht wahr?" „Und wenn sie dann die Pizza mit Steakmessern....?" „Da hast du auch wieder Recht. Also wäre wohl Fingerfood die Lösung gewesen." „ Aber sag mal, ist es jetzt nicht unwirklich ruhig in Bregenz und auf der Seebühne, wo die Dreherei vorbei ist?"

„Aber wo denn! Danach drehten die doch erst so richtig auf!" „Und wie das?"
„Die Mega-Events gingen und gehen weiter. Die Seebühne wurde zum Fußball-EM-Studio des ZDF umorganisiert." „Das kriegte sogar ich mit. Obwohl Fußball nun mal nicht so sehr mein Interessensgebiet ist." „Immerhin waren am ersten EM-Wochenende schon mal 40.000 Besucher beim Public Viewing. Christina Stürmer sang, Kerner moderierte. Dann avancierte die Seebühne zur Kochbühne für die beliebten Fernsehköche Johann Lafer und Horst Lichter. Und dann gibt es sie endlich wieder: die Tosca. Den Opernthriller, jetzt im doppelten Sinn. Stell dir vor, sogar die 007-Leute wollen sich die Tosca anschauen! Und da sind jetzt schon massenhaft viele Karten verkauft. Ob die Zuschauer dann wohl enttäuscht sind, nicht den 007 zu treffen, weiß ich nicht."
„Super, was du so alles weißt!" „Kein Problem. Es gibt doch die preiswerten Gratiszeitungen, vor allem die Wann und Wo! Da fällt mir grad noch was ein." „Nur zu!" „In Liechtenstein starteten die doch glatt eine Alternative zu 007." „Und zwar?" „Agent 00423: Connery. Schaan Connery." „Irgendwie ja eine ziemlich komplizierte Nummer." „Geheimkonten haben vermutlich kompliziertere Nummern als Geheimagenten, nehme ich an."
„Du findest wohl immer was zum Blödeln!" „Vor allem im Oktober." „Und warum das?" „Weil da kommt Otto Waalkes. Total live. Ins Festspielhaus." „Na, da bleibt bestimmt kein Auge trocken." „Dass wir aber sonst trocken bleiben, ist ja schon wichtig. So auf der Seebühne wäre das vermutlich nicht so sicher. Und noch dazu wieder einmal arschkalt."

„Ganz so kalt ist es ja jetzt nicht. Da wäre ein kühlendes

Getränk doch grad das Richtige, meine ich. Ich möchte dich gerne einladen!" „Gerne. Komm, wir gehen da über das kleine Brückle. Vergiss nicht, die Enten zu begrüßen, die sind das nämlich von mir so gewohnt!"
Gemütlich war es im Käth'r, dem Gasthaus der Katharina.

„Enorm viel Wasser gibt es hier. Für mich ganz schön verwirrend, so Brücke nach Brücke. Das dauert bestimmt einige Zeit, sich hier zu Recht zu finden." „Immerhin sind wir hier schon am Rande des Rhein-Deltas. Da sah ich eine tolle Karte aus dem Jahre 1825 von einem Joseph Duile, einem Baudirektionsadjunkt in Innsbruck. Im Maßstab 1 : 3456. Klingt ziemlich exotisch, finde ich." „Von diesem Baumenschen hörte ich noch nie, aber das ist ja auch nicht eben mein Fachgebiet." „Dafür sagt dir vermutlich der Name eines Mitarbeiters etwas. Das war Negrelli." „Negrelli? Von dem sind doch die Pläne für den Suezkanal!" „Genau der." „Und worum ging es damals?" „Um die sogenannte Melioration. Wie diese Verbesserung genannt wurde. Es war eine Kulturtechnische Maßnahme zur Bodenverbesserung landwirtschaftlich genutzter Flächen. Also Entwässerung, Moorkultivierung und, wo es nötig war, mit Bewässerung."
„Und da wurde das gesamte Delta-Gebiet verändert?" „Eine ganze Menge zumindest. Die Bregenzer Ach, über die du grad vorher drübergefahren bist, die hatte früher viele Inseln. Damals war auch noch die Rede von einer Harder Feldung. Mit Mühlbach und Moosbach. Damals gab es noch keinen Neuen Rhein. Die Fussach war rechts und links vom Achfluss. Und da gab es auch noch den seenahen unteren und den oberen Laubsee. Der Rhein floss durch den sogenannten Eselsschwanz zum See."
„Da hat sich inzwischen wohl viel verändert!" „Na klar! Vor allem durch den Neuen Rhein, einen künstlichen Durchstich direkt zum Bodensee." „Und letztlich wozu das Ganze? All diese künstlichen Veränderungen?" „Gegen die Verlandung

des Bodensees."

„Und?" „Aufgehalten kann einiges werden, aber letztlich verlandet der Bodensee irgendwann einmal komplett, da führt kein Weg vorbei. Aber da tun uns ohnehin schon lange keine Knochen und sonstigen Körperteile mehr weh!" „Also, hinter uns die Sintflut und vor uns auch?" „Nun ja. Stell dir bloß mal vor: alleine der Rhein transportiert jährlich so drei Millionen Kubikmeter Feststoffe in den Bodensee." „Echt? Das ist ja eine ganze Menge!" „Und die lässt er im Bodensee, die nimmt er nicht zum Meer mit." „Na, da wird sich so allmählich ja eine Menge verändern."

„Das war ja sozusagen immer schon so. Im Silvretta-Gebiet entdeckten die Wissenschaftler die Reste alter Hausgrundrisse. Und die sind siebentausend Jahre alt." „Ganz schön! Und wem gehörten die Häuser?" „Das ist nicht so ganz klar. Möglicherweise waren es Sesshafte. Es können aber auch Nomaden gewesen sein, die sich sozusagen Herbergen erbauten. Die Reste haben die Bezeichnung ‚Almwüstungen'. Da wurden nicht nur Mauerreste gefunden, sondern auch Reste von Feuerstellen. Auf einer Höhe von über zweitausend Metern! Und als Holz verwendeten diese Vorväter und vor allem Vormütter Zirbelholz. Vermutlich gab es dort damals schon die Revolution in Richtung Ackerbau und Viehzucht." „Aber so hoch oben! Da ist es doch kalt!" „Damals schien das nicht so sehr kalt gewesen zu sein. Vor 3.300 Jahren gab es dann eine Klimaverschlechterung. Und außerdem bevorzugten die Menschen enge Pässe im Voralpengebiet. Es scheint so, dass die Menschen absichtlich ins Alpengebiet vordrangen. Und dann gab es ja schon sehr früh die transalpinen Routen, beispielsweise von Italien zum Bodensee."

„Unglaublich. Und so ein Bauernleben damals, das stelle ich mir sehr hart vor, total problematisch." „Probleme haben die Bauern heute ja auch." „Nun ja, wegen der Preise und weil sie nur schwer Frauen finden." „Auch. Aber rund um den Bodensee ist jetzt eine Krankheit der Bäume echt problematisch: der Feuerbrand. Und dann war ja in letzter Zeit auch noch die Milchpreisproblematik schlimm. Da schütteten manche Bauern die Milch ihrer Kühe aus Protest in die Jauchegruben." „Das verstehe ich nicht. Die hätten bestimmt auch einen anderen Weg finden können, die Milch zu verwerten. Irgendwie empfinde ich solche Aktionen als Sakrileg!" „So denke ich auch. Und dabei hatten die wohl kaum Marihuana geraucht!" „Wie kommt du jetzt da drauf?" „Weil das ja angeblich die Gehirne schrumpfen lässt!" „Wieder mal so ein Gedankensprung der Edlen von Habenichts und Binsehrviel!" lachte Saskia.

„Ja. Es wird doch allmählich Zeit, dass ich dich in das Hier und Jetzt zurücklotse. Meinst du nicht auch?" „Nun ja. Selbstverständlich hast du Recht. Ich bin auch schon folgsam."
„In der letzten Zeit gab es ja auch so einiges. Da bekam eine siebzigjährige Inderin nach einer künstlichen Befruchtung Zwillinge." „Wozu wollte denn die noch Kinder?" „Sie wollte einen Erben für ihren Hof." „Und? Kauft sie jetzt einen zweiten?" „Schon möglich. Aber über Frauen so im Allgemeinen wollen wir uns jetzt ja nicht unterhalten. Dazu ist später mal Zeit." „Du meinst...?" „Ich weiß doch, dass deine Einladung mit dir ganz persönlich zu tun hat. Mit deiner momentanen Situation." Saskia sah vor sich hin. Sie nickte: „Ja. Das hat es. Irgendwie kenne ich mich gar nicht mehr aus." „Ich bestelle uns wohl besser noch was zu trinken!" lächelte die Edle von Habenichts und Binsehrviel. Mitfühlend, stellte Saskia fest.

„Also, jetzt erzähl mal. Was ist denn mit deinem Erich jetzt los? Warum seid ihr nicht gemeinsam unterwegs?" „Weil er... verheiratet ist. Und weil er sehr viel arbeitet." „Ist das alles?" „Und weil er ein Kind hat", sagte Saskia fast unhörbar.

„Aber das ist ja alles nicht mehr neu für dich! Du bist doch schon seit etlichen Monaten seine Freundin, nicht wahr?" „Ja. Aber irgendwie ist jetzt alles anders. Noch viel komplizierter."

„Und was komplizierte sich?" „Seine Frau ist wahnsinnig eifersüchtig. Jetzt schickt sie ihm sogar einen Privatdetektiv hinterher!"

„Woher weißt du das?"

„Erich erzählte es mir. Und das heißt, dass wir jetzt kaum noch zusammen weggehen. Und dass er sehr vorsichtig sein muss, zu mir zu kommen. Und wenn er einen verdächtigen Typ in der Gegend von meiner Wohnung rumlungern sieht, dann kommt er lieber nicht zu mir, weil es ja viel zu riskant wäre."

„So."

„Ja, so ist das."

„Hast du jemals einen Privatdetektiv gesehen?"

„Ich weiß nicht so recht. Ich weiß ja auch nicht, wie ein Privatdetektiv so aussieht."

„Eben."

„Was soll das? Das klingt ja fast so, als ob du mir nicht glaubst!"

„DIR glaube ich schon."

„Was soll nun das wieder?"

„DIR glaube ich. Diesem Erich allerdings überhaupt nicht."

„Aber du kennst ihn doch gar nicht!"

„Ich kenne, ich fühle ihn gewissermaßen durch dich."

„Hm. Warum bist du wegen Erich so skeptisch?"

„Sagen wir mal so: ich lernte so einige Männer kennen. – Sag mal, was war denn so Neues in der letzten Zeit mit ihm? Wechselte er den Job? Legte er sich eine neue Frisur zu? Eine neue Garderobe? Ein neues Hobby?"

„Er kaufte einen neuen Wagen. Und er geht jetzt öfter zum Tennis. Aber sonst fällt mir nichts ein."

„Immerhin. Ganz direkt gefragt: kennst du seine Frau?"

„Aber nein! Wenn die bloß meinen Namen hört, geht sie doch schon zur Decke hoch!"

„Und woher weißt du das? Von ihm?"

Saskia drehte ihr Glas, stellte es exakt in die Mitte des Bierdeckels, zog eine Falte des Tischtuchs glatt. Dann sah sie ihr Gegenüber an. „Was meinst du, warum ihm die Frau jetzt den Detektiv hinterherschickt?"

„Tust sie das denn wirklich?"

„Du meinst...?"

„Ja, ich meine, du solltest das endlich einmal nachprüfen. Du weißt alles einzig und allein von Erich."

„Du meinst, dass er mich anschwindelt?"

„Immerhin wäre es möglich."

„Und warum sollte er das tun?"

„Nun, vielleicht verliebte er sich ja wieder mal."

„Wie kommst du denn auf DIE Idee!"

„Männer, die fremdgehen, die tun es."

„Du meinst – auch mit anderen?"

„Und warum nicht? Woher nimmst du an, dass du die einzige außereheliche Beziehung für Erich bist?"

Saskia starrte vor sich hin, betrachtete ihre Hände, strich die Haare nach hinten.

Dann gab sie sich einen Ruck: „Also gut. Vielleicht hast du Recht. Jedenfalls will ich es jetzt genau wissen. Wie kann ich das am besten machen?"

„Ruf seine Frau an!"

„Seine Frau?"

„Na sicher. Bestimmt gibt es ja eine Festnetznummer. Du rufst an, sagst deinen Namen und dass du eine Kollegin von Erich bist und ihn dringend sprechen müsstest. Wegen eines Problems, bei dem nur er dir helfen könnte."

„Hm. Aber da explodiert die doch gleich!"

„Möglich. Aber warte es erst mal ab. Vermutlich weißt du nach diesem Telefonat um Einiges besser Bescheid, was Sache ist."

„Soll ich es riskieren?"

„Denke heute abends vor dem Einschlafen daran. Das tust du ohnehin, na klar. Und dann stell dir vor, dass du morgen früh weißt, ob du anrufen sollst oder nicht. Und dann handelst du morgen danach."

Saskia dachte nach: „Ich will es zumindest versuchen."

„Gut so. Dann brauchst du nicht extra nach Genf zu fahren!"

„Nach Genf? Wozu denn das nun wieder?" „Weil Cern einen neuen Teilchenbeschleuniger baute. Und der geht im Sommer 2008 in Betrieb. Wenn es da nicht irgendwelche Verzögerungen gibt." „Und was tut dieser Beschleuniger?" „Er soll den Urknall simulieren. Da wird es tausendmal heißer als bei Sternenexplosionen. Zweihundert Milliarden Grad Celsius hat es dabei. Und jetzt wollen sie einen Feuerball mit einigen Billionen Grad bilden. Und das Monster Alice soll das Experiment beschützen." „Erzähl, bitte, weiter." „Stell dir mal vor, jedes Löffelchen des Urbreis wog so viel wie alles Wasser des Bodensees."

Saskia lächelte. „So bringst du mich nach einem Urknall, den du für mich vermutest, wieder zum Bodensee zurück."

„Genau das war meine Absicht! Erraten!"

Saskia kramte in ihrer Handtasche rum, brachte die Geldbörse zum Vorschein. „Ich danke dir – für alles. Und ich komme bestimmt bald wieder mal an den See. Wo sollte ich deiner Meinung nach am besten wohnen?"

„Am Bodensee gibt es so viele wundervolle Orte. Am besten wohnst du wohl in einem Wohnwagen. Und fährst um den Bodensee rum. Das wäre ein echt toller Urlaub!"

FRAUEN & SONSTIGE GEPLAGTE

Schon am darauffolgenden Sonntag war Saskia wieder
Richtung Bodensee unterwegs. Sie wusste, dass ihr dieser
Ausflug gut tun würde.
Diesmal fuhr sie Richtung Meersburg. Irgendwie wollte sie
die Edle von Habenichts und Binsehrviel heute lieber nicht
treffen. Na klar, hatte die ja schon vorher so Einiges
gewusst oder doch zumindest gefühlt. Und irgendwie fühlte
sich Saskia gewissermaßen beschämt.

Jetzt wollte sie erst mal in das Abenteuer Meersburg
eintauchen. Immerhin würde sie hier in die älteste
bewohnte Burg Deutschlands kommen. Irgendwie war
Meersburg für Saskia Mittelalter pur.
Daran änderte auch die sozusagen moderne Adaptierung
mit Elektronik und aktueller Technik nichts. Und schon gar
nicht, dass die Burg im Privatbesitz einer Gesellschaft war.
Ja, auch Ritter-Shop und Cafeteria – alles war notwendig,
die Burg so originalgetreu wie möglich überleben zu
lassen.

Über die ehemalige Zugbrücke ging sie, kam zum Palas, in
die Brunnenstube, in den Rittersaal, ins Burgverlies. Sie
wurde informiert, dass die Ursprünge der Burg auf die
Merowinger zurückgingen, auf Dagobert I, im siebenten
Jahrhundert. Ob der wohl was mit Dagobert Duck zu tun
hatte? Wenn schon, dann eher umgekehrt!
1526 war die Meersburg Bischofssitz gewesen. Das größte
Fürstbistum im deutschsprachigen Raum wurde über
Jahrhunderte von der Meersburg aus regiert.
Anfang des 14. Jahrhunderts war sie als erste deutsche
Burg mit Feuergeschützen zwar belagert, aber nie
eingenommen worden.
Im 18. Jahrhundert war die Meersburg dann als
Bischofssitz nicht mehr zeitgemäß. Also wurde ein neues

Schloss gebaut. Mit der Säkularisation 1803 ging die Burg dann an das Großherzogtum Baden, war dann für etliche Jahre Zweigstelle des Hofgerichtes in Donaueschingen, das sogenannte „Seegericht".
1838 wurde die Meersburg dann an Joseph Freiherr von Lassberg verkauft, 1877 weiterverkauft. Und seit 1878 ist sie nun Burgmuseum.

Besonders bekannt wurde die Meersburg, weil sie für Annette von Droste-Hülshoff zur zweiten Heimat wurde. Sie verbrachte ihre letzten sieben Jahre auf der Meersburg, hatte 1841/42 dort ihre intensivste Schaffenszeit. Und ihre heimliche Zeit mit Levin Schücking, ihrem Dichterfreund. Im Revolutionsjahr 1848 starb Annette von Droste-Hülshoff im Schloss ihres Schwagers und ihrer Schwester, 51jährig.

Seit 2000 ist auch der Dagobertsturm geöffnet. Vor allem die fantastische Aussicht in alle Himmelsrichtungen war überwältigend. Freilich waren auch die Gefängnisstube und die Folterkammer, vor allem aber auch die mitten im Turm verborgene Schatzkammer sehenswert.
Längst war die Meersburg das kulturelle Zentrum der Region. An Sommerabenden spielten die Carlina-Leut alte Musik. In historischen Kostümen auf historischen Instrumenten. Die herausragendste literarische Veranstaltung waren die Droste-Hülshoff-Literaturtage im Mai.

Na klar gab es eine entspannende Bade- und Saunawelt, die Meersburger Therme. Wäre wohl angesagt, da mal hinzugehen. Musste ja nicht unbedingt heute sein! Aber so ein Thermalbad, das wäre sicherlich recht angenehm.

Saskia hatte Lust, sich mit Annette von Droste-Hülshoff zu beschäftigen.

In einem Brief an Schlüter schwärmte sie von den weißen
Wasserrosen und – lächelnd entdeckte Saskia einen Fehler
– vom „Tiroler Gebirge".
Die Dichterin beschwerte sich über den Wald, der den
Ausblick verwehrte. Und sie schwärmte von einem
Rebenhäuschen auf einem Hügel mit traumhafter Sicht.

Ein anderer Brief erweckte Saskias Aufmerksamkeit.
Geschrieben von Joseph von Lassberg, also dem Schwager,
an Ludwig Uhland, am 21. Hornung 1838. Hornung, na klar,
fiel Saskia ein, das war doch der Februar!
Er schrieb über sein „altes, aber noch immer grünes
Herz"... Er erzählte, dass ihm die Bischöfliche Burg von der
Domainenkammer zu Carlsruhe zugeschlagen worden war.
Er schwärmte von der wohlerhaltenen, schönen, großen
Burg, in der vor einem Jahr noch das Hofgericht samt
Hofrichter drin saß. Er beschrieb die Burg als „hell, warm
und in einer Lage, die eine der schönsten Aussichten am
Bodensee gewähret."

Begeistert lief Saskia bald hierhin, bald dorthin, mal rauf,
mal runter. Na klar, so konnte sie allmählich ihre innere
Unruhe loswerden. Schon vor dem Mittagessen kaufte sie
sich ein Eis und setzte sich auf eine Bank, mit
wundervoller Seesicht. Ob sie AEIOU mit einem Eis
anlocken könnte? Ihre Gesellschaft wäre ihr heute ganz
besonders wichtig.
Wer war das da weiter oberhalb? Mit einer Rieseneistüte?
Aber: das war doch die Fee!
Saskia winkte ihr zu. Obwohl ihr ja klar war, dass das völlig
unnötig war. Aber sie freute sich sehr, die Fee zu
entdecken.

„Und?" fragte AEIOU.
Saskia seufzte.
Dann sagte sie trotzig-fröhlich: „Männer sind wie

Toiletten: entweder besetzt oder beschissen." „Manche
sind ja auch beides", gab die Fee zu bedenken. „Du sagst
es."

„Also gut, schieß los. Was war denn gestern so los?"
„Am frühen Morgen war mir klar, tatsächlich den Rat der
Edlen von Habenichts und Binsehrviel zu befolgen. Ich rief
an."

„Und?" „Du weißt doch ohnehin schon alles." „Es geht bei
der Erzählung auch gar nicht um mich, sondern um
dich." „Warum denn das?" „Weil es für dich wichtig ist,
dieses Erlebnis mit deinen Worten wiederzugeben. Und
dich so damit schon mal sozusagen neutral
auseinanderzusetzen. Solange du ein Geschehen, ein
Erlebnis in deinem Kopf rum und rum drehst, siehst du es
immer nur von deinem Blickwinkel aus. Sobald du aber
deine eigenen Worte hörst, beginnst du, die Angelegenheit
sozusagen von außen zu betrachten. Und genau das
brauchst du jetzt."

„Ich glaub dir ja! – Also, ich rief an. Bei Erichs Frau." „Hast
du sie sofort erreicht?" „Ja. Sie war überraschend schnell
am Telefon." „Und du sagtest ihr, wer du
bist?" „Ja." „Und? Wie reagierte sie darauf." „Das war ja
schon mal das total Überraschende für
mich." „Warum?" „Sie reagierte sozusagen gar nicht." „Wie
meinst du das?" „Nun, Erich hatte mir doch erzählt, dass
sie die Wände hochgeht, wenn sie bloß meinen Namen hört.
Aber für sie schien das völlig normal zu sein, dass eine
Kollegin ihres Mannes anrief. Und ich hatte keineswegs
das Gefühl, dass ihr mein Name auch nur einigermaßen
bekannt war!"

„Und wie ging das Telefonat weiter?" „Ich sagte ihr, dass
ich ihren Mann sprechen wollte." „Und?" „Sie sagte, dass
er nicht zu Hause ist und vermutlich den ganzen Tag über
im Büro wäre. Ich könnte ja versuchen, ihn dort zu
erreichen." „Und?" „Ich bat sie, ihm auszurichten, dass er
mich zurückrufen soll. Und sie schrieb dann meine Nummer

116

auf. Vorsichtshalber, wenn er sie nicht haben sollte, wie sie sagte."

„Hast du dann versucht, ihn im Büro anzurufen?" „Ja. Aber er war nicht da. Ich versuchte es im Tennisclub. Dort war er auch nicht."

„Aber da war doch noch was, nicht wahr?"

Saskia holte tief Luft.

„Allerdings. Während ich mit seiner Frau sprach, hörte ich Geräusche im Hintergrund. Ein Kind, das spielte vermutlich." „Du wusstest doch, dass er ein Kind hat. Was störte dich an dem Kind?"

„An DEM Kind störte mich nichts. Bis auf die Tatsache, das ich mir ziemlich unfair vorkam. Diesem Kind und seiner Mutter gegenüber. Was aber echt schlimm für mich war, das war das Weinen eines Säuglings."

„Wie reagiertest du?"

„Erst riss ich mich möglichst zusammen, mir nichts anmerken zu lassen. Dann legte ich ziemlich geschockt auf. Und dann schenkte ich mir erst mal einen Weinbrand ein. Einen zumindest doppelten."

„Und dann rechnetest du nach, nicht wahr?"

„Genau. Und ich stellte fest, dass dieses Baby etwa um die Zeit vermutlich geboren worden war, als unsere Beziehung begann."

„Das ist eine nur allzu bekannte Tatsache, dass viele Männer in dieser Zeit die Nähe einer anderen Frau suchen. Weil sie sich mit der häuslichen Situation überfordert fühlen."

„Schon möglich. Aber ich bin total enttäuscht."

„Wovon bist du enttäuscht?"

„Von Erich. Der hatte sich damals in eine beginnende Beziehung hineingedrängt, war einfach ständig um mich rumgetanzt, hatte erzählt, wie wichtig ich für ihn war und all dieses Gelabere."

„Und du?"
„Na klar glaubte ich dumme Gans all die Schleimerei! Und weißt du: noch viel mehr als von ihm bin ich von mir enttäuscht."
„Und warum das?"
„Na, weil ich das ganze Gesülze geglaubt hatte. Weil ich allem Anschein nach unfähig war, mein Gehirn einzuschalten! Weil ich nie auf die Idee kam, nachzuprüfen, was denn wirklich nun Sache war."
„War es vielleicht so, dass du es einfach glauben wolltest?"
Saskia überlegte. „Gut möglich."

„Weißt du, was Muhammad Ali mal sagte?" „Was, der konnte auch reden, nicht bloß boxen? Sag schon!" „Ich weiß nicht immer, wovon ich rede. Aber ich weiß, dass ich recht habe."
Saskia lachte. „Super-Spruch!"
„Ich erzähle dir grad noch etwas über Männer, ja?" „Muss das sein? Also, meinetwegen. Du scheinst ja die Spezialistin für Männergeschichten zu sein!"

„Danke für das Kompliment. Und die heutigen Geschichtchen sind auch ganz besondere. Ziemlich andere Geschichten. Beispielsweise starb der reichste Mann Japans, vielfacher Euro-Milliardär. Und womit hatte der begonnen?" „Keine Ahnung." „Der vergab Kredite an Hausfrauen!" „Beachtlich."
„Und da gab es einen Engländer, der sich nasse Fische ins Gesicht schlagen ließ." „Freiwillig?" fragte Saskia ungläubig. „Ja, weil er das Geld für eine Hilfsorganisation sammelte." „Sehr anständig."
„Und da gab es einen siebzigjährigen Autofahrer, der schon mehr als siebzig Mal beim Autofahren ohne Führerschein erwischt wurde." „Und der musste nicht ins Gefängnis?" „Der kluge Mann legte sich rechtzeitig eine ärztlich attestierte Klaustrophobie zu." „Auch das noch!"

lachte Saskia.

„Und ein ganz kluger Mann wollte eine Bank überfallen. Landete aber in einem Gemeindeamt." „Nicht so sehr klug."

„Inzwischen fanden Ärzte raus, dass männliche Spenderorgane nicht so sehr gut sind für Frauen." „Und die Männer, sind für die weiblichen Organe auch nicht so sehr gut?"

„Ganz bestimmt nicht, wenn es sich um eine Vagina dentata handelt." „Was ist denn das nun wieder?"

„Kennst du nicht?" fragte AEIOU verschmitzt. „Das ist ein alter Mythos, der in den Gehirnen vieler Männer immer noch lebt. Die Vagina dentata, das ist ein gezähntes Werkzeug sozusagen, welches die Männer auffrisst, oder doch zumindest einen Teil von ihnen, wenn sie versuchen, in eine Frau einzudringen." „Was ihnen ja auch gebührt!" prustete Saskia los.

Dann wurde sie wieder ernst. „Was bezweckst du mit diesen Anmerkungen?"

„Vor allem wollte ich dich etwas unterhalten. Hauptsächlich geht es mir jedoch darum, dass du diese Erich-Geschichte jetzt erst mal stehen lässt. Die Zeit ist noch nicht reif dafür, die entsprechenden Schlussfolgerungen zu ziehen. Lass dir Zeit dafür."

„Vermutlich hast du ja Recht. Und – womit soll ich mich jetzt gedanklich beschäftigen?"

„Mit etwas total Wichtigem. Mit den Frauen. Grade hier in Meersburg fällt dir das nämlich recht leicht, du wirst es erleben!" „Schon überredet. Komm, lass uns was essen gehen." „Gerne. Aber bestell für mich nicht mit, sonst musst du beide Portionen essen!"

„Ich weiß!"

„Also, dann beginne ich jetzt wohl mit meinem Referat über Frauen, wenn es dir recht ist." „Gerne."

„Stell dir mal so vor: jede Woche werden etwa 1,5 Millionen Menschen geboren. Das heißt, dass fast so viele Frauen gebären. Weltweit natürlich." „Wie viele Menschen gibt es denn jetzt?" „Schon über 6,7 Milliarden." „Wahnsinn." „Und du bist der Meinung, dass da grad mal EINER für dich der Richtige sein könnte." „Na klar, ich hätte doch die Auswahl unter etwa 3,3 Milliarden Männern." „Du sagst es!"

„Und außerdem müsste ich doch nicht so hoffnungslos einseitig sein! So als Bisexuelle stünde mir doch die Gesamtheit der Menschen zur Verfügung!" „Genau!"

„Da las ich von einer Chinesin, die bei dem Erdbeben Mitte Mai verschüttet worden war. Und nach fünfzig Stunden wurde sie aus dem Schutt gerettet. Und dann brachte sie ein gesundes Mädchen zur Welt. Ai heißt das Mädchen. Und das bedeutet Liebe." „Ja, eine ungewöhnliche Frau. Eben eine von denen, die nicht aufgaben. Hörtest du von der Spanischen Verteidigungsministerin?" „Was, die Spanier haben eine Ministerin? Für ihre Verteidigung?" „Nicht nur das: die ist derzeit noch dazu hochschwanger!" „Super! Und ich könnte mir nicht vorstellen, dass diese Frau einen Krieg beginnen würde." „Wohl kaum."

„Ich las von der jemenitischen Kindfrau, die es schaffte, von ihrem Mann geschieden zu werden."

„Ja. Eine Bärin in Tirol – für mich ist das ja auch eine Frau, eine recht kluge noch dazu, – die zog es vor, ins Wasser zu springen, sich der Markierung zu entziehen. Leider ist sie dabei ertrunken. Vermutlich wusste sie, was mit Bruno geschehen war, wollte sich von den Menschen nicht einfangen lassen. War eben gegen die Dauerüberwachung." „Arme Bärin. Doch ich las etwas recht Erfreuliches. Über eine Südamerikanerin." „Vermutlich die Superstory von der Müllsammlerin, die jetzt Mannequin ist. Eine unglaubliche, aber doch wahre Geschichte." „Daniela Cott heißt sie, die ehemalige Cartonera, die als Cenicienta, als Aschenputtel nun Karriere macht. Dank ihrer guten Fee und Entdeckerin." „Das ist eine ganz besondere Frau, diese Marina Gonzalez Winkler, eine Schmuckstylistin." „Für mich ist sie eine Fee!" „Danke. Das tut uns Feen gut, von den Menschen wahrgenommen und geschätzt zu werden!"

„Was hältst du von der ersten farbigen Milliardärin?" „Du meinst die Oprah Winfrey, den reichten TV-Star der Welt, habe ich Recht?" „Genau. Geschätztes Vermögen etwa 2,5 Milliarden Dollar! Unglaublich!" „Nun, sie tut eben genau das, was von ihr erwartet wird. Und hat damit enormen Erfolg. Und die kam ganz gewiss nicht mit einem goldenen Löffel im Mund zur Welt." „Keine Ahnung." „Sie kam als uneheliches Kind zur Welt, Mutter minderjährige Putzfrau, Vater Soldat. Sie wuchs bei den Großeltern auf. Und sie wurde über Jahre hinweg von drei Verwandten sexuell missbraucht. Sie selber war schon vor 14 schwanger, das Kind starb kurz nach der Geburt. Und dann beschloss die 14jährige, ihr Leben selbst in die Hand zu nehmen. Ihr Lebensmotto ist: ‚Es ist nicht wichtig, wer du bist oder woher du kommst. Die Möglichkeit zum Erfolg beginnt immer mit dir.'" „Eine bemerkenswerte Frau. Wie alt ist sie jetzt?" „54. Und sie sagt, dass für sie Erfolg vor allem bedeutet, die innere Kraft und den Mut zu haben, zu sagen: NEIN, so lasse ich nicht mit mir umgehen!'" „So tröpfelst du wieder mal was Wichtiges in mein Unterbewusstsein. Ich verstehe." „Verstehen ist nicht genug. Umsetzen ist gefragt."
„Na klar. Aber, lass mir noch etwas Zeit damit, ja?" „Logisch. Vielleicht solltest du mal nach Graz ins Kunsthaus gehen." „Warum das?" „Da zeigt Francesca Habsburg einige ihrer Sammlungsstücke. Und da ist ein Lichttunnel dabei, den Carsten Höller gestaltete. Wäre doch gut, wenn du dich endlich wieder mal so richtig im Licht siehst und fühlst."
„Eine gute Idee wäre das schon. Ich will zumindest

versuchen, es mir vorzustellen, in einem Lichttunnel zu sein." „Immerhin ein strahlender Anfang!"

„Doch eben jetzt denke ich immer wieder mal an die armen Frauen, die von Männern gefangen gehalten wurden. Acht Jahre lang die eine. Und dann vierundzwanzig Jahre die eigene Tochter mitsamt dreien der Kinder, für die der Vater auch Großvater war. Was sind das bloß für Monster!" „Maligne Narzissten werden solche Typen genannt. Schlimm, dass es solche Männer gibt. Aber da ist noch was anderes für viel mehr Frauen schlimm." „Was meinst du jetzt?" „Durch die Berichte in den Medien brechen da bei vielen Frauen alte Wunden wieder auf. Vergewaltigungen, an die sie normalerweise gar nicht mehr dachten. Nötigungen, Belästigungen, Mobbing. All die Opferrollen, die wohl so ziemlich jede Frau schon durchlebte, werden ihnen wieder bewusst." „Die Ohnmacht, nichts tun zu können." „Das Wegschauen. Das Nicht-Sehenwollen. Eigenes und von anderen. Eben mangelnde Zivilcourage." „Ich weiß von einer Frau, die immer wieder von ihrem Vater vergewaltigt wurde. Angeblich wusste es die Mutter nicht. Und auch sonst niemand von der Familie. Und als sich das Mädchen dann an eine Lehrerin wandte, war plötzlich sie die Böse, weil sie die Familie bloß gestellt, den Vater um seinen Job, die Familie ums Einkommen gebracht hatte. Und außerdem wurde ihr vorgeworfen, dass sie ihren Vater verführt hätte." „Ja, so passiert es leider oft. So manche Menschen sind eben nicht so sehr die Krone der Schöpfung." „Das Gefühl habe ich auch schon längst!"

Saskia stocherte in ihrem Essen. AEIOU erzählte weiter: „Stell dir mal vor, es werden jeden Tag zwanzigtausend Mädchen in eine Ehe gezwungen." „So viele? Da sehne ich mich nach der Zeit des Matriachats zurück." „Weißt du über das Matriachat Bescheid?" „Ist das nicht

die Umkehrung des Patriachats?" „Nein, das ist es nicht. Iß
ruhig weiter, ich erzähl dir was darüber. In Europa war vor
etwa fünftausend Jahren die Machtübernahme durch den
Mann, etwa mit dem Beginn des individuellen Eigentums.
Es gab jedoch einige Ausnahmen. Beispielsweise die
Kelten und die Etrusker. Der Ursprung des Wortes
Matriarchat leitet sich von Beginn, Ursprung und
Herrschaft und selbstverständlich von der Mutter ab. Einer
der Grundgedanken war, auf die Zyklen zu achten, in denen
das Leben abläuft. Und das bedeutete, dass sich niemand
um verpasste Gelegenheiten sorgte, weil ja klar war, dass
es diese Gelegenheit oder zumindest eine ähnliche wieder
geben wird. So war das Denken also der Zukunft und nicht
der Vergangenheit zugekehrt. Jeder fühlte sich für sich
selbst und seine unmittelbare Umgebung verantwortlich. So
bestanden keine Hierarchien. Wissenschaft hatte
selbstverständlich auch einen ganz anderen Stellenwert.
Sie wollten die Natur verstehen, um sich ihr so gut wie
möglich anzupassen. Für irgendwelche Störungen oder
Fehlverhalten fühlten sich alle gemeinsam verantwortlich.
In der Gruppe wurde nach einer Lösung gesucht. Anstatt
Bestrafung gab es normalerweise Wiedergutmachung.
Kinder lebten nicht bloß in Kleinfamilien, sie erfuhren die
Geborgenheit in der Gemeinschaft. Misshandlungen,
Vergewaltigungen gab es nicht. Und klar setzte sich die
Erblinie durch die Mutter fort."
„Ist das nicht auch bei den Juden so?" „Genau. Da gibt es
dann auch nicht die Frage nach Kuckuckskindern. Weil die
Mutter ist nun mal die Mutter." „Praktische Überlegung."

Saskia schob den Teller weg. Schließlich hatte sie doch
aufgegessen. „Da fand ich einen ganz besonderen Folder.
Solwodi. Ein kostenloser Notruf, der jungen Frauen und
Mädchen hilft, die in Deutschland zur Prostitution
gezwungen werden. Ein klares Nein zur
Zwangsprostitution, eine Warnung vor Menschenhandel,

Hilfe für Frauen in Not. Am besten gefiel mir die
Darstellung vom kopflosen Freier. Und da wurde von einem
Zusammenhang von Feierstimmung wegen Fußball,
Alkoholrausch und Frauen als Sexobjekt
aufgezeigt." „Nicht zu unrecht, leider."
Saskia bestellte Kaffee. „Neulich las ich, dass unter den
Armen vor allem Frauen sind."
„Ja, etwa zwei Drittel der so genannt ,akut Armen' sind
Frauen. Und das sind nicht bloß die Alleinerziehenden,
sondern vor allem auch die alten Frauen." „Mir geht es da
erfreulicherweise recht gut. Manchmal nervt der Job zwar,
aber meistens arbeite ich recht gerne."
„Frauen arbeiten ohnehin gern, selbst in gefährlichen
Berufen. Wie beispielsweise die Minensucherinnen im
Libanon. Wer sonst auch entfernt die Streubomben, damit
es endlich wieder Ackerbauflächen gibt, die Kinder wieder
auf einer Wiese spielen können." „Stelle ich mir
fürchterlich vor!" „Aber irgend jemand muss es machen.
Und wer sonst macht es?" „Eben. Da fällt mir eine
Tschechin ein, die es genauso gut konnte wie die Männer."
„Und was war das?" „Trinken. Sie wurde mit 5,35 Promille
gestoppt. Und am Vortag war sie mit über 3 Promille
gestoppt worden und hatte den Führerschein abgeben
müssen." „Nun ja, eben auch eine Form von Emanzipation."
„So gewisse Aktionen gefallen mir." „Woran denkst
du?" „An den von den Programmverantwortlichen nicht
geplanten Auftritt einer Chinesin im Fernsehen. Die
erklärte im Sportkanal, dass ihr Mann eine Beziehung zu
einer anderen Frau hat. Und der Mann, das war ein
bekannter Moderator. Und das Ganze inszenierte sie
während einer Gala, wo der Sportkanal in Olympiakanal
umbenannt wurde." „Tolle Aktion, wirklich."
„Weit weniger gut finde ich die Plakataktion, die gegen
Bulimie und Magersucht veranstaltet wurde. Klar sind
diese Krankheiten schlimm. Aber ich finde es nicht richtig,
sich dann nackt vor aller Welt zu zeigen." „Für die Frau

124

war das Coming-out bestimmt sehr wichtig. Und vielleicht hilft es ja doch anderen, nicht erst so sehr abzumagern." „Das glaube ich eher nicht. Immer noch ist es doch angesagt, möglichst rank und schlank zu sein." „Du musst doch nicht mittun bei diesem Schlankheitswahn!" „Das tue ich doch ohnehin nicht." „Also dann: jede hat doch die Freiheit, zu tun, was sie mag."

„Na klar. Aber irgendwie habe ich das Gefühl, dass wir da im Vorgeplänkel sind, dass es insgesamt um viel wichtigere Themen geht." „Richtig. Und vor allem geht es um die Frauen vom Bodensee! Jetzt komm erst mal, lass uns ein wenig spazieren gehen, dass du den Bodensee und seine schöne Umgebung genießen kannst."

„Einverstanden!" Saskia bezahlte. Klarerweise bloß für ihre Konsumation. Die Fee war ja sozusagen Gast des Hauses.

„Ich erzählte dir jetzt so Einiges, das du teilweise ohnehin schon weißt. Beispielsweise über Anna Elisabeth." „Wer war denn das nun wieder?" „Die Freiin von Droste-Hülshoff, besser bekannt als Annette. Die wurde am 10.01.1797 in der Wasserburg Hülshoff bei Münster geboren. Sie war eine, wie du heute sagen würdest, Esoterikerin." „Echt?" „Und was für eine! Die lernte schon ganz früh, übers Moor und auch übers Wasser zu gehen." „Das ist mir neu!" „‚Der Knabe im Moor', diese wunderbare Ballade, erzählt recht eindringlich von Erlebnissen im Moor. Ganz besonders ist ja auch ihre Erzählung ‚Die Judenbuche'. – Ihre unerfüllte Liebe galt dem Schriftsteller Levin Schücking. Und der war auf dem Schloss Meersburg 1841 Bibliothekar." „Ja, das weiß ich." „Gut. 1843 erwarb sie mit den Honoraren für ihren zweiten Gedichtband das ‚Fürstenhäusle', das sie sehr liebte." „Ich wusste bloß, dass sie dafür schwärmte, nicht aber, dass sie es dann kaufte!" „Der Erfolg machte es möglich."

„Ich mag dieses mittelalterliche Städtchen. Es kommt mir wie ein Freilichtmuseum vor." „Das Alte Schloss wurde im siebenten Jahrhundert von den Konstanzer Bischöfen gegründet." „Ich wundere mich immer wieder, was so Manche damals schon unternahmen, wohin sie damals schon reisten. So ganz ohne Billig-Airlines." „Sowohl Einzelne waren unterwegs, wie auch Gruppen und sogar ganze Volksstämme."

„Was ich davon in der Geschichtsstunde so verklickert bekam, interessierte mich im Grunde gar nicht. Das war mir viel zu verstaubt, viel zu langweilig. Und vor allem so gar nicht mit echten Menschen belebt!" „Na vielleicht kann ich dir da eine ganz neue Sicht vermitteln! Ich will es zumindest mal versuchen." „Wunderbar."

„Du willst vermutlich vor allem etwas über die Frauen erfahren, nehme ich an." „Na klar!" „Und genau da liegt das Problem." „Warum das?"
„Überleg doch mal: Wer, meinst du, schrieb Geschichte?" „Na doch Geschichtsschreiber. – Hm. Also, Männer." „Genau. Und die sahen normalerweise überhaupt keine Veranlassung, über die Frauen zu schreiben. Frauen, die waren da. Die machten, was sie zu tun hatten. Die machten kein besonderes Gedöns um das, was sie so machten." „Du meinst, dass das Haushaltführen, das Waschen und Putzen, das Kinderkriegen, die Krankenpflege, die Sterbebegleitung, die Gartenarbeit, der Ackerbau, die Tierzucht und was weiß nicht noch alles, einfach gemacht wurde, aber sich im Grunde niemand dafür interessierte?" „Genau so war das vermutlich. So lange alles funktionierte, war das völlig normal. Bloß wenn es mal nicht so war, dann war das eine Ungeheuerlichkeit für die Männer."
„Wenn ich das so recht überlege, dann heißt das, dass es bloß von nicht-funktionierenden, nicht-angepassten

Frauen Berichte gibt." „Genau so ist das. Und diese Linie zieht sich durch die Jahrhunderte, durch die verschiedensten Religionen, durch die unterschiedlichsten Gesellschaftsschichten, durch alle Altersstufen."
„Interessant. Daran dachte ich bisher noch nicht. – Ist es denn vielleicht möglich, von diesen Berichten über ungewöhnliche Frauen auf die sozusagen durchschnittlichen, funktionierenden zu schließen?" „Bis zu einem gewissen Grad – ja." „Dann erzähle doch mal über so besondere Frauen!"

„Gut. Ich beginne mal mit den sogenannten Armen Weibern. Dabei geht es vor allem um Frauen in den Unterschichten der frühneuzeitlichen Gesellschaft." „Um Randgruppen also." „Genau. Und ganz besonders um die Nichtsesshaften, die Vagierenden. Die wurden im Spätmittelalter schon ausgegrenzt. Hauptthemen waren Armut, mangelndes Sozialprestige, meist überhaupt kein Einfluss auf die Politik. Dabei waren die Armen noch einigermaßen in die Gesellschaft integriert, sie wurden sogar von der Gemeinschaft unterstützt.. Die alleinlebenden Armen waren vor allem Frauen."
„Vermutlich unverheiratete und verwitwete Frauen." „Ja. Damals war die Ehe vor allem ein Arbeitspakt sozusagen. Durch eine Ehe wurden Familienbetriebe von Bauern, Handwerkern und Kaufleuten möglich. Wer nicht in einer Familie lebte oder zumindest mitlebte, hatte kaum Chancen." „Erfreulicherweise ist das ja heute nicht mehr ganz so."
„Einiges veränderte sich tatsächlich. Schon damals war die Rolle der Frau recht vielfältig. Absolut nicht die Rolle des Heimchens am Herd, die Rolle der Frau, für die bloß die berüchtigten drei K Geltung hatten." „Ich weiß: Kinder, Küche, Kirche."
„Ganz schlimm war es für die Frauen, deren Familie von Lohnarbeit lebte. Und da war das bloß in der Art der

Beschäftigung ein Unterschied zwischen Stadt und Land. Also war damals schon die Berufstätigkeit beider Elternteile erforderlich. Und löste sich eine Familie auf, was damals vor allem durch den Tod eines Partners war, drohten Armut und Not. So war es kein Wunder, dass so viele Menschen und vor allem auch Frauen, versuchten, in Klöstern zu leben. Wo immerhin ihr Lebensunterhalt gesichert schien. Und selbstverständlich war es für Witwer verhältnismäßig leicht, wieder eine Partnerin zu finden. Eine Frau jedoch, die kein Vermögen hatte, hatte ganz schlechte Karten. Und schon gar, wenn sie etliche Kinder mitbrachte, die noch versorgt werden mussten. Und klar verschlechterte sich die Situation für Witwen mit zunehmendem Alter. Ganz besonders, wenn sie nicht mehr Kinder gebären und damit neue Arbeitskräfte herbeischaffen konnte." „Bin ich froh, nicht damals gelebt zu haben."

„Es war damals schon üblich, dass Frauen schlechter bezahlt wurden als Männer. Und sie bekamen von vornherein die schlechter bezahlten Arbeiten." „Vermutlich mussten sie sich dann auch noch von den Männern begrapschen lassen." „Zumindest. Ganz schlimm war selbstverständlich die Situation der nicht so sehr attraktiven Frauen. Oder wenn sie gar behindert waren. Bei Männern war das immer schon weit weniger tragisch." „Ja, die können hässlich sein, blöd sein und total daneben. Und bekommen immer noch eine Frau." „Leider. Unfairerweise." „Männer bekamen auch reichlich angejahrt noch Frauen. Ältere Mägde und später Fabrikarbeiterinnen hatten kaum noch eine Chance. Und wenn die Frauen dann nicht mehr fähig waren, zu arbeiten, dann kamen sie, wenn sie Glück hatten, ins Armenhaus. Immerhin gab es damals bereits Ansätze zur Selbsthilfe, dass beispielsweise zwei oder mehrere Frauen zusammen lebten." „Hört sich doch schon fast modern an!"

„Die Frauen, denen Unterstützung gewährt wurde, waren zumeist arme Anverwandte angesehener Bürger. Verlor jemand jedoch den Status des ‚würdigen' Armen, oder hatte er ihn gar nie gehabt, so blieb nichts anderes übrig, als sein oder oft genug ihr Leben als Vagant, als Vagantin zu fristen. Genau in diesen Randgruppen gab es vor allem Frauen."

„Und warum wurden die Frauen als nicht mehr würdig angesehen?" „Das war vor allem eine Frage beziehungsweise die Auslegung der geltenden Moral. Wer vom Pfad der Tugend abkam, nicht auf die Tugend achtete, war es nicht wert, weiter in der Gemeinschaft zu leben." „Also, Ehebruch und so weiter?" „Ja. Und da war es egal, ob die Frauen damit einverstanden gewesen waren oder ob sie vergewaltigt worden waren, von den Dienstherren genötigt worden waren. Eine außereheliche Schwangerschaft war auf jeden Fall die Schuld der Frau. Und klar waren die Frauen viel früher sexuell reif als das nötige Mindestkapital für eine Eheschließung da war. Und wenn da eine voreheliche Schwangerschaft vorlag, dann wurde eben die Frau verstoßen. Alleine das Gerücht, dass eine Frau schwanger war, genügte, sie aus dem Dienst zu entlassen." „Brutal!" „Gewiss. Und du kannst dir vorstellen, dass damals viele Neugeborene getötet wurden. Beziehungsweise so manche versuchte, den Fötus los zu werden." „Und was war, wenn eine der Frauen erwischt wurde?" „Im günstigen Fall sozusagen wurde sie an den Pranger gestellt. Meistens aber aus der Gemeinde vertrieben." „Brrr."

„Schnell waren die Herren, die das Sagen hatten, bei Verurteilungen wegen Blutschande. An der selbstverständlich immer die Frauen Schuld hatten. Wie ja auch bei Unzucht. Wobei Blutschande in vielen Regionen anders ausgelegt wurde als heute." „Wie denn?" „Die erstreckte sich auch auf Nicht-wirklich-Verwandte wie Schwägerinnen und Verlobte von Geschwistern. So konnte jede unliebsame Weibsperson schnellstens aus einer Herrschaft entfernt werden."

„Vermutlich war das besonders dann der Fall, wenn eine Frau nicht das wollte, was einer der Herren wollte." „Genau. Der Bruch eines Tabus war gleichbedeutend mit dem Verlust der Ehre. Und dabei war es völlig unerheblich, ob die Frau das denn so gewollt hatte. Oft wurden Frauen öffentlich ausgepeitscht, ihnen wurden Ohren oder Nasen abgeschnitten oder sie wurden mit einem Brandmal gezeichnet. Eine der beliebtesten Strafen war es, ihnen die Haare abzuschneiden. Und für ewig den Landesverweis auszusprechen.

Das Betteln war damals kaum schlimmer als zu sticken oder zu nähen. Denn klar war es für herumziehende Frauen schwerer, eine Arbeit zu finden, als für Männer. Selbstverständlich waren sie einem extremen sozialen und moralischen Druck ausgesetzt."

„Ich kann mir ganz gut vorstellen, dass da einige Frauen kriminell wurden."

„Ja, selbstverständlich. Und besonders schlimm war der hohe Anteil der Kinder und Jugendlichen, die heimatlos waren." „Vermutlich damals schon Kinder von Alleinerziehenden." „Na klar. Wenn sie wohl auch kaum dazu kamen, den Kindern besonders viel Erziehung angedeihen zu lassen!" „Und ich kann mir vorstellen, dass die herumziehenden Frauen mit ihren Kindern viel öfter mal erwischt wurden, als die Männer." „Auch das. Die Männer kümmerten sich üblicherweise ja bloß um sich selbst." „Typisch!"

„Klar gab es jede Menge Krimineller unter den Obdachlosen. Auch da war der Anteil der Frauen verhältnismäßig hoch, beinahe die Hälfte. In den organisierten Räuberbanden beispielsweise waren die sozusagen mittätigen Frauen fast gleichberechtigt." „Da waren die beinahe schon emanzipiert!"

130

„Vergiss nicht, dass weit weniger Frauen einen Beruf erlernt hatten als Männer. Also, weit weniger Chancen hatten, reguläre Arbeit zu finden." „Leider."
„Es gab eine Reihe von Berufen, deren Angehörige sozusagen ständig reisten." „Kesselflicker und Scherenschleifer, nicht wahr?" „Und auch Hausierer, Knopfmacher, Schneider, Krämer, Zäunemacher, Erntehelfer und sonstige Saisonarbeiter. Manche übten Berufe aus, die aber nicht das ganze Jahr über gefragt waren. Und dann bettelten sie in der übrigen Zeit. Unter den Frauen gab es selbstverständlich auch Prostituierte." „Na klar doch!"
„Gelegentlich waren auch ganze Familien unterwegs. Männer wanderten meistens alleine. Frauen hingegen schlossen sich möglichst zu kleinen Gruppen zusammen." „Vernünftig, finde ich." „Ja. Mancherorts gab es richtiggehende Bettelkolonien. Und die zwangen dann oft auch Paare, sich zu trennen." „Also, Gruppenzwang." „Du sagst es."
„Und wie war das mit den Kriegern?" „Da fand so mancher der Männer eine Möglichkeit zu überleben. Für Frauen gab es höchstens die Chance, als Prostituierte oder Marketenderin mitzukommen. Und wenn dann kein Sold mehr gezahlt wurde, dann wurden viele der ehemaligen Söldner zu Räubern, nahmen sich das, was sie zu brauchen glaubten."

„Und den Frauen wurde gar nicht geholfen?" „In manchen Orten schon. Gelegentlich gab es Stiftungen. Manche Herren fanden es nicht so gut, junge Frauen durch die Gegend ziehen zu lassen. Da waren sie – ihrer Meinung nach – besser in den Stiftungen und Klöstern aufgehoben." „Da konnten sie sich dann schon gar nicht mehr wehren!" „So war das normalerweise. Übrigens schrieb Friedrich Schiller über diese Thematik. In seiner Erzählung ‚Der Verbrecher aus verlorener Ehre' beispielsweise."

„Waren damals auch Zigeuner
unterwegs?" „Selbstverständlich. Und: es war durchaus
üblich, dass sich Nicht-Zigeuner ihnen anschlossen. Weil
die doch schon mehr Erfahrung mit dem Herumziehen
hatten. Im Allgemeinen waren die Männer sozusagen fürs
Grobe zuständig, wie Viehdiebstahl, Einbrüche und Raub.
Die Frauen waren mit den Kindern vor allem auf Märkten
mit Diebstahl beschäftigt, standen Schmiere, verkauften
geklaute Waren, boten sich als Prostituierte, Heilerinnen
und Wahrsagerinnen an. Es gab auch Banden, die nur aus
Frauen bestanden." „Die Idee gefällt mir schon
besser!" „Na ja, da gestand eine Anführerin unter
Androhung der Folter beispielsweise fünfzehn Einbrüche
im Bodenseeraum. Vorher war sie schon wegen Einbruchs
gebrandmarkt worden, in Immenstadt. Jedenfalls wurde sie
zu Tode verurteilt." „Vermutlich hatte sie die Einbrüche
nur verübt, weil sie hungrig war."
„Das glaube ich auch. Vergiss nicht, dass viele dieser
Ruhelosen Kinder von Hingerichteten waren, die von
vornherein keine Chance hatten, ein normales Leben zu
führen. Schon früh wurden mitziehende Kinder zu
Hilfsdiensten angehalten und sogar gezwungen. Dass diese
Banden von Feldkirch bis Augsburg und selbstverständlich
rund um den Bodensee unterwegs und überaus tätig waren,
war keine Seltenheit. Die Gruppen änderten sich immer
wieder. Einzelne Herumziehende kamen von weit her, die
Herumreisenden von sozusagen ganz Europa kamen
anscheinend damals schon auch gerne an den
Bodensee." „Ewig lange schon vor der Erfindung der
Europäischen Union."
„Du sagst es! Noch etwas recht Zeitgemäßes gab es bei
diesem fahrenden Volk." „Und was?" „Eine andere
Auffassung von Partnerschaft. Es gab Ehepaare. Es gab
dauernde Partnerschaften. Es gab aber auch etliche

wechselhafte Partnerschaften. Einige waren verheiratet, zogen aber mit anderen Partnern herum. Und klar gab es Singles." „Hätte ich all dies im Geschichtsunterricht gehört, hätte ich ihn nicht bloß dazu benützt, Heftchenromane zu lesen!"

„Und trotzdem hielten diese Menschen an ihren Moralvorstellungen von Partnerschaft genauso fest wie damals die Bürger. Die Normen blieben die gleichen, wenn auch der äußere Rahmen völlig anders war. Vor allem zumeist ohne kirchlichen Segen." „Echt interessant!" „Damals gab es die Romehen." „Was war denn das?" „In Rom wurden alle getraut. Auch ohne entsprechende Papiere." „Toll! Heute ist Rom doch vor allem für Annullierungen zuständig!" „Und für besondere Fälle gab es den Totengräber von Innerrhoden. Sozusagen ein Vorgänger vom Schmied in Gretna Green!"

„Einstweilen mal genug von diesen alten Themen." „Was schlägst du vor?" „Was noch viel Älteres!" „Und was soll das sein?" „Fahren wir nach Unter-Uhldingen. Zu den Rekonstruktionen der Pfahlbauten." „Eine gute Idee!"

„Wo ist dein Auto?" „Echt seriös geparkt auf einem öffentlichen Parkplatz, oberhalb der Hauptstraße sozusagen." „Also dann! Hoffentlich schaffen wir es ohne Seil und Pickel!"

„Ich hoffe es! Wie ist das: kannst du auch mal sozusagen atemlos werden?" „Das gibt es bei mir nicht. Ich muss doch auch nicht atmen, so wie du zum Beispiel. Also kannst du dir für den Weg ein besonderes Thema wünschen. Und ich erzähle dann ohne Punkt und Komma. Und du brauchst bloß zuzuhören."

„Ein gutes Angebot! Vorgestern war ich in Wasserburg und sah mir die Hexenausstellung an. Klar möchte ich dazu mehr Informationen."

„Verständlich. Das ist ja auch eines der ganz besonderen

Kapitel in der Geschichte der Frauen. Und ganz besonders hier am Bodensee. Allerdings möchte ich dieses Thema lieber deiner neuen Freundin überlassen, der Edlen von Habenichts und Binsehrviel." „Und warum das? Weil sie selbst eine Hexe ist?" „Vor allem, weil sie eben jetzt im Gebiet der ehemaligen besonders berüchtigten Hexen-Gemeinden Vorarlbergs wohnt." „Also war Hard eine Hexen-Gemeinde?" „Damals waren die Gemeinden Hard, Lauterach, Wolfurt, Schwarzach und Bildstein noch eine Verwaltungsgemeinschaft: die Hofsteig-Gemeinden. Und dort wurden mehr als dreihundert angebliche Hexen verbrannt. 1677 war die letzte Verbrennung."

„Geschichte? Gute alte Zeit? Irgendwie kommt mir das alles fürchterlich vor. Und klar bin ich froh, jetzt zu leben." „Ja, was Menschen einander antun, ist fürchterlich. Aber es ist nicht die richtige Zeit für dich, Schlüsse zu ziehen. Überleg jetzt erst mal, wo du hin willst." „Du hast Unteruhldingen vorgeschlagen." „Da könnten wir auch ins Reptilienhaus." „So etwas gibt es dort auch?" „Und was für eines! Mit Vogelspinnen, Echsen, Schildkröten, Basilisken, Agamen und Schlangen aus Regenwäldern und Wüsten." „Hört sich interessant an." „Da hättest du die Chance, Antonia kennen zu lernen." „Und wer ist Antonia?" „Eine Pythonschlange. Eine riesengroße. Vielleicht magst du ja auch lieber die Leguane. Oder die Klappenschlangen. Die Mamba, die Python." „Was du da so aufzählst, das kommt mir nicht eben wie liebe Hausgenossen vor." „O, die meisten sind recht zutraulich." „Aber heute dachte ich doch eher an die Pfahlbauten." „Also gut, dann lass uns zu den Pfahlbauten aufbrechen. So in eine Zeit bis zu 6.000 Jahre früher." „Klingt spannend!" „Eben. Lass dich überraschen." „Gerne."

Als Saskia das Auto aufsperrte, setzte sie sich rein, wollte die Beifahrertür für AEIOU öffnen. Mit einem leisen

134

Aufschrei fuhr sie mit der Hand zum Mund. Die Fee saß schon am Beifahrersitz, ohne dass auch nur die Türverriegelung gelöst worden war!
„Hast du mich erschreckt!" „Wir Geisterlein brauchen eben keine Türen, um irgendwo reinzukommen", lächelte AEIOU. „Ob ich mich jemals daran gewöhnen werde? Ich stelle es mir ganz schlimm vor, wenn ich jetzt gewissermaßen durch dich hindurchgegriffen hätte." „Du gewöhnst dich schon noch dran!"

„Vielleicht solltest du ja doch besser nach Friedrichshafen fahren." „Warum das?" „Dort gibt es ein Schulmuseum." „Ich finde ja, dass Schulen ohnehin hübsch ausgestopft ins Museum gehören!" „Sieh das doch nicht so negativ! Immerhin könntest du in diesem Schulmuseum so Einiges lernen." „Zum Beispiel?"
„Dass es schon im Mittelalter Schulen gab. Nicht bloß in Klöstern, sondern sogar auch in Pfarren. Klar wurden dort vor allem zukünftige Geistliche ausgebildet." „Und die Mädchen hatten sowieso kaum mal eine Chance, in eine Schule zu kommen." „Ja und nein. Ausnahmen gab es schon sehr früh. Und allmählich immer mehr." „Die ersten Schulen waren ja – so weit ich weiß – auch Lateinschulen." „Ja. Und dann gab es die Deutschen Schulen. Und da war es dann nicht mehr weit bis zur allgemeinen Schulpflicht." „Mit all den Vorschriften und Strafen." „Auch das. Körperliche Strafen waren jahrhundertlang üblich. Mitsamt im Eck stehen, auf einem hölzernen Esel Strafsitzen und eine Eselsmütze tragen." „Unfair den Eseln gegenüber!" „Allerdings. Weißt du übrigens, dass die frühen Berufsschulen Sonntagsschulen waren?" „Warum das?" „Weil doch an den Wochentagen gearbeitet werden musste!" „Na klar. So war das eben in der angeblichen guten alten Zeit."

„Auf zu den Pfahlbauten von Unteruhldingen also!" „Mir

gefällt diese Strecke besonders gut. Ich liebe den Blick auf Weinberge, auf den See, auf die Meersburg und auf den Ort."

„Ist wunderhübsch hier. Und hier musst du dich total anstrengen, negative Gedanken zu denken, das kannst du mir glauben!"

„Wirklich? Ich denke eigentlich gar nicht. Ich genieße es einfach, jetzt hier zu sein. Über mehr mache ich mir derzeit kein Kopfzerbrechen." „Gut so. Diese Pfahlbauten von Unteruhldingen, die sind das größte archäologische Freilichtmuseum in Deutschland. Da hast du die Möglichkeit, in die Welt jungsteinzeitlicher Fischer, Viehzüchter und Bauern einzutauchen. Und in die bronzezeitlicher Metallschmelzer und Händler. In etwa zwanzig Häusern erlebst du sozusagen hautnah die Jungsteinzeit, so etwa 4.000 Jahre vor unserer Zeitrechnung und die Bronzezeit um etwa 1.000 vor der Zeitrechnung. Im Haus der Fragen warten Antworten auf dich. Bloß das Pfahlbaukino ist nicht original aus der Zeit. Leider." „Blödel. Aber was für ein Kino ist das?" „Da gibt es Filme über experimentelle Archäologie." „Ach so. Und sicher gibt es jede Menge Museen." „Na klar, deinem Wissensdurst sind kaum Grenzen gesetzt! Und heute wird auch einer der Steinzeitmenschen alte Techniken zeigen, von seinem Leben erzählen und Feuer erzeugen." „Nett von ihm. Also: nichts wie hin!"
„Ich weiß ja, warum du es eilig hast!"
„Was denkst du denn! Ich will doch den Steinzeitmann nicht versäumen!"
„Und dann womöglich auch nicht die anderen Männer."
„Welche denn?"
„Na, die Fußballer. Heute ist doch das Endspiel der Europameisterschaft. Spanien gegen Deutschland." „Das interessiert mich offen gestanden eher weniger. Aber der Himmel sieht so aus, als ob es später zu einem Gewitter

kommen könnte. Und da will ich dann gerne wieder zumindest im Auto sein."

„Weißt du, dass Gewitter für die geistige Welt ebenfalls sehr wichtig sind?"

„Das ist mir neu. Warum das?"

„Da ist auch eine Bewegung in der geistigen Welt. Und so etliche Wesenheiten flüchten dann zur Erde."

„Bis in mein Auto?"

„Auch das ist möglich! Jetzt freu dich erst mal: da drüben ist ein Parkplatz, der genau auf dein Auto wartet."

„Wunderbar."

„Auf die lieben Geisterlein ist nun mal Verlass."

LEIDEN & WEITERE DRAMEN

An diesem Samstag war Saskia schon sehr früh
aufgewacht. Es war der 5. Juli. Sie fühlte sich leidend. Sehr
leidend. Und wo würde es ihr wieder besser gehen?
Sicherlich beim Bodensee. Sie stand auf und saß schon
bald drauf im Auto. In Richtung Bodensee. Und weil es gar
so früh war, fuhr sie bis nach St. Gallen.

Es tat ihr gut, in diesen schönen, guten Tag hineinzufahren.
Und St. Gallen, nahe des Schweizer Ufers, das war etwas
total Neues für sie. Da war ihre Aufmerksamkeit voll
gefordert.

Saskia wollte nicht auf der Autobahn fahren. Nicht bloß,
weil sie keine Vignette hatte. Vor allem wollte sie etwas
mehr von der bezaubernden Landschaft und den tollen
Ausblicken mitbekommen.
Saskia erinnerte sich daran, dass in der Schweiz die
Hinweisschilder für die Straßen andere Farben hatten, als
sie das von Deutschland her gewöhnt war. Immerhin wollte
sie doch nicht irrtümlich auf der Autobahn landen und
womöglich noch Strafe bezahlen.

Eigentlich wäre sie ja gerne mit der einzigen Zahnradbahn
am Bodensee von Rorschach nach Heiden gefahren. Das
wäre doch ein herrlich-nostalgisches, kindliches
Vergnügen. Aber sie wollte weiter, nach St. Gallen. Und da
hatte sie denn doch gerne ihr Auto mit dabei.
Sie fuhr durch Walzenhausen, dem Balkon der Ostschweiz,
nach Heiden. Ein Biedermeierdorf war das. Und da gab es
ein ganz besonders Museum: das Henry-Dunant-Museum.
Gleich neben dem Krankenhaus. Nach Walzenhausen gab
es einen Witzwanderweg. Nun ja, nach Witzen war Saskia
heute nicht so sehr zumute.

Nach einem Kaffee fuhr Saskia nach St. Gallen weiter. Sie hatte einiges über St. Gallen gelesen. Da war vor allem die Kulturhistorische Vergangenheit der Stadt wichtig. Und auch die sozusagen Gegenwart. Zuerst wollte sie sich bei der Information einen Innenstadtplan besorgen. Die allgegenwärtige Bergwelt imponierte Saskia. Der Säntis war mit seinen 2.504 Metern ziemlich hoch. Und auch jetzt noch mit weißem Gipfel.

St. Gallen war die Kulturmetropole der Ostschweiz. So war der gesamte Stiftsbezirk zum Weltkulturerbe ernannt worden. Und – Saskia konnte sich schon gleich davon überzeugen – es war wirklich eine malerische Altstadt. Mit Kathedrale, Stiftsbibliothek, den Riegelhäusern und über hundert wunderschönen Erkern.
Am liebsten wäre Saskia jetzt von einem Haus zum anderen gelaufen und hätte die berühmten Bauten erst später besucht. Und genau das tat sie dann auch.
Die 1.Stock–Beizli faszinierten sie. 111 Erker schmückten die Häuserfassaden der Fußgängerzone. Kunstvoll geschnitzt waren sie. Sie waren der Stolz der Textilkaufleute gewesen. Und sie hatten besondere Namen, beispielsweise Erker zum Greif, Pelikan–, Kamel–, Bären–, Sternen–, Gerechtigkeits– und, was Saskia besonders gut gefiel: sogar einen Engel-Erker gab es.

Dem Eingang der Kathedrale gegenüber, im blauen Haus, war eine Chocolaterie. Und das war für Saskia etwas total Neues. Gleich probierte sie die herrlich duftende Trinkschokolade.
Seit 2005 war die Innenstadt ein „öffentliches Wohnzimmer" für Bürger und Gäste. Mit roten Teppichen auf den öffentlichen Plätzen und Straßen des Altstadt–Quartiers wurde so eine richtige „Stadt-Lounge".
Es hätte Saskia gar nicht verwundert, wäre Meister Ekkehard irgendwo um die Ecke gekommen.

Die Pfarrkirche wurde mit der Gründung des Bistums St. Gallen zu Kathedrale. Die Stiftskirche war jedenfalls eine der letzten großen Barockbauten im Bodenseegebiet. Saskia wollte sich aber auch mit der modernen Architektur beschäftigen. Da gab es berühmte Namen wie Santiago Calatrava und Pippilotti Rist, wenn sie es richtig in Erinnerung hatte.

Der Ursprung war eine Möncheinsiedelei aus dem Jahre 612. Der irische Missionar Gallus gründete 720 ein Kloster. Mit Abt Gozbert, der von 816 bis 837 wirkte, begann die literarische und künstlerische Blütezeit. Die Klosterschule war vom 9. bis zum 11. Jahrhundert eine der führenden Gelehrtenschulen Europas. Die Einsiedelei war vor etwa zweihundert Jahren aufgelöst worden. Gotische Überreste waren im Lapidarium, in einem Gewölbekeller unter der Klosteranlage zu sehen.
Ein berühmtes Baumeistertrio hatte den Bau der Stiftskirche gemeinsam vollbracht: Johann Michael Beer aus dem Vorarlberger Bildstein, Peter Thumb, der Erbauer der Wallfahrtskirche Birnau, und Johann Caspar Bagnato. Sie schufen eine Wandpfeilerkirche, die sich im Inneren aus kunstvoll hintereinander gruppierten Zentralräumen zu einem rhythmisch schwingenden Langraum zusammensetzte.
Über dem Eingangsportal zur Stiftsbibliothek stand „Seelenapotheke" in griechischen Buchstaben. Die 1758 errichtete Rokokobibliothek war einer der schönsten historischen Büchersäle der Welt. Die Stiftsbibliothek war die größte Kostbarkeit des 1805 aufgehobenen Klosters.

Klar wäre es reizvoll, das Kunstmuseum mit impressionistischen Werken von Auguste Renoir, Claude Monet... zu besuchen, mitsamt der Sammlung moderner Kunst von Paul Klee über Pablo Picasso bis Andy Warhol.

Doch jetzt hatte Saskia einfach Lust, in der Sonne zu sitzen. Irgendwo in der Fußgängerzone. Sie wollte diese ihr völlig neue Stadt auf sich wirken lassen.
Jetzt so entspannt dasitzen, das war doch weit vernünftiger, als sich mit ärgerlichen Gedanken rumzuquälen.
Und schon waren die Gedanken wieder da! Hätte sie denn doch besser das Handy mitnehmen sollen? Vielleicht würde Erich ja heute bei ihr anrufen?
Aber nein doch! Saskia wollte doch nichts mehr mit ihm zu tun haben!

Wie hatte er sie auch so sehr enttäuschen können! Als sie ihn nach dem Anruf bei seiner Frau doch tatsächlich mal erreicht hatte, hatte er ihr eiskalt gesagt, dass sie sich gefälligst aus seinem Privatleben heraushalten sollte! Und bloß nie wieder seine Frau belästigen sollte!
Richtig heftig vor den Kopf gestoßen hatte sie sich gefühlt.
SIE war also nicht Erichs Privatleben? Was denn dann?
Und klar doch, mit einem derart gefühlskalten Typ wollte sie garantiert nichts mehr zu tun haben!
Kein Wort hatte er gesagt, dass er sie doch liebte, dass sie eben noch etwas warten müsste, bis er sich endlich scheiden lassen könnte.
Scheidung! Vermutlich dachte er nicht im Traum daran, sich wirklich scheiden zu lassen. Und gegen den Alltagsfrust, vor allem den familiären, da hatte er eben eine Freundin!
Und diese blöde Gans war sie! Saskia!
Möglicherweise gab es da ja schon eine Neue.
Immerhin hatte er in der letzten Zeit kaum noch Zeit mit ihr verbracht!
Und diese Räubergeschichte vom Detektiv, na das war vermutlich auch bloß eine seiner Fantasien!
Nein! Hier war es so schön, so heiter, so wunderbar. Da hatte sie wirklich Besseres zu tun, als an Erich zu denken!

Als Saskia die Augen öffnete, stellte sie überrascht fest, dass zwei Leute neben ihr saßen. Ein Mann und eine Frau. Die einander sehr ähnlich sahen. Und die Saskia bekannt vorkamen. Eigenartig bekannt. Ja, sie sahen gewissermaßen ihr selbst ähnlich, waren vermutlich etwas älter als sie.
Waren das nun reale Personen?

Die beiden lächelten. Aufmunternd nickte die Frau. „Du vermutest richtig. Wir sind besondere Wesenheiten. Ganz besonders für dich." „Und wer seid ihr?"
Der Mann erklärte: „Wir sind deine Inneren Ratgeber. Bei all den Fragen, die du hast, wollen wir dir einmal sozusagen körperlich zeigen, dass wir immer da sind. Wenn du auch oft genug nicht auf uns hörst."
„Innere Ratgeber? Das ist mir neu. Ich weiß von Inneren Kindern und so weiter. Aber von Inneren Ratgebern weiß ich nichts."
„Und doch sind wir ständig in oder – so wie eben jetzt – bei dir." „Wir helfen schon dem Baby, die Welt zu verstehen." „Und den größeren Kindern dann selbstverständlich auch."
„Und warum bemerkte ich euch noch nie?" „Weil du die Ratschläge, die wir dir gaben, für deine eigenen Ideen gehalten hast." „Weil du dich bis jetzt nicht bewusst unseren Ratschlägen geöffnet hast."
„Hm. Und warum seid ihr zu zweit?"
„Damit sowohl die weibliche als auch die männliche Qualität präsent sind." „Und selbstverständlich auch, weil wir dir so ein abgerundetes Gesamtbild zu einem Thema liefern können."
„Klingt recht interessant. Also, ich frage euch was, und ihr antwortet mir?" „Ja. Das tun wir im Grunde immer. Aber bis jetzt war es dir eben in dieser Form noch nicht bewusst."
„Aber: ich denke doch! Und das soll jetzt so ganz plötzlich

nicht mehr mein Denken sein?"

„Das sagen wir nicht." „Und außerdem ist es nicht wichtig, dich jetzt mit Theoriekram vollzustopfen." „Bloß so viel: was du als dein Denken empfindest, ist meistens ein Entscheiden, welchem Impuls, welchem Ratschlag, welcher Erinnerung, welcher Fantasie du jetzt den Vorzug gibst."

„Gebt ihr mir ein Beispiel?" „Gerne. Bleiben wir doch bei deinem Erich-Thema. Mit dem beschäftigst du dich doch jetzt vor allem anderen." „Leider."

„Selbstverständlich leidest du jetzt. Doch darüber sprechen wir später." „Jetzt schau erst mal hin, was da so vorher war."

„Also, gut. Ich lernte ihn im Geschäft kennen." „Was waren deine ersten Gedanken gewesen?"

„Was für ein attraktiver Mann! Der kann sich durchsetzen! Der erreicht wohl immer, was er sich vornimmt. – Hm. Stimmt. Ich war ziemlich hin und weg von ihm."

„Und wie ging es dann weiter?"

„Es schmeichelte mir, dass er sich um mich bemühte."

„Und wann hat es begonnen, dass er dich nervte?"

„Wie du das so sagst! Ich liebte ihn doch!"

„Und er? Liebte er dich auch?"

„Zumindest sagte er es mir immer und immer wieder."

„Erinnere dich daran, wann er dir sagte, dass er dich liebte."

Saskia dachte nach. „Meistens dann, wenn er keine Zeit für mich hatte, wenn er mitten in der Nacht denn doch weg ging, wenn er die Sonn- und Feiertage mit seinem Sohn verbrachte, wenn er nicht mit mir mitkam, ich allein wegfuhr."

„Und: wenn du jetzt so zurückschaust, was fällt dir bei diesen Liebesbeteuerungen auf?"

„Dass sie fast immer mit irgend etwas Negativen, mit einer Abwesenheit, einer Verweigerung, einer Nichterfüllung zusammenhingen?" fragte die Innere Ratgeberin.

„Wenn du mir das jetzt so vor Augen hältst: du hast Recht. Warum erkannte ich das noch nicht?"

„Du erkanntest es immer wieder mal. Aber du hattest da ja längst ein Sonderprogramm eingeschaltet." „Was für eines denn?"

Der Innere Ratgeber sagte leichthin: „Den Kerl krieg ich schon noch so hin, wie ich ihn haben will!" „Na ja..." „Er animierte dich ja sozusagen zu der Aufgabe, die du dir da vorgenommen hattest." „Er erzählte dir doch immer wieder, wie schlecht seine Ehe war, was für einen Drachen von Frau er sich da aufgehalst hatte. Und dass er, der edle Ritter, grade noch so lange in dieser ungeliebten Beziehung bleiben würde, bis der Bub aus dem Gröbsten draußen sein würde."

„Ja, so kam das zu mir rüber. Aber! Jetzt weiß ich doch, dass er ein zweites Kind hat!"

„Und was ist daran so schlimm für dich? Ein oder zwei Kinder, macht das denn so einen besonderen Unterschied?"

„Und ob! Angeblich lief bei den Beiden im Bett so gut wie gar nichts mehr. Zumindest hatte er mir das erzählt. Und dann entdeckte ich ja auch, dass er sich mit mir was angefangen hat, als das zweite Kind zur Welt kam."

„Und nun leidest du."

„Sehr sogar."

Beinahe verschmitzt fragte die Innere Ratgeberin: „Warum eigentlich?"

„Du bist gut! Ich habe meinen Geliebten verloren! Und du fragst mich, warum ich leide?!"

Der Innere Ratgeber setzte sich in Professorenpose. „Dies ist wieder mal ein Lehrbeispiel des uralten Konflikts zwischen Männern und Frauen."

„Wie meinst du das?"

„Er wollte dich so haben, wie du am Anfang warst. Kein klein wenig anders. Also, die attraktive Frau, die ihn

bewunderte, die für ihn verfügbar war, wenn er Lust dazu hatte, die sich über jede gemeinsam verbrachte Minute freute."
„Gut. Und weiter?"
„Du hingegen wolltest mit ihm eine Beziehung aufbauen. Du wolltest ihn für dich haben. Du wolltest nicht ständig auf ihn warten müssen."
„Und so lief eure Beziehung schief und immer schiefer."
„Bis du ihn jetzt endlich in den Wind geschossen hast!"
„Das habe ich doch gar nicht! Er war es doch, der mich am Ende so schoflig behandelte!"
„Dann sei doch froh darüber, wenn du es so siehst."
„Aber im Grunde warst ja doch DU diejenige, die das Ende herbeiführte. Es war dir zwar nicht bewusst, aber du hattest schon lange vermutet, dass aus dieser Erich-Geschichte nichts Vernünftiges mehr wird. Wie sonst hättest du bei seiner Frau angerufen?"

Saskia wurde sehr nachdenklich. „Vermutlich kennt ihr mich besser, als ich mich selbst."
„Und wie ist es mit deinen Leiden? Woran leidest du?"
„Vermutlich daran, dass ich nicht bekommen hatte, was ich gewollt hatte."
„Gratulation! Stell dir bloß mal vor, du wärst mit diesem Kerl verheiratet! Wie lange würde es dauern, dass er einer Anderen erzählt, wie mies seine Ehe mit dir ist?"
„Ihr glaubt wirklich,...?"
„Na klar doch! Und im Grunde weißt du das ja schon lange." „Also, dann hat dein Leiden wohl einen anderen Grund. Einen für dich weit wichtigeren Grund."
„Ihr erspart mir wohl rein gar nichts!"
„Das ist im Moment wirklich nicht unsere Absicht."
„Ihr meint, dass es im Grunde um mich geht. Um meine falsche Erwartungshaltung, wie das so heißt. Um meine enttäuschten Gefühle."
„Das ist schon mal ganz gut. Lass es einstweilen

145

dabei." „Nimm es an, dass du leidest. Genieße sozusagen
dein Leiden. Denn dann kannst du es bald wieder
loswerden."

„Ein ungewöhnlicher Vorschlag. Aber vielleicht habt ihr
Recht. Ich will es zumindest versuchen."

„Gut. Das ist für heute ja schon einiges." „Bitte, bleibt noch
bei mir. So als äußerliche Innere Personen sozusagen. Ich
will jetzt nicht alleine sein."

„Gern. Aber lass uns durch die Stadt schlendern. Dann
kannst du deinen Erich sozusagen auf dieser Bank
zurücklassen, so fürs erste."

Saskia lachte. Die Vorstellung gefiel ihr recht gut.

Im Weggehen drehte sie sich zur Bank zurück und sagte:
„Tschüs Erich. Und fall nicht!"

Die Innere Ratgeberin nickte: „Eine Veränderung zu
machen, das ist niemals einfach, aber es ist es auf alle
Fälle wert!"

„Ich fühle mich auch schon etwas wohler. Danke. – Mir fällt
auf, dass es hier recht ordentlich aussieht."

„Willst du dich mit dem Thema Müll beschäftigen?" „Gut.
Warum auch nicht. Dabei kann ich ja vielleicht gleich noch
was loswerden."

„Klar. Geistiger und seelischer Müll sind gar nicht so
verschieden von materiellem Müll."

„Menschen stopfen Müll in sich rein. Menschen
konsumieren Müll. Menschen tolerieren Müll. Menschen
leben mit Müll. Menschen leben im Müll." „Und so werden
sie allmählich Bestandteil des Mülls. Nicht bloß, dass sie
sowohl dessen Verursacher, sondern im günstigen Fall
auch dessen Verwerter sind."

„Und wie sieht die Lösung aus?"

„Durch das Chaos zur Ordnung zu gelangen."

„Hört sich verrückt einfach an."

„Richtiges und Wichtiges ist letztlich auch einfach."

146

„Bleibt die Frage, wie ich mit dem Chaos umgehen kann."
„Denk an das Leben. Das nimmt Form an im Wasser. Und Wasser kannst du als chaotische Flüssigkeit sehen." „Veränderung, dafür bedarf es den Verzicht auf eine Eigenform. So ergibt sich die Gelegenheit, dass etwas Neues entsteht."
„Chaos nimmt durch Information Gestalt an." „Für alles Wichtige ist daher ein Chaos und eine entsprechende Information erforderlich."
„Und da kommen dann wieder die Ratgeber zum Zug, nicht wahr?"
„Nicht nur du hast Innere Ratgeber. Information gibt es überall."
„Das sind ganz neue Gedankengänge für mich."
„Und doch waren die Gedanken schon da. Du hast jetzt die Möglichkeit, diese Gedanken zu verbinden, damit neue Gedankengänge zu schaffen."
„Hört sich interessant an."

„Ich möchte dich auf ein für dich jetzt besonderes Thema bringen." „Und welches?" „Auf die Trauer."
„Trauer? Wie meint ihr das?"
„Immer wieder ist es wichtig, Abschied zu nehmen. Und da ist es von Vorteil, sich möglichst früh Gedanken über Trauer zu machen." „Es ist nämlich so, dass jede Veränderung eine Art Trauern bedeutet. Weil ja immer auch etwas aufgegeben wird, um etwas Neues zuzulassen."
Saskia sah in eine Auslage, schlenderte weiter. Die beiden Inneren Ratgeber waren rechts und links von ihr. In der Auslagenscheibe hatten sie sich nicht gespiegelt. Logisch. Aber doch noch überraschend für Saskia.

„Gut. Lasst uns über Trauer sprechen. Heute ist ja ohnehin ein Tag des Leidens für mich."
„Trauer, das ist alles andere als fortgesetztes Leiden." „Bei der Trauer geht es erst mal darum, sie

auszuhalten. Zuzugeben, dass Trauer sein darf, dass sie ihre Berechtigung hat und dass sie Zeit braucht."

„Ganz wichtig ist es, Schuldgefühle loszulassen, nichts deuten zu wollen."

„Ich soll mir keine Vorwürfe machen?"

„Genau. Denn damit ist niemandem geholfen. Am allerwenigsten dir. Es hatte seine Gründe, warum du dich auf diese Beziehung eingelassen hast. Das war eben so."

„Doch jetzt hast du andere Gründe. Und deshalb ist es jetzt anders."

„Sozusagen soll ich immer akzeptieren, dass es so ist, wie es grade ist?"

„Das sollst du. Und das ist ein ganz wichtiger Schritt für dich, an dieser Situation zu wachsen." „Es geht bei der Trauer darum, die Botschaft zu erkennen, die Einmaligkeit zu begreifen." „Vor allem aber, Schuldgefühle loszulassen." „Vergiss nicht, dass du eine spezielle Person nicht nur für dich, sondern auch auf dem Weg der anderen bist."

„Es geht darum, dass du entscheidest, dass du die Änderung annimmst." „Und dass du den Zeichen traust. Und vor allem den neuen Erfahrungen."

„Und dass du letztlich sagen kannst: ‚Meine Antwort ist meine Verantwortung'."

„Ihr mutet mir da eine ganze Menge zu!"

„Vollste Absicht, liebe Saskia." „Und du weißt das doch selbst: du erfährst und erlebst nie mehr, als du verkraften kannst."

„Na, hoffentlich!"

„Womit wir ja sozusagen beim Hauptthema insgesamt sind, nämlich bei der Selbstsicherheit."

„Meint ihr denn wirklich, das ist mein Hauptthema?" „Ja."

„Ich empfinde mich keineswegs als ängstlich oder schüchtern. Und schon gar nicht gehemmt oder als Mauerblümchen. Und soziale Phobie ist bei mir auch totale Fehlanzeige."

„Gut, dass du jetzt wieder Oberwasser hast. Weil, was ich dir jetzt sage, das gefällt dir vermutlich gar nicht so sehr."
„Und zwar was?"
„Dir fehlt es vor allem an Selbstwertgefühl. Wie sonst hättest du dich weiter mit einem Mann getroffen, der schon verheiratet war? Wie sonst hättest du dich immer und immer wieder vertrösten lassen?" „Da ist ein Gefühl in dir, dass du dir vermutlich nichts Besseres verdienst. Dass du eben doch nicht die tolle Frau bist, die du hoffst, möglichst bald zu werden." „Dazu machst du doch bei Seminaren mit und liest entsprechende Ratgeberbücher."

„Nun ja! Ihr sagt es: da gibt es eine Unsicherheit in mir. Ob ich es denn wert bin? Ob ich denn etwas Bestimmtes für mich beanspruchen kann?"
„Selbstverständlich hast du jede Menge Vernunftgründe. Du erlebst, dass die meisten Gleichaltrigen verheiratet sind, schon Kinder haben." „Und du akzeptierst, dass es daher für dich keinen rundherum perfekten Mann gibt."
„Da ist was dran."
„Du siehst aber kaum, dass einige dieser Ehen alles andere als glücklich, teilweise schon wieder geschieden sind."
„Ja, aber diese kaputten Männer, die mag ich doch auch nicht!"
„Na, dann gibt es eine einfache Lösung für dich!"
„Und wie lautet die?"
„Genieße es, jetzt erst mal Single zu sein!"

„Single meinetwegen. Aber, genießen? Für mich ist das doch eher deprimierend!"
„Du meinst, da schleicht sich gleich mal eine Depression bei dir ein?" „Mit so destruktiven Gedanken, wie: Wozu das alles? Oder die Feststellung: Wie sinnlos ist das Leben!"
„So ungefähr", gab Saskia zu.
„Klar bist du mit einer Depression in bester Gesellschaft. Viele Prominente waren – wenigstens gelegentlich –

149

depressiv. Goethe, Luther, Michelangelo, Marx, Sartre, um nur einige besonders bekannte Beispiele zu nennen."
„Sinnvoll wird das Leben allerdings erst für dich, wenn du lernst, dich und deine aktuelle Situation anzunehmen. Genau so, wie sie eben jetzt, hier und heute ist."
„Alleine zu sein. Immerhin hier in einer wunderschönen Stadt."
„Das ist doch schon mal was!"
„Jetzt geh aber erst mal zum Mittagessen! Und da lassen wir dich doch besser alleine sozusagen. Sieht sonst dumm aus, wenn du mit zwei Nicht-Existenten mal links und mal rechts plauderst."
Und ohne erst Saskias Antwort abzuwarten, waren die beiden verschwunden. Ob die wohl tatsächlich sozusagen in ihr jetzt waren?

Saskia ging in eines der Lokale. Jetzt hätte sie doch Zeit, über das Gespräch nachzudenken. Aber gewissermaßen war ihr das zu anstrengend. So beschloss sie, sich mit den Informationen zu beschäftigen, die sie mit sich in der Tasche rumschleppte.

Saskia las, dass die heidnischen Alemannen im Bodenseegebiet waren. Dann kam der junge Ire Gallus mit irischen Missionaren in die Gegend, den Bewohnern das Christentum zu bringen.
Zuerst waren die Alemannen dem Glauben abgeneigt. So zogen die Missionare unter Kolumban enttäuscht weiter. Gallus blieb krank zurück. Immerhin sprach er die Sprache der Bodenseeanwohner. Außerdem konnte er fischen. Und so wurde er allmählich akzeptiert.
Anstatt in der Nähe von Menschen zu wohnen, zog er sich als Einsiedler in den Arboner Forst zurück. Zu Bären und Wölfen angeblich. Immerhin hatte er ein paar Getreue dabei.
Sie bauten eine kleine Kirche und ein paar Hütten. 650

150

starb Gallus.

Otmar, ein Priester aus Chur, wurde 719 Vorsteher der
Einsiedelei. Und bald gab es das Kloster nach den Regeln
des Heiligen Benedikt. Er stand mit den alemannischen
Herzögen im Kampf, stellte sich unter die Obhut der
fränkischen Hausmeier. Otmar war politisch äußerst
ungeschickt; er stellte sich dann auch gegen die Franken.
Im 9. Jahrhundert begann das Goldene Zeitalter mit der
berühmten Schreibstube. Die Bücherliste von 888 umfasste
bereits 426 Titel, darunter 30 irische. Bald gab es
berühmte Persönlichkeiten, vor allem Ekkeharte: Gelehrte,
Chronisten, Schreibkünstler.

926 machten ungarische Reiterhorden das Bodenseegebiet
unsicher. Dank einer voraussehenden, klugen Frau, der
Heiligen Wiborada, wurden viele Bücher gerettet. Wiborada
war eine fromme Frau aus alemannischem Adel, lebte als
Inklusin in der Magnus-Kirche, also lebendig eingemauert
im Kloster. Sie war Ratgeberin für alle, die sie um Rat und
Hilfe baten. Auch Ulrich von Augsburg erbat ihren Rat.
Beim Angriff der Ungarn veranlasste sie die Räumung des
Klosters St. Gallen, blieb als einzige zurück und wurde am
2. Mai 926 erschlagen.
Wiborada wurde als erste Frau der Kirchengeschichte
bereits 1047 heilig gesprochen. Und galt immer noch als
Patronin der Bibliotheken, Bücherfreunde,
Pfarrhaushälterinnen und Köchinnen.

Später kamen Leute, die für das Kloster arbeiteten:
Handwerker und Händler. So entstand die Stadt St. Gallen.
Durch den blühenden Handel mit Leinwand wurden die
Bürger immer selbstbewusster und wohlhabender. Und
kamen mit dem Kloster in Konflikt.

Eine wichtige Änderung für das Kloster war 1417 durch

einen Beschluss des Konzils von Konstanz: nun wurden auch nicht-adelige Mönche zugelassen, sofern sie gebildet waren.

Einer dieser ganz besonderen Mönche war Ulrich Rösch, ein Bäckersohn aus Wangen im Allgäu. Er führte eine strenge Zucht im Kloster ein, er traf Sparmaßnahmen und er tilgte Schulden.

Persönlich hielt er sich nicht so sehr an die strengen Vorschriften. Für ihn gab es keine Tonsur. Und meistens wohnte er nicht im Kloster, sondern auf seinen Höfen. Er hatte zwei Kinder, genoss das Leben. Er sorgte gut für den Konvent, aber auch für die Kinder; er taktierte politisch geschickt, erwarb eine Reihe von Ländereien, sodass die Stadt allmählich von Klosterland eingekreist war.

Ganz besonders interessierte sich Saskia für die Stiftsbibliothek. Diese Bibliothek der Benediktiner wurde zur katholischen Kantonsbibliothek. Die Bibliothek ist die einzige im Bodenseeraum, in der noch eine Sammlung am Ort gefertigter Handschriften aus über tausend Jahren aufbewahrt wird. Hunderttausend Bände, darunter zweitausend Handschriften und nahezu so viele Wiegedrucke waren in dieser wichtigen Fachbibliothek der Mediävistik versammelt.

Mediävistik? Saskia dachte nach. Ja, das war doch die Sammelbezeichnung für die verschiedenen wissenschaftlichen Disziplinen, die sich mit dem Mittelalter beschäftigten.

Hatte das nun Saskia gewusst? Oder hatte ihr das einer ihrer Inneren Ratgeber sozusagen eingesagt?

Jedenfalls war dies ein barocker Festsaal Gottes, der auf profanen Raum übertragen worden war. Und nun war das ein wunderschöner Festsaal der Wissenschaften mit etwa dreißigtausend Bänden auf zwei Stockwerken.

Saskia hatte noch Lust auf Nachtisch. So hatte sie Zeit,

sich über die Rehabilitationsklinik St. Katharinental zu informieren. Ihren Namen hatte das Alten- und Pflegeheim von der Heiligen Katharina von Alexandrien, der Lieblingsheiligen der Dominikaner.

Nach der Legende verteidigte die Heilige Katharine den Christusglauben, war daher die Patronin der Theologen, Juristen und der Universitätsstudien.

Beginengemeinschaften aus Winterthur kamen als Krankenpflegerinnen ins ehemalige Spital. 1242 beschlossen die frommen Frauen, sich aufs Land zurückzuziehen.

Graf Hartmann stellte ihnen Land und ein Jagdhaus zur Verfügung. Die Beginen wollten Dominikanerinnen werden. Johannes Teutonicus verbot 1242 seinen Ordensmitgliedern, sich seelsorgerisch und vermutlich auch sonst um die Frauenklöster zu kümmern. Er meinte, dass „diese immer mehr überhand nahmen."

Die frommen Frauen ließen sich das jedoch nicht gefallen. Sie wandten sich an den Papst. Und hatten Erfolg: 1245 forderte der Papst die Dominikaner auf, die Beginen aus Diessenhofen in ihren zweiten Orden aufzunehmen.

Das war aber auch schon die einzige Unterstützung. Wirtschaftliche gab es keine. Vielleicht auch deshalb pflegten die Nonnen neben der Kontemplation den zweiten Grundsatz: die Armut.

Sie lebten von Betteln, Weben und etwas Landwirtschaft. 1269 gab es eine Einweihung der Kirche. Mit Bischof Albertus Magnus, der neben Thomas von Aquin der bedeutendste Gelehrte des Dominikanerordens war. Und der kam sogar aus Regensburg!

1280 gab es 150 Schwestern und eine Reihe von Laienschwestern.

1350 – nach der großen Pest – lebten immer noch siebzig Frauen im Kloster. Damals gab es auf der Reichenau grade mal sieben Mönche.

Der Dienst der Nonnen war oft recht hart. Sie lebten unter

härtester Askese. Sie wussten, dass die Verbindung von
Kontemplation und Askese die Voraussetzung für
mystische Erlebnisse war.

Überrascht sah Saskia auf.

Sie las interessiert weiter. Von einer Adelheid. Sie geißelte
sich zwei Mal täglich, dafür aß sie bloß einmal. Niemals aß
sie Fleisch. Und sie verdünnte den Wein so sehr mit
Wasser, dass sie den Wein nicht mehr schmeckte.
Verschiedene Erscheinungen wurden überliefert.
„Da sah Anne von Konstanz am Gründonnerstag, wie
Christus den Jüngern die Füße wusch. Ita von Hallau
erlebte die Taufe Jesu mit. Ita weilte in Bethlehem bei dem
Kind in der Krippe, mit dem Rind und dem Esel im Stall.
Und da blickte Anne von Ramschwag schlagartig in ihr
Inneres: sie sah zwei schöne Kinder, die einander
umschlangen, der Herr und ihre Seele...“
Ende des Mittelalters waren die Nonnenklöster vor allem
Aufbewahrungsanstalten für wohlhabende, alleinstehende
Damen.
Und da gab es auch Katakombenheilige, deren Gebeine
allerdings nicht sichtbar waren.

Saskia zahlte und machte sich auf den Weg zu den
Sehenswürdigkeiten.

Anschließend trank sie Kaffee. Jetzt hätte sie gerne wieder
die Gesellschaft ihrer Ratgeber gehabt. Und: tatsächlich
saßen sie auch schon neben ihr an dem kleinen Tischchen.
„Für drei Menschen wäre es etwas eng!“ überlegte Saskia.

„Nun, langweilig wird es dir hier vermutlich nicht!“ „Ganz
bestimmt nicht. Wie ist das eigentlich mit Langeweile?“
„Langeweile entsteht durch Widerstände.“ „Wie
das?“ „Sperrst du dich gegen deine Emotionen, dann ist dir

langweilig." „Weil dann entscheidest du für dich, dass es hier nichts für dich zu tun gibt. Und DEINE Entscheidung ist nun mal die Chef-Entscheidung, nämlich DEINE Chef-Entscheidung."

„Heißt das, dass es sozusagen real keine Langeweile gibt, sondern bloß von mir veranstaltete?"

„Du sagst es. Wenn du dich dafür entscheidest, dass dich nichts von all dem rund um dich rum und in dir drin dein Interesse verdient, so entscheidest du dich für Langeweile."

„Und das ist selbstverständlich etwas ganz, ganz anderes, als sich zu entspannen oder – wie du vorher gelesen hast – zu kontemplieren."

„Es kommt eben auf mein Offensein, auf mein Interesse, auf mein Wachsein an. Sozusagen auf die Rangordnung, die ich vergebe. Auf die Gewichtung."

„Du hast es erfasst. Es gibt keine uninteressante Gegend, keine langweilige Zeit."

„Der Langweiler ist gleichzeitig immer der Gelangweilte."

„Hm. Dann ist das mit der Sinnlosigkeit vermutlich ähnlich."

„Und ob! Sinnlosigkeit wird von vielen wie eine Droge konsumiert. Meistens ist sie eine Ausrede für Denkfaulheit."

„Und was soll ich tun, wenn mir alles sinnlos vorkommt?"

„Das Wichtigste ist, dich erst gar nicht an Sinnlosigkeit zu gewöhnen. Dein Leben gar nicht erst in der Sinnlosigkeit einzurichten." „Wenn du akzeptierst und tolerierst, dann hast du schon eine ganze Menge gewonnen." „Vor allem solltest du einer vermuteten Sinnlosigkeit nicht tatenlos zuschauen." „Und auf gar keinen Fall darfst du vor vermeintlicher Sinnlosigkeit resignieren."

„Das klingt plausibel. Ja, doch."

„Vergiss auf gar keinen Fall, nie auch nur irgendetwas abzuwerten." „Denn das, was du abwertest, das bleibt an dir hängen. Das verwandelt sich nicht, das verändert sich

nicht."
„Noch einmal, bitte, ganz langsam zum Mitdenken!"

„Der Schlüssel für alles Negative, den rechten Umgang
damit, ist, es erst mal anzunehmen." „Denn nur das, was
du annimmst, kannst du verändern. Und wachsen kannst du
immer nur durch die Veränderung."
„Wie jetzt mit der Causa Erich sozusagen."
„Du sagst es. Es ist wie mit der Gesundheit."
„Wie meinst du das?"
„Gesundheit ist nicht das Freisein von Problemen. Sondern
Gesundheit ist der Mut, mit ihnen umzugehen. Probleme als
Chancen zum Wachstum wahrzunehmen."
„Das hört sich plausibel an. Wenn ich das öfter mal denke,
dann kriege ich das vermutlich irgendwann in meine
Gedankenautobahn."
„Genau. Und jetzt verabschieden wir uns für heute. Du
weißt ja, dass wir nie weiter als einen Gedanken von dir
entfernt sind."
„Danke. Es tut mir gut, dass ich euch jetzt sozusagen
problemlos zu mir herdenken und vor allem auch, dass ich
mir euch bildhaft, so als Personen vorstellen kann."
„Und jetzt fährst du vermutlich wieder Richtung Heimat?"
„Ja. Und euch nehme ich selbstverständlich mit." „Wie
großzügig! Aber im Auto bekommst du noch nette
Wegbegleitung."
„Und wer ist das?"
„Alles verraten wir dir nun doch wieder nicht!" „Warte es
ab!"

Als Saskia zu ihrem Auto kam, meinte sie zu träumen. Im
Auto waren viele bunte Schmetterlinge. Hübsch sah das
aus. Saskia war überwältigt.
„Nun, ihr wundervollen Wesen, seid ihr wirklich
Schmetterlinge oder seht ihr bloß so aus wie
Schmetterlinge?"

156

„Das bleibt ganz dir überlassen, in welche Schublade du uns stecken willst", rief ein auffallend goldgelber Falter, der ihr in elegantem Gleitflug näher kam.

„Oh, ich will euch doch lieber so hübsch frei hier herumsausen lassen. Bloß eine Bitte habe ich: versperrt mir nicht die Sicht, wenn ich jetzt wegfahre." „Das geht schon in Ordnung", versicherte ein kleiner blauer Schmetterling. Ein Tagpfauenauge erklärte: „Wir setzen uns ganz sittsam hin und sehen uns die Landschaft an, durch die du uns spazieren fährst." „Wunderbar. Und ja, ich finde es toll, dass wir miteinander reden können."

„Sprechen kannst du mit allem und jedem. Bloß mit dem gegenseitigen Verstehen klappt es nicht immer." „Und außerdem sind wir ja nicht immer Schmetterlinge. Deren Lebenszeit ist doch viel zu kurz."

„Und was seid ihr dann?" „Wir sind Schutzgeister der Tiere." „Und heute gefällt es uns, dich als eine Wolke von Schmetterlingen zu erfreuen."

„Das tut ihr wirklich. Und gleich mal die Frage: gibt es denn im Bodenseegebiet so viele Schmetterlinge?"

„Einige gibt es schon. Immerhin gibt es über zweitausend Schmetterlingsarten hier."

„Was? So viele? Wie ist denn das möglich?"

„In gewissem Sinne ist hier nämlich der Treffpunkt von Europa und Afrika." „Die geologische Begegnung sozusagen." „Und genau deshalb ist die Bodenseeregion die Heimat ganz besonders vieler Arten." „Nicht nur von Schmetterlingen selbstverständlich."

„Hast du schon von dem sensationellen Bernsteinfund im Kleinwalsertal gehört?" „Bis jetzt noch nicht. Also, erzähl schon!"

„Das Kleinwalsertal gehört ja nicht mehr zur Bodenseeregion, aber sehr weit weg ist es auch nicht. Und dort wurde vor kurzem ein Bernstein gefunden, der angeblich mindestens Hundertmillionen Jahre als ist."

„Unvorstellbar. Und hat der auch Einschlüsse?" „Ja. Aber

die sind noch nicht klassifiziert. Möglicherweise handelt es sich um Algen oder Pilze oder Amöben, die da im ehemals zähflüssigen Harz konserviert wurden."

„Das hört sich fantastisch an!"

„Aber es gibt auch ganz aktuelle Meldungen. Beispielsweise kommt nach dem Biber jetzt auch der Fischotter an den Bodensee zurück."

„Da wird mit viel Aufwand eine Arche Noah in Heidelberg gebaut. Sogar mit einer Himmel- und Hölle-Achterbahn. Und hierher zum Bodensee kommen die Tierchen völlig freiwillig!"

„2008 ist das Jahr der Frösche. Weil die gar nicht mehr so häufig sind als früher. Die Laubfrösche haben da ein besonderes Problem." „Und welches?" „Wenn sie weniger als fünf sind, dann veranstalten sie erst gar kein Konzert!"

„Hast du schon mal ein Haubentaucherpärchen beobachtet?" „Nicht, dass ich mich erinnern könnte. Was ist da so Besonderes?" „Die teilen sich die Brutpflege. Da ist also nicht nur das Weibchen für die Nachkommen zuständig, sondern genauso das Männchen!"

„Das sollte so mancher junger Vater wissen!"

„Du sagst es. Jetzt wurde bekannt, dass sich manche Tiere verständigen können, sozusagen schon bevor sie geboren werden." „Und wie soll das gehen?" „Krokodile sprechen sich sozusagen über den Geburtstermin ab. Noch während sie in den Eiern sind!" „Und mit diesen Geräuschen locken sie die Mutter an, damit die sie vor Feinden beschützt!"

„Enorm, was es in der Tierwelt so alles gibt. Aber da bin ich richtiggehend froh, dass es einstweilen zumindest am Bodensee noch keine Krokodile gibt. Habt ihr noch mehr so tolle Geschichten?"

„Aber ja doch. Isst du öfter mal ein Grill- oder Backhuhn?" „Gelegentlich. Warum?" „Da haben die Wissenschaftler jetzt rausgefunden, dass das nämlich die Verwandtschaft von Tyrannosaurus Rex ist." „Echt wahr? Ob mir da noch

158

so ein Henderl schmeckt?"

„In der Schweiz gibt es neue Gesetze für die
Tiere." „Können die denn alle lesen?" „Gesetze über
Tierhaltung meine ich." „Ach so. Und, was gibt es da
Neues?" „Da müssen alleingehaltene Haustiere wie
Hamster, Wellensittiche und Katzen einen Spielpartner
bekommen." „Tönt echt tierlieb!"

„Kennst du die indianische Legende vom Hasen und von
der Sonne?" „Nein, erzähl doch!"

„Der Hase verbündete sich mit der Sonne. Und gemeinsam
erschufen sie die Welt und den Mond." „Und zum Dank für
seine Mithilfe, hat der Hase ein ganz besonderes
Vorrecht." „Er kann sich, wenn er verfolgt wird
beispielsweise, im Sonnenlicht verstecken. Und dann, wenn
die Gefahr vorüber ist, wieder aus den Strahlen
rauskommen." „Die Legende gefällt mir. Die erzähle ich der
Tochter einer Freundin weiter!"

„Und weil wir bei den Indianern sind. Die Huichol-Indianer
haben da eine ganz besondere Sitte. Während des Jahres
knüpfen sie Bindungsknoten in spezielle Schnüre. Und die
verbrennen sie dann. Alljährlich."

„Das sollte ich wohl auch machen, nicht wahr?"

DIE ANDEREN

Fröhlich-vermischt-himmlig war es an diesem 19. Juli. Als
Saskia bei Ravensburg vorbeikam, hatte sie die Idee,
abends zum Rutenfest zu kommen, denn es war ja
Rutensamstag.

Jetzt war sie erst mal Richtung Mainau unterwegs. Und zur
Reichenau wollte sie auch.

Die Geschichte des Deutschen Ordens begann in Akkon im
Heiligen Land.
Während des dritten Kreuzzugs unter Friedrich Barbarossa
wurde ein Spital errichtet. Ein deutsches Spital aus dem
Segeltuch der deutschen Schiffe. Zum Schutz des Spitals
wurde eine Bruderschaft gegründet, die 1198 in einen
Ritterorden umgewandelt wurde. Das Kennzeichen war ein
weißer Mantel mit einem schwarzen Balkenkreuz.
Es gab bereits die Ritterorden der Templer und Johanniter.
Die Nähe zu den staufischen Kaisern war das Besondere
für den Deutschen Orden. Und ab dem 14. Jahrhundert
durften nur noch deutsche Adelige Mitglied werden.
Die Männer gebärdeten sich vor allem als Ritter, als
Kämpfer für den Glauben. Sie dienten ergeben ihrem
Kaiser. Sie eroberten unter anderem Masowien und
brachten den dort ansässigen Preußen das Christentum.
Recht beziehungsweise unrecht gewaltsam.
Von Akkon wurde der Hauptsitz des Deutschen Ordens
1309 nach Marienburg in Preußen verlegt. Das Ordensland
war straff hierarchisch durchorganisiert. Die Kommenden
sollten als Etappen für die Versorgung des Ritterheeres im
Kampf gegen die Ungläubigen dienen. Diese Kommenden
wurden mehr und mehr zu Versorgungsanstalten des
Adels.
Über die Kommende Mainau lästerte die Bevölkerung
„Kleider us, Kleider an. Essen, trinken, schlafen gan. Ist

160

die arbeit, so die Tuitschen herren hen."

Von der Abtei Reichenau wurde Arnold von Langenstein
als Ministerialer auf der Mainau eingesetzt. Und der
vermachte die Insel dem Deutschen Orden.
Dieser Arnold trat zusammen mit seinen Söhnen in den
Deutschen Orden ein. Die ersten Mitglieder des Konvents
waren aus seiner Familie sowie andere ehemalige
Reichenauer Ministerialen. Sie hausten damals in einer
Burg mit höchsten zwei Räumen auf der Mainau.

Nahe der Insel war das Schwedenkreuz: eine bronzene
Kreuzigungsgruppe aus dem Jahre 1577. Es ging die
Legende, dass die Schweden im dreißigjährigen Krieg die
Insel eroberten und plünderten. Sie hatten auch das Kreuz
über die Furt forttragen wollen. Das Kreuz wurde jedoch
immer schwerer und schwerer, sodass sie schließlich die
Last im seichten Wasser zurücklassen mussten, wo es
gefunden und aufgestellt wurde.
Die beiden Schächer sind an Tao-Kreuzen gefesselt.

Bekannt wurden drei Patrone des Deutschen Ordens:
Maria, der Heilige Ritter Georg und die Heilige Elisabeth.
Die Heilige Elisabeth war eine ungarische Königstochter
und widmete sich der Pflege von Aussätzigen. Ihr
Schwager war Hochmeister Konrad von Thüringen. Und
der setzte ihre Heiligsprechung durch.
Längst war das schwarze Tatzenkreuz auf weißem Grund
für den Deutschen Orden gebräuchlich.
In Münsterlingen war ein Chorfrauenstift. Die Nonnen
mussten bloß Gehorsam versprechen, durften ihr Eigentum
behalten und sogar wieder austreten. Ähnlich wie in Lindau
war es ein Aufenthaltsort für junge, höhergestellte Damen,
die noch keinen Ehemann gefunden hatten.
Dieses Münsterlinger Chorfrauenstift wurde 1847
aufgelöst, wurde Kranken- und Irrenanstalt, später

Kantonsspital und psychiatrische Klinik.
Besonders bekannt wurde ein Fasten- und Hungertuch von 1565 und vor allem die Büste von Evangelist Johannes, die bei der Seegfrörne 1963 eine ziemliche Reise unternahm.

Eine ganze Menge, die ihr da so im Gedächtnis hängen geblieben war. Möglicherweise hatte sich ja hier und da ein kleiner Fehler eingeschlichen, aber das war jetzt nicht wichtig, jetzt war sie nämlich gleich bei der Insel Mainau. Und da war ihr jetzt die Geschichte gar nicht mehr so sehr wichtig. Jetzt war sie mit all ihren Sinnen nur noch in diesem Gesamterlebnis Mainau, in all dieser Pracht von Pflanzen und einer Architektur, die nur dazu dazusein schien, die Blumen und sonstigen Gewächse so richtig edel zur Geltung zu bringen.

Begierig sog Saskia die Düfte ein, lief die Wege entlang, ließ sich vom Mythos dieser ständigen Gartenschau gefangen nehmen und entführen.
Als sie müde wurde, setzte sie sich in den Halbschatten, schloss die Augen und sog den herrlichen Duft ein. Sie hörte die Geräusche der vielen Menschen um sich herum gedämpfter, dafür die Bienen gewissermaßen lauter. Sogar den leichten Schlag der Schmetterlinge vermeinte sie zu hören. Und selbstverständlich dachte sie an das wundervolle Erlebnis mit den Schmetterlingen vor einer Woche.
Ob ihr auch diese Schmetterlinge etwas erzählten?

Allem Anschein nach heute nicht. Doch dann nahm sie eine ganz feine, zarte Melodie wahr. Eine sozusagen melodielose Melodie. Eine Art leises Sirren. Sie hielt die Augen geschlossen, war neugierig, ob sie da jetzt noch mehr hören würde.
Es war wundervoll. Dieses Geräusch, dieses Sirren, es hörte sich beinahe so an, als ob Wind durch eine Harfe eine

162

Art Töne erzeugte. Es war kein Lied. Es war – einfach nur.
Es war ein sehnsüchtiger Klang, wie ihr schien. Nicht eben
wehmütig. Eher hoffnungsvoll, erwartungsvoll.
Und wie ihr schien, war es eine ururalte, beinahe ewige
Melodie. Das Zusammenklingen von Schwingungen, wurde
ihr bewusst.
Gewissermaßen hatte Saskia eine Scheu davor, in dieses
Unendliche einzudringen, dieses Erhabene zu stören.
Mit ihrer Inneren Stimme bedankte sie sich dafür, dass sie
Zaungast sein durfte. Und sie verabschiedete sich. Erfüllt
von einer Ruhe, die sie seit Monaten nicht mehr gefühlt
hatte.
Verstohlen wischte sie sich ein paar Tränen aus den
Augenwinkeln.

Der Garten hatte sich verändert. Vielleicht ja nur für sie.
Die Farben waren jetzt lebhafter, leuchtender. Die Blumen
schienen sich ihr entgegenzustrecken. Selbst die hohen
Bäume schienen sie zu grüßen.
Und Saskia fühlte, dass sie gewissermaßen nach Hause
gekommen war. Dass sie ein Teil dieses Stückchens Erde
mit all seiner Vegetation war.

Sie war – ohne es zu beabsichtigen – in einen Teil der Insel
gegangen, wo kaum Besucher waren. Und jetzt wusste sie
auch, warum sie hierher gekommen war.
Vorsichtig sah sie sich um. Niemand war da. So schlüpfte
sie unter den überhängenden Ästen eines Baumes durch
und gelangte auf ein Wiesenstück, das von den Wegen her
nicht eingesehen werden konnte.
Wieder hörte sie die leisen Töne. Diesmal sogar mit
offenen Augen.
Sie suchte eine kleine Mulde. Dort legte sie sich hin und
streckte sich aus.
Über ihr zogen kleine weiße Wölkchen dahin. Der Himmel
war strahlend blau.

Nun roch sie nicht nur das Gras und die blühenden
Pflanzen, sondern immer deutlicher den guten, satten
Geruch der Erde.
Und da war es wieder: das Gefühl, Teil dieser Insel zu
sein.
Unmerklich erst nahm sie ihren Körper nicht mehr wahr.
Da war nur noch die Erde mit dem Gras, dem Klee und all
den anderen Pflanzen. Saskia war Erde, Wiese, Ameisen,
die leichte Briese, die über die Wiese streichelte. Sie nahm
die Wärme der Sonne nicht mehr mit ihrer Haut, sondern
mit den Zellen der Gewächse auf. Sie sah das strahlende
Licht nicht mit den Augen, sondern sog die Helligkeit in
sich ein, machte es zu einem Teil jeder Zelle dieser
Vielfalt, die sie jetzt war.
Es war ein Innehalten der Zeit, was sie da erlebte. Ein Teil
von ihr wusste darum. Und es war ihr bewusst, dass ihre
Augen offen waren. Und doch lag hier nicht sie, Saskia,
sondern eine Wesenheit, die es hier auf der Wiese
eigentlich gar nicht gab und gleichzeitig ganz
selbstverständlich da war, Teil des Gesamten war.
Erst als sich einige Ameisen vermutlich in ihrer
Orientierung gestört fühlten und das kneifend zum
Ausdruck brachten, fühlte sich Saskia wieder als Mensch.
Keine Ahnung, wie lange sie so wunderbar entspannt hier
gelegen war. Jedenfalls war es wunderschön gewesen.
Saskia dankte der Wiese und entschuldigte sich bei den
Ameisen. Zwei, die noch auf ihr rumturnten, setzte sie
behutsam in die Wiese. Beglückt stand sie auf und setzte
ihren Weg fort.

Beinahe war Saskia jetzt einmal um die Insel rumgelaufen.
Und war doch auch im Inneren gewesen.
Gärten? Die hatten wohl immer eine Begrenzung!
War das nun eine echte Begrenzung? Oder doch nur eine
menschengemachte?
War es so, dass sich der Mensch ganz bewusst immer

wieder selbst Grenzen setzte? Ganz besonders auch für all das, was er als gut und schön empfand?

Wie war das dann mit dem Garten Eden?

Gab es immer auch ein Außerhalb zu jedem Garten?

Saskia war sich sicher, dass diese Gedanken zum Thema Garten nicht nur für dieses Thema zutrafen, sondern für viel, viel mehr.

Beispielsweise ja auch für Beziehungen.

Es war wohl richtig, sich jetzt mit dem Thema Beziehungen auseinander zu setzen. Aber so ganz alleine? Da hätte sie sich denn doch eine Gesprächspartnerin gewünscht. Ob wohl die gute Fee AEIOU ihr behilflich wäre?

„Schon überredet!" lachte AEIOU.

„Wie gut, dass du da bist", freute sich Saskia.

„Nun ja doch, vergiss nicht: dein Universum ist die Kopiermaschine deiner Gedanken!"

„Tatsächlich?" „Aber ja doch! Denk doch an deine herrliche Kontemplation von vorhin. Zuvor hattest du begonnen, dich als Teil dieser Insel zu fühlen. Und kurz darauf warst du es. Sozusagen sogar körperlich."

„Ich fühlte meinen Körper überhaupt nicht mehr. Es war fantastisch!" „Es war aber bloß deshalb so, weil du innerlich dazu bereit warst." „Erklär mir das, bitte, genauer."

„Die erste Bedingung für eine bewusste, kooperative Zusammenarbeit mit geistigen Wesenheiten und spirituellen Erlebnissen ist dein Erwachen. Und das bedeutet, dass du zu allererst einmal wissen musst, dass es die Wesen und diese so ganz anderen Erlebnisse wirklich gibt!"

„Wie sollte es mir jetzt noch möglich sein, nicht daran zu glauben!"

„Du ahnst gar nicht, wie viele Menschen schon die wunderbarsten Erfahrungen machten und danach wieder zur Tagesordnung übergingen, nicht mehr daran dachten,

165

später sich sogar dafür schämten, diese Erfahrungen je als Wahrheit empfunden zu haben."

„Tatsächlich?"

„Leider. Und dabei führt die Akzeptanz von sogenannt feinstofflichen Wesenheiten zu Angstfreiheit und Selbstbewusstsein. Vor allem kannst du sie erst dann wahrnehmen, wenn du sie für möglich hältst."

„Das wusste ich noch nicht. Und was kann ich dafür tun, kann ich da irgendwelche Übungen machen?"

„Freilich kannst du das. Und die Übungen sind noch dazu weder langwierig noch schwierig."

„Na, sag schon!"

„Zehn Minuten täglicher Innerer Einkehr genügen bereits, die Innere und selbstverständlich damit auch die Äußere Wahrnehmungsfähigkeit zu trainieren."

„Das hört sich ja echt einfach an!"

„Ist es auch. Und genau deshalb tun es so wenige!"

„Wie meinst du das?"

„Menschen sind nun mal daran gewöhnt, erst mal ein besonderes Dress zu besorgen, ins Fitnessstudio zu gehen, sich möglichst zu verausgaben, bis zum Umfallen zu trainieren. Und vor allem, Geld auszugeben. Möglichst besonders viel Geld."

Saskia überlegte. „Da geht es aber doch um körperliches Training."

„Ja. Dafür nehmen sich überraschend viele Menschen Zeit. Manche tun was für ihre Bildung. Und einige ziehen sich Seminare rein, über Beziehungsprobleme beispielsweise. Doch die spirituelle Komponente, dafür nimmt sich kaum jemand Zeit."

„Und so bin ich so mehr oder weniger zufällig mit euch allen in Kontakt gekommen."

„Was ist denn ein Zufall?"

Saskia hob die Schultern.

„Da ist etwas da. Und das fällt möglicherweise sogar. Und

eben der, der seine Arme und sonstigen dafür zuständigen Organe öffnet, dem fällt dann etwas zu."

„Wenn du mir das so erklärst, ist das völlig logisch. Also: täglich zehn Minuten? Und ich kann mit dir und all den anderen guten Geistern in Kontakt treten?"

„Nicht immer gleich. Aber doch immer öfter, immer leichter, immer effektiver."

„Gibst es da sonst noch irgendwelche Vorschriften?"

„Du meinst Askese und Keuschheit und Armut und so?"

„So ungefähr."

„Vorschrift ist gar nichts. Selbstverständlich fühlst du selbst, so allmählich, was für dich in eben dieser Situation hilfreich ist. So als generelle Regel gilt wie immer: mache dich von nichts abhängig. Egal ob von Genuss- oder Rauschmitteln, Arbeit, Hobby, Partner, Prestige oder was auch immer. Vegane Kost ist immer hilfreich. Aber oft genügt es schon, alleine die Konsumgewohnheiten genauer zu kontrollieren, das Freizeitverhalten genauer unter die Lupe zu nehmen, die Menschen in deinem Umfeld realistischer zu sehen."

„Womit wir ja wieder bei meinem derzeitigen Thema Nummer eins wären."

„Und was für eines ist das?" fragte AEIO mit fröhlicher Neugierde.

Verblüfft sah Saskia sie an. „Du meinst allem Anschein nach, dass es bei mir gar nicht mehr um Erich geht!"

„Allerdings. Das Kind liegt nun mal schon im Brunnen. Klar kannst du daraus noch was lernen. Vor allem über dich selbst. Aber damit hat sich's. Ein Aufwärmen gibt es da wohl nicht mehr."

„Nein, dazu wäre ich auch nicht bereit, wenn er auf den Knien vor mir..."

„Wie romantisch! Wie theatralisch!"

„Mit dieser brutalen Meldung ist er für mich jedenfalls für alle Zeit gestorben."

„Und? Willst du jetzt einen Grabstein kaufen? Damit du ihm den nachwerfen kannst?"

Saskia lachte.

„Es ist gut, dass du nicht wieder versuchst, Ausreden für ihn zu finden und zu erfinden. Denn vergiss, bitte, nie, dass niemand etwas tut, was er nicht tun will."

„So ganz und für alle Fälle nehme ich dir das zwar nicht ab, aber in diesem Fall schon."

„Was ja auch schon ganz hilfreich ist."

„Akzeptiert. Jetzt, bitte, weiter im Text."

„Mit dem größten Vergnügen. Du selbst bestimmst, wo du stehst, wie du die Dinge und Ereignisse betrachtest."

„Gut."

„Und du gestehst dies auch allen anderen zu."

„Das ist schon einigermaßen schwieriger."

„Aber es zahlt sich aus! Denn nur so entdeckst du dein ursprüngliches, wahres Sein! Und dann kannst du deine Individualität leben!"

„Meinst du, weil es mir dann völlig egal ist, was die anderen so treiben?"

„Du kannst es durchaus so sehen. Weißt du, wenn du dem Anderen die freie Wahl lässt, dann bist du nicht mehr für ihn verantwortlich. Dann kannst du dich endlich mit der wichtigsten Person in deinem Leben befassen, nämlich mit dir."

„Du meinst also auch, dass in meinem Leben vor allem ich wichtig bin?!"

„Ja. Das ist der Dreh- und Angelpunkt für sozusagen alles. Erst wenn du dir selbst Freiheit, Schönheit und all die guten Eigenschaften zugestehst, dann hast du sie auch."

„Hatte ich die denn nicht immer schon?"

„Im Prinzip: ja. Aber so lange dir nicht bewusst ist, dass all diese erfreulichen Eigenschaften dir als Zutaten deines Lebens zur Verfügung stehen, kannst du nichts damit anfangen. Das ist grade so wie mit einem Geheimkonto in der Schweiz."

„Was hat denn das damit zu tun?"

„Kennst du die Geheimnummer nicht oder hast du sie vergessen, so kannst du über das Guthaben nicht verfügen. Und grade so ist es mit deiner Freiheit, deiner Kreativität, deiner Selbstliebe, deinem Selbstbewusstsein, deinen Talenten. Und sogar mit deiner Schönheit."

„Wie denn das?"

„Empfindest du dich selbst nicht schön, so strahlst du nimmermehr die Botschaft aus, dass du schön bist."

„Und wenn ich real gar nicht so makellos, nicht so jugendlich, nicht so attraktiv bin?"

„Deine wahre Schönheit kommt immer von innen, vergiss das nicht!"

„Also gut: ich bin strahlend schön, überragend intelligent und all das gute Zeugs, was es noch so gibt. Und wie gehe ich dann mit meinen mehr oder weniger nahen Nächsten um?"

„Erst wenn du selbst dich frei fühlst, dann kannst du auch anderen die freie Wahl lassen."

„Und welche so?"

„Beispielsweise die Wahl, sich deinem Weg anzuschließen. Jedem das gleiche Recht, die gleiche Freiheit zuzugestehen."

Saskia dachte nach. „Das bedeutet wohl, dass mir weder Freiheit noch sonst was fehlst, wenn ich sie auch anderen zugestehe."

„Gewonnen, gewonnen!"

„Die Theorie ist mir jetzt klar. Aber da muss ich ganz bestimmt noch eine Menge üben."

„So ist es. Stell dir dein Selbst in der Mitte eines Kreises vor. Und rundherum schreibst du die Begriffe Liebe, Bewusstsein, Erfahrung, Distanz und Sicherheit."

„Na, da habe ich ja eine ganze Menge zu tun, mir über die

einzelnen Begriffe Gedanken zu machen. Aber eines jetzt schon mal: warum soll ich Liebe hinschreiben?"

„Weil es um die Liebe geht. Nämlich vor allem um die Liebe zu dir selbst. Erst wenn du dich selbst bedingungslos liebst, bist du fähig, auch jemand anderen zu lieben. Und zwar, ohne ihn verändern zu wollen, sondern einfach so, wie er eben ist. Und – zusätzlich – ihm zuzugestehen, dass auch er sich weiter entwickeln wird. Genauso, wie du das tun wirst. Jedoch auf seine oder ihre ganz spezielle Art."
„Gibt es da eine Möglichkeit, das ein wenig schon mal zu üben? So eine Art Trockentraining, ohne einen Partner zu vergraulen?"
„Das fragst du mich? Was glaubst du, was das eben vorher war, als du dich als Teil der Wiese fühltest?"
„War das – Liebe?"
„Ja. Liebe zu dir selbst. Und Liebe zur Natur. Liebe zur Erde. Liebe zu den Wesen dieser Erde."
„Danke, das gefällt mir ausgezeichnet."
„Und jetzt tu dir die Liebe an, endlich was zu essen."
Saskia lachte. „Aber ich sehe dich doch später wieder?"
„Aber ja doch. Zumindest, solange du vom Bodenseevirus infiziert bist."
„Also hast auch du mit diesem Virus zu tun, die mir alles andere als ein Krankheitserreger zu sein scheint?"
„Klar bin auch ich ein Teil davon. Fällt dir übrigens auf, dass es jede Menge Krankheiten gibt und nur eine Gesundheit?"
„Stimmt. Und du meinst..."
„Dass dich und auch alle anderen dieses ganz besondere Virus, dieses Bodenseevirus nicht krank, sondern endlich gesund macht!"
„Wunderbar, dann kann es mit mir ja nur noch aufwärts gehen! Danke für den Hinweis. Und – bis neulich!"

Erst beim Essen fiel Saskia auf, wie hungrig sie war. An

den Tischen nebenan plätscherten die Gespräche wie ein murmelndes, fröhliches Gebirgsbächlein. Gelegentlich schnappte sie Gesprächsfetzen auf. Vor allem solche, die für sie von Interesse waren.

Die Mainau war weniger als einen halben Quadratkilometer groß. „Aber die Größe der Insel hat nichts mit Maßzahlen zu tun!" freute sie sich.

Klar hatte Graf Lennart Bernadotte von seiner schönen, umschwärmten Blumendame Mainau geschwärmt.

Ein Dr. Theodor Bilharz hatte 1844 geschwärmt, dass eine Freudenträne eines Engels in den Bodensee gefallen war.

Andere bezeichneten die Mainau als den Diamant im Bodensee. Von einem Insel-Arkadien war die Rede. Von einem Leuchten, wo alles Licht eine Verwandlung erfuhr. Die Insel und ihre Geschichte spiegelte wie Blumen und Bäume das Naturgesetz wider und wieder. Und wie!

Der Begründer des Mainauparks war ein kaiserlicher Generalfeldzeugmeister Fürst von Esterházy gewesen, den Napoleon nach der Niederwerfung Österreichs 1809 zum König von Ungarn machen wollte. Er kaufte dem Haus Baden die Insel ab, lebte 1827 – 1830 auf der Mainau. Er kümmerte sich um den Garten, holte erste südländische Pflanzen, pflanzte Bäume, machte aus der Mainau eine Garten- und Parkinsel.
Seine Jugendzeit hatte er auf dem Esterházy-Schloss in Eisenstadt verbracht, vermutlich oft auch in der Gesellschaft von Kapellmeister Josef Haydn.
Großherzog Friedrich I ließ Sequoien pflanzen, die aus Kalifornien stammten. Der Großherzog war ein großgewachsener Mann gewesen. Er ließ die Insel zur romantisch-höfischen Idylle werden.

Etwa zwei Millionen Besucher kamen alljährlich zur Insel.

534 Jahre lang waren etwa neunzig Komture des
Deutschen Ordens auf der Mainau. Der letzte war Konrad
Josef Sigmund Karl Freiherr Reich von Reichenstein-
Brombach. Und der starb 1819 auf der Mainau.

Der Mittelpunkt der Insel war das Barockschloss mit der
Hofkirche. Hier war Barock fühlbar: das Todesahnen
gepaart mit der Sehnsucht nach Schönheit.
Auch von einem Steingewordenen Schwanengesang einer
ins Altern geratenen Welt wurde gesprochen.

Das Schloss Mainau war ein Eckpunkt des Kunstdreiecks.
Weitere waren die Zisterzienserkirche in Birnau und das
Neue Schloss in Meersburg.

1647, im Dreißigjährigen Krieg, war die Mainau ein
Ordensstützpunkt. Die Schweden kamen mit einer Flotte
angerückt und eroberten unter General Wrangel die Insel.
Saskia wunderte sich, wie und von wo die Schweden da
eine Flotte hergebracht hatten.

Immer wieder waren es Frauen, die die richtigen
Entscheidungen trafen.
Beispielsweise die Großherzogin Luise, die Gattin von
Friedrich I von Baden, die Tochter des ersten Kaisers
Wilhelm. Nach dem Tod von Friedrich I nahm sich die
preußische Witwe, wie sie genannt wurde, der Insel an.
Recht eigensinnig, besonders im hohen Alter. Sie achtete
darauf, dass alles so blieb, wie es war. „Eine frühe Grüne!"
frohlockte Saskia.

Esterházy vermachte die Insel seiner Schwester Viktoria,
der Königin von Schweden. Und die war total Mainau-
begeistert.

172

Ihr Enkel liebte den schwedischen Besitz im Bodensee schon als kleiner Bub. Und das war Graf Lennart Bernadotte.

Und der begann in den Dreißigerjahren mit der Arbeit. Mit Helferin Gräfin Sonja. Er empfand die Mainau als große Herausforderung und als beglückend, dass er am Bodensee nicht nur auf seiner Insel Wurzeln schlagen hatte können.

Alljährlich wurden über tausend Kubikmeter neue Erde auf die Mainau aufgebracht, in einem Kreislauf mit selbsterzeugtem Kompost. Bloß der Mist kam vom Festland dazu.
Saskia lächelte. Damit waren doch hoffentlich nicht die Touristen gemeint?

Wenn sie da überlegte, dann gab es ja eigentlich vier Anrainerstaaten: Deutschland, Österreich, Schweiz und eben auch Schweden!

Auf dem Weg zum Auto traf Saskia wieder auf AEIOU.
„Na, jetzt weißt du ja eine ganze Menge über diese Insel." „Wie wahr. Und ganz bestimmt komme ich wieder hierher."
„Na klar doch. Immer und immer wieder. So geht es vielen. Und vor allem all denen, die das Bodenseevirus erwischt hat. Ganz toll ist es, wenn du mal zu einem Konzert hier herkommen kannst."
„Stelle ich mir sehr reizvoll vor. Doch jetzt will ich erst mal zur Reichenau weiter."
„Ich weiß. Und auf dem Weg dorthin willst du noch so Einiges wissen. Zuerst mal über dein heutiges Sonderthema Beziehungen."
„Genau. Irgendwie fühle ich inzwischen, dass es da tatsächlich um weit mehr geht, als bloß um das mehr oder weniger zufällige Zusammentreffen zweier Menschen. So

allmählich schwant mir, dass es gewissermaßen gar nicht so wichtig ist, wer da nun mit wem?"

„Du erkennst das allmählich richtig. Und sei besonders vorsichtig mit Schwänen! Weil die warnen doch schon von vornherein: ‚Nie sollst du mich befragen!' – Zuerst musst du oder besser solltest du mit dir selbst im Einklang sein. Dann ergibt sich alles Weitere sozusagen fast von alleine. Obwohl jede Beziehung – so wie ja alles im Leben – eine fortgesetzte Übung, echte Arbeit ist."

„Also, dann belehre mich, bitte. Dass mir nicht noch einmal so ein Schlamassel passiert."

„So schlimm war das doch gar nicht. Du bist ja nicht mal schwanger von ihm. Du musst dich nicht erst langwierig scheiden lassen. Du hast dir möglicherweise in dieser Zeit eine viel nervigere Beziehung erspart!"

„Noch sehe ich es ja nicht so positiv, aber ich glaube, das bekomme ich schon auch noch hin!"

„Bestimmt! Jetzt beginne erst mal damit, deine Ichstärke zu trainieren. Immer wieder und wieder – etwa wie du einen Muskel trainierst."

„Und wie soll ich das machen?"

„Übe dich in Selbstsicherheit. Genieße deine Selbstliebe. Lasse deine Begabungen zu. Trainiere Gelassenheit. Entgifte dein Denken. Gib dir Gelegenheit, Gutes zu empfinden."

„Wie hier am Bodensee meinst du?"

„Ja. Aber auch zu Hause. Immer öfter. Immer ausnahmsloser. Verzeihe dir alles, was noch nicht gleich perfekt gelingt. Lasse Veränderungen zu. Lebe Lösungen. Freue dich über deine zunehmende Konsequenz, mit der du dein Leben genießt. Widme deine Aufmerksamkeit jetzt erst mal vor allem dir. Und kontrolliere immer wieder deine Handlungen und vor allem auch deine Gedanken."

„Und wie soll ich das machen?"

„Beispielsweise mit einer kurzen Nachdenkpause jeden

174

Abend. Zähle alles Gute, das dir an genau diesem Tag widerfahren ist. Du brauchst dazu bloß ein paar Minuten vor dem Einschlafen. Und du wirst dich bald schon wundern, wie viel Gutes in deinem Leben passiert!"
„Ich will es zumindest versuchen."

„Weißt du, was das Wichtigste ist?"
„Sag schon!"
„Nicht zu jammern, sondern aktiv zu werden, Lösungen zu finden! Nichts-tun, Nicht-entscheiden kostet Energie und bringt garantiert nichts Positives."
„Hört sich logisch an."
„Schon Konfuzius sagte: ‚Wenn du die Absicht hast, dich zu erneuern, tu es jeden Tag.'"
„Na klar: Konfuzius! Der wusste das freilich."
„Vergiss nicht, dass du nur EINEN Menschen verändern kannst. Nämlich dich selbst. Also, geh raus und tu was!"
„Ich bin ja schon folgsam, liebe Frau Lehrerin. Und jetzt fahre ich ohnehin zur Reichenau. Und da habe ich gewiss eine ganze Menge zu tun!"
„Wie wahr! Und es wird dir gut gefallen. Wenn es auch das totale Kontrastprogramm zur Mainau ist."

„Ich lasse mich überraschen. Ist das da vorn schon die Pappelallee?"
„Ja, die verbindet die Insel Reichenau seit 1838 mit dem Festland. Und dann begrüßt uns der Heilige Pirmin höchst persönlich."
„Fein! Erzähle mir mehr von der Reichenau, bitte, bitte!"
„Da gibt es Museen in Oberzell und Niederzell. Ganz besonders sind die Wandmalereien zum Thema Gebetsverbrüderungen. Das sogenannte Alte Rathaus ist eines der ältesten Fachwerkhäuser Süddeutschlands. Und dort wird Reichenauer Bürgergeschichte dargestellt, vor allem geht es um die damaligen Wohnverhältnisse, um Brauchtum, Fischerei und Weinbau. Heute ist die

Reichenau mit ihren fast fünf Quadratkilometern nicht bloß die größte Insel im See sondern auch der Gemüsegarten, der nicht nur die Region beliefert."
„Da gab es doch ganz oberkluge Mönche, nicht wahr?"

„Ja. Den Walahfrid Strabo zum Beispiel. Besonders wichtig war auch Hermann der Lahme, der die Inselabtei zu einem aufgeklärten Zentrum machte. Viele der Äbte reisten, hatten Ämter in fernen Wirkstätten wie Mainz, Paris, Basel und sogar in Konstantinopel."
„Mich wundert es immer wieder, wie weit manche Menschen schon früher rumkamen!"
„Des Rätsels Lösung: sie begannen immer wieder mit einem ersten Schritt und machten weiter. Auf der Reichenau sind drei tausendjährige Kirchen: das Marienmünster in Mittelzell, das Münster im Zentrum mit seiner Kaiserloge für Kaiser Karl II, einem eher glücklosen Kaiser. Er wurde auch ‚Der Dicke' genannt. Und er wurde auf der Mainau begraben. Übrigens widmen sich seit Jahren Mitarbeiter des Historischen Instituts der Universität Tokio den ottonischen Fresken von St. Georg in Oberzell."
„Ist ja auch nicht grade der nächste Weg so von Tokio!"
„Bestimmt nicht. – Und dann gibt es die Kirche St. Peter und Paul in Niederzell. Die Bewohner der Reichenau waren übrigens berühmt-berüchtigt wegen ihrer alemannischen Allefenzigkeit."
„Was ist denn das nun wieder?"
„Das ist ein besonders ausgeprägtes Selbstwertgefühl. Bis zur Dickköpfigkeit."
„Was du mir sozusagen ja auch empfiehlst!"
„Na, vielleicht lernst du darüber ja auf der Reichenau was dazu!"

„Was ist das da drüben?"
„Das ist der Bodanrück. Das ist eine Halbinsel zwischen Gnadensee und Überlinger See. Und dort ist das Dorf mit

dem Kloster Hegne. Heute ist das ein Psychiatrisches Landeskrankenhaus."

„Irgendwie wundert es mich, dass in einer so heiteren Landschaft so viele Klöster waren und heute Krankenhäuser sind."

„Die suchten sich eben auch schon immer schöne Plätze aus. – Am besten wäre es ja, wenn du an einem der drei ganz besonderen Inselfeiertage hierher kommen könntest."

„Und welche Feiertage sind das?"

„Das Fest des Heiligen Blutes, das Markusfest und Mariä Himmelfahrt. Da gibt es dann lange Prozessionen mit Reliquienschreinen aus der Schatzkammer, mit historisch gewandeter Bürgerwehr und Trachtengruppen."

„Bestimmt ein farbenfrohes Bild."

„Na klar. So, und jetzt läufst du mal ein wenig rum. Immer bloß Theorie, das ist doch viel zu langweilig."

„Mit dir wird mir nicht langweilig. Willst du nicht mit mir mitkommen?"

„Nein. Bis irgendwann einmal später!"

„Danke. Und auf Wiedersehen!"

Saskia schlenderte über die Klosterinsel. So ganz anders war es hier als auf der Mainau.
Einerseits begegnete sie immer wieder der Vergangenheit. Andererseits war sie durch das geschäftige Treiben der Gemüse– – ja was? – beinahe schon –Industrie klar im Heute.
Überraschend dieser Unterschied zur Mainau. Hier konnte sie sich nicht vorstellen, Lust zu einer Kontemplation zu haben. Hier war irgendwie alles vernünftig.

Was hatte sie doch über die Reichenau gelesen?
Vom iro-fränkischen Bischof Pirmin, der 724 das Kloster im Auftrag des fränkischen Hausmeisters Karl Martell gegründet hatte.
Die Franken benutzten die Benediktinerregel, die

Residenzpflicht und Gehorsamspflicht gegenüber dem Abt vorschrieb, um politische Herrschaft durchzusetzen. Daher war diese bewusste Gründung der Karolinger gleichbedeutend mit einem guten Verhältnis der Abtei zum Königshaus.

Die Äbte im frühen neunten Jahrhundert waren Gesandte, Verwalter und Lehrer der Karolinger gewesen. Gleichzeitig war das auch eine glanzvolle Zeit für die Wissenschaft, und die Kunst wurde gefördert.

Walahfrid Strabo schrieb auch „Hortulus", kümmerte sich besonders um den Kräutergarten. Damals gab es 111 Mönche auf der Reichenau!

Von den Reliquien hatte AEIOU gesprochen. Da gab es das Haupt des Heiligen Georg, was Anlass zur Erweiterung der St. Georgs-Kirche gewesen war. Und eine Heiligenblutreliquie. „So groß konnte doch das Haupt gar nicht gewesen sein! Wenn es auch einem Heiligen gehört hatte!" überlegte Saskia.

Im sogenannten „Silbernen Zeitalter" der Reichenau wurden vor allem Buchmalereien, meist Auftragsarbeiten, ausgeführt.

Ein ganz besonderer Mann war Hermannus Constructus gewesen; der Hermann, der Lahme, genannt wurde. Er war schwer körperbehindert, jedoch geistig hochbegabt. Er wurde als „Wunder des Jahrhunderts" europaweit gerühmt. Er schrieb eine Chronik der Geschichte der Welt. Und er war es, der die Zeitrechnung vor und nach Christus einführte. Er fand Erklärungen für die Erleuchtung des Mondes und Sonnenfinsternisse. Er war ein großer Mathematiker und Musiker. Er baute Musikinstrumente, Uhren und mechanische Geräte.

Die Reichenau stieg dann ziemlich ab. Weil nur Adelige im Kloster aufgenommen wurden. Nun ja, mit Adeligen war

schon damals nicht so sehr viel los gewesen!
Nach der Jahrtausendwende mit der Umstrukturierung der
Gesellschaft verlor der Feudaladel an Einfluss. Die
Bürgerschicht wurde stärker und selbstbewusster. Die
neuen Ordensbewegungen der Franziskaner und
Dominikaner waren dann offen für alle, siedelten sich
bevorzugt in den Städten an.
Unter Bischof Jakob Fugger kam es zu Beginn des 17.
Jahrhunderts zu einem Aufschwung, es kam zum Neubau
der Klosteranlagen. 1757 wurde das Kloster Reichenau
dann endgültig aufgehoben.

Immerhin blieben zwei Sammlungen von Minneliedern aus
dem Bodenseeraum erhalten.
In der Universitätsbibliothek Heidelberg befand sich die
Manessische Liederhandschrift mit 138 Abbildungen der
Minnesänger mit mehr als siebentausend Strophen von 140
Dichtern auf 426 Pergamentblättern. Und dies war die
wichtigste Sammlung mittelalterlicher Lyrik.
Die zweite Handschrift war schlichter, aber auch
unmittelbarer: die Weingartner Liederhandschrift, die in
Konstanz hergestellt worden war.
Die Handschriften waren einander sehr ähnlich.

Und es gab einen Ritterroman aus dem 13. Jahrhundert
„Der arme Heinrich", ein Heldenepos vom Ministerial
Hartmann von Aue. Dabei ging es um die Heilung des
Helden vom Aussatz durch seine innere seelische
Wandlung. Das klang doch schon verdächtig esoterisch!

Rudolf von Ende, ein Herr von Hohenems, schrieb eine
„Weltchronik" mit 158 Illustrationen, die in der Münchner
Staatsbibliothek war.
Vermutlich durch diesen Rudolf von Ende gelangten drei
besondere Handschriften in die Bodenseeregion: das
Nibelungenlied. Zwei waren im 18. Jahrhundert im Schloss

Hohenems und eine in Buchs.

Das Kloster Reichenau erlitt 1235 durch einen Brand einen Totalschaden. Die Mönche dachten nicht daran, ihr angenehmes Leben auf den Außenhöfen der Abtei aufzugeben und in den Klosterräumen zu leben. Abt Albrecht von Ramstein sah es als seine einzige Aufgabe an, die Reichenau als Feudalstaat zu erhalten.

1272 gab es in St. Gallen zwei Äbte. Wollten die Mönche die Messe feiern, so mussten sie sich einen Messkelch in der Stadt ausborgen. König Rudolf ernannte einen Schirmvogt für das Kloster: Ulrich von Ramswag. Der war NUR St. Gallischer Ministerialer und erregte daher die hochadeligen Konventsherren, „obwohl keiner von ihnen, nicht einmal ihr Abt Rumo von Ramstein, seinen Namen schreiben konnte!"
Rumos Nachfolger war Wilhelm von Montfort. Er wollte das Kloster durch rigorose Sparsamkeit sanieren. Auch dadurch, dass er seine Untergebenen zwang, die kirchlichen Weihen zu nehmen und ein den klösterlichen Regeln gemäßes Leben zu führen. Es kam zur Klage beim päpstlichen Legaten. Unter Rückendeckung durch König Rudolf wurde Wilhelm von Montfort abgesetzt.
Die Grafen von Werdenberg waren nahe verwandt mit den Montfortern. Was sie nicht daran hinderte, mit ihnen verfeindet zu sein. Das war also auch „schon immer" so.

Ein 1,5 Kilometer langer Damm führte zur „Reichen Au", die 5 Kilometer lang und 2 Kilometer breit war.
Die Insel war ein ehemaliger Moränenhügel in einem Gletscherbett. Die Insel war recht flach, die höchste Erhebung, der Hochwart, war mit 42 Metern ja auch nicht so sehr hoch.

Während ihres ausgedehnten Spaziergangs kam es Saskia

vor, immer wieder mal die Spannungen zu spüren, die es hier gegeben haben musste. Manchmal aber auch die Erhabenheit der Dichtkunst, die mit der Reichenau und dem Bodensee verbunden waren.

Als Saskia zurück fuhr, sah es schon sehr nach Regen aus. So beschloss sie, lieber doch nicht beim Rutenfest vorbeizuschauen. Außerdem war das ja auch vernünftiger, nicht den Führerschein zu riskieren! Denn wer schaffte es, bei einem Rutenfest so ganz alkoholfrei mitzufeiern?

HEXEN & BESEN

Es fühlte sich für Saskia richtig an, gleich am nächsten Tag, am Sonntag wieder zum Bodensee zu fahren. Diesmal wollte sie nach Schaffhausen. Gewissermaßen wollte sie sehen, wo der Bodensee sozusagen auslief, insgesamt in Richtung Atlantik.

So ganz ehrlich war dieser Gedankengang ja nicht, gab Saskia denn doch vor sich selbst zu. Da war gestern abends noch etwas gewesen. Aber daran wollte sie heute nicht denken. Dazu war während der kommenden Woche immer noch Zeit genug. Jetzt wollte sie sozusagen erst mal so weit wie möglich wegfahren.
Saskia konzentriere sich auf das, was sie jetzt bald schon sehen und erleben würde.

Durch den unüberwindlichen Rheinfall war eine ganz besondere Stadt entstanden: Schaffhausen. Und die versprach, interessant zu sein.
Graf Nellenburg hatte 1045 das Münzrecht für Schaffhausen erstanden, die damals erst bloß Siedlung war.
Wechselhafte Geschichte, wie je überall hier am See.
Besonders schlimm war der 1. April 1944, das Bombardement durch die Amerikaner.
Da hatte auch der Munot, die Fluchtburg aus dem 16. Jahrhundert über der Stadt, nicht helfen können.

Die Wolken zogen am Himmel dahin. So entschloss sich Saskia, erst mal in der Stadt rumzulaufen. Da könnte sie ja immerhin notfalls wo einkehren. Zumindest fände sie einen Unterstand.

Die Altstadt hatte sich seit dem 14. Jahrhundert kaum verändert. Spätgotik, Barock, Rokoko fielen ihr auf, vor allem freute sie sich über die vielen Erker. Sie bewunderte

die astronomische Uhr am Fronwagturm. Besonders stimmungsvoll empfand sie den Kreuzgang von Allerheiligen. Klar wurde auch ihr die Schillerglocke gezeigt, die angeblich Friedrich Schiller zu seinem Lied von der Glocke inspiriert hatte.
Im Klosterhof der St. Anna-Kapelle fühlte sie sich wohl. Sie mochte den Gewürz- und Kräutergarten. Ihr gefiel, dass die ehemalige Kornschütte jetzt als Stadtbibliothek genutzt wurde. Apotheke zum Glas, Haus zum Sittich, Haus zur Zieglerburg und zur Wasserquelle, Zunfthaus Schmiedstube und noch viel, viel mehr Häuser sah sie sich an, fotografierte sie. Bis sie allmählich ziemlich müde wurde.

Sie fand ein nettes Café. Genau das war jetzt das Richtige!

Am größeren Nebentisch saß eine Touristengruppe, die einer vermutlichen Studentin zuhörte, die eifrig erklärte. Gut, da konnte Saskia bestimmt auch so einiges mitbekommen!
Sie erfuhr, dass 1049 erste Kapellen durch einen Verwandten des Grafen von Nellenburg, Papst Leo IX geweiht wurden. Und das war immerhin ein Deutscher Papst gewesen!
Die ganze Geschichte verstand Saskia nicht so recht, aber da ging es um ein gräfliches Kloster, um die Verfügungsgewalt über seine Stiftung, darum, dass er seine Familienmitglieder auf der Reichenau beerdigen durfte, und nun eine eigene Begräbnisstätte hatte.
Dann holte er Mönche aus Einsiedeln. Und bald gab es eine riesige Klosteranlage, über hundert Meter lang, für bloß zwölf Mönche. Und eine Kirche mit vier Türmen. Möglicherweise sollte die Grabeskirche in Jerusalem nachgebaut werden.
Dieser Graf Eberhard von Nellenburg, der verbrachte seinen Lebensabend im Kloster. Für seine Frau Ita ließ er

ein Benediktinerinnenkloster errichten, das der Heiligen Agnes geweiht wurde.
Allerheiligen war das Zentrum der Hirsauer Reform. Und dort war der Kreuzgang ganz besonders interessant.
Ja, dort war Saskia ja schon gewesen. Sollte sie zu Hause nachlesen, was es mit dieser Hirsauer Reform auf sich hatte? Andererseits: sie wollte doch nicht Geschichte studieren.
Jedenfalls: dieser Eberhard Nummer III samt Frau Ita und Sohn Burkhard von Nellenburg waren in der Eberhardkapelle auf einem dreiteiligen Grabstein dargestellt, auf dem Eberhard das Gebäude in den Händen hielt.

Saskia fand, dass sie genug für ihre Bildung bezüglich Schaffhausens getan hatte. Jetzt wollte sie endlich zum Wasserfall.
Leider wollte das nicht nur sie. Und so hatte sie einige Mühe, einen Parkplatz zu finden.
Wie hatte AEIOU gesagt: das machten Hilfsgeister recht gerne? Aber welche, bitte?
Saskia bat also so ganz allgemein um einen Parkplatz. Und – um die Ecke fand sie auch schon einen!
Siebenhundert Kubikmeter Wasser stürzten da auf einer Breite von hundertfünfzig Metern die 23 Meter runter!
Durchschnittlich. Pro Sekunde!
Und damit war dies der größte Wasserfall Europas.
Gewaltig, diese Wassermassen, die da herunterstürzten!
Saskia freute sich am Naturschauspiel. Und sie stellte sich vor, wie schwierig es doch für die Fische, die Schiffe und Boote war, nicht mit herunter geschwemmt zu werden!
Was da mal in den Sog des Wasserfalls kam, das hatte wohl keine Chance mehr, auszuweichen, umzukehren!

„Weil ich kein Fluss bin, kann ich zurückkehren!" zitierte jemand und sagte dazu, dass dies ein Sprichwort aus

Spanien war.

Saskia überlegte. Klar, stimmte das, und doch: hatte sich erst jemand zu weit mittragen lassen, konnte – wer auch immer – dann doch nicht mehr umkehren.

Saskia dachte daran, gehört zu haben, dass es nicht möglich war, zwei Mal in ein und denselben, den gleichen Fluss zu steigen. Es war zwar immer noch der Fluss. Doch gleichzeitig war er ständig neu, aus immer anderen Teilen, mit immer anderen Informationen.

Das war faszinierend und verwirrend. Und gleichzeitig auch beruhigend.

Saskia fühlte sich dem Wasser sehr nahe. Gefühlsmäßig. Na klar: Gefühl, das entsprach dem Wasser. Und andererseits: sie bestand ja vor allem aus Wasser. Saskia dachte daran, dass sie von der Edlen von Habenichts und Binsehrviel den Tipp bekommen hatte, an heißen Tagen nicht kalt, sondern besser warm oder doch zumindest lauwarm zu duschen. Weil sich nämlich der Körper durch kaltes Wasser zusätzlich erwärmte.

Würde sie wohl hier die Geister über dem Wasser treffen?

Jetzt war Saskia erst mal von einer Hündin entdeckt worden. Von einer Hündin, die sie inzwischen ganz gut kannte! Die Hündin der Edlen von Habenichts und Binsehrviel.

„Du hier? Das ist ja ziemlich weit weg von Hard!" „Manchmal gönnen wir uns einen Ausflug. Trotz der verrückten Benzinpreise. Aber meine Meerjungfrau wollte auch mal wieder richtig unterwegs sein."

„Meerjungfrau?" „Aber ja doch. Weißt du das nicht? So heißt mein Auto." „Das hat einen Namen?" „Freilich. Denn alles, was wir mit einem Namen versehen, das wird uns wichtig, damit haben wir eine besondere Beziehung." „Interessant. Ich werde dran denken."

„Und du? Gestern im Blumenparadies und heute im Reich

des Wassers?"
„Zugegeben, es hört sich ziemlich verrückt an. Aber mir
war einfach danach. Und, eines ist sicher, zumindest bis
jetzt bereue ich es nicht."
„Eine recht gute Einstellung. – Was ganz anderes: hast du
dir schon den Trailer von Quantum of Solace
angesehen?" „Nein, gibt es den schon?" „Ja, seit 1. Juli ist
er im Internet. Soll ganz gut aussehen." „Du hast ihn also
noch nicht gesehen?" „Noch bin ich nicht vernetzt. Aber
ich denke, das kommt demnächst auch noch auf mich
zu." „Du hast dann eine Menge Möglichkeiten.
Zusätzlich." „Ich bin mir eben noch nicht so sehr sicher, ob
ich gar so viele Möglichkeiten MEHR überhaupt haben will.
Und noch was stört mich bei diesen modernen
Geräten." „Und was?" „Dass die irgendwann einmal, meist
nach noch gar nicht so langer Zeit, auf dem Müll landen.
Nicht mal ordentlich wiederverwendet kann das Zeugs
werden." „Manche basteln daraus Kunstwerke." „An diesen
Kunstwerken habe ich hoffentlich keinen Bedarf. Ich
bewohne derzeit eine Einzimmerwohnung. Und da passt so
ein Kunstwerk ohnehin nicht rein, hoffe ich. Weißt du, da
kann mit ausgedienten Denkmälern schon eher was
angefangen werden." „Was meinst du im Speziellen?" „Da
wurden aus einem Lenindenkmal im Nordwesten der
Ukraine Kirchenglocken gegossen. Für zwei
Gemeinden!" „Gute Idee!" lachte Saskia.
„Vielleicht nicht so direkt für die direkten Anwohner!"

Saskia sog die frische, reine Luft in sich ein. „Das sind vor
allem die Freien Radikalen, die dich hier so sehr beleben.
Trotzdem es ziemlich warm ist, fühlst du dich gut und
erfrischt, nicht wahr?" „Na klar doch. Und über Freie und
Radikale möchte ich gerne mit dir plaudern." „Sooo? Und
worüber genau?" „Über Hexen."

„Lass uns am Wasser entlang gehen. Denn Wasser, das ist

186

das Symbol des Kosmischen Geist-Stoffes." „Das wusste ich noch nicht." „Du willst doch von mir aufgeklärt werden?" „Na klar. Allmählich wird es für mich ja auch Zeit!" lachte Saskia.

„Und da fällt mir noch was ein: der erste dieser ganz besonderen Kontakte hier am Bodensee verdanke ich den Geistern über dem Wasser. Und: seit damals veränderte sich mein Leben mehr und mehr. Mag ja sein, dass da das Bodenseevirus daran Schuld ist, jedenfalls habe ich jetzt schon das Gefühl, dass ich inzwischen eine ganz andere Frau bin als damals, als ich zum Casting nach Bregenz kam."

„Das bist du auch. Du bist dabei, nicht bloß erwachsener, sondern vor allem auch immer mehr mit dir selbst eins zu werden. Und: ich freu mich darüber, dass ich ein wenig an dieser Entwicklung mithelfen kann. Ganz einfach deshalb, weil du dich öffnest. Und nicht bloß das." „Was denn noch?" „Du forderst mich! Du willst etwas wissen! Du holst sozusagen mein innerstes Wissen aus mir heraus. Und genau das ist das Wunderbarste, das einer Lehrerin passieren kann: dass ihre Schüler etwas wissen wollen. Etwas von ihr wissen wollen." „Irgendwie logisch." „Und dafür bin ich dir dankbar. Es ist nämlich gar nicht so häufig, dass jemand etwas erfahren, erleben, erlernen will. Und ich will dir damit eines sagen: Du förderst damit auch mich. Weil ich mich plötzlich wieder an Fakten, an Wissen, an Gefühle erinnere, die mir im Alltag nicht ständig bewusst sind, die bei mir sozusagen in einem Aktenordner verstauben." „Also, dann: Erzähle mir etwas über Hexen. Und vor allem über Hexen am Bodensee."

„Besonders in Vorarlberg ist der Begriff Hag für Zaun gebräuchlich." „Gut. Aber was hat das mit Hexen zu tun?" „Nur Geduld! Ich bin ja schon mitten im Thema. Hexen wurden und werden auch Hagazussa genannt. Und das bedeutet Zaunreiterin. Weil diese Wesen nicht bloß in einer Welt zu Hause sind, sondern gleichzeitig in zumindest zwei Welten Einblick haben. Sie reiten sozusagen auf dem Zaun." „Und welche Welten sind das?" „Beispielsweise Zivilisation und Wildnis. Matriarchat und Patriarchat. Heidentum und Christentum. Sichtbare und unsichtbare Welt." „Allmählich bekomme ich eine Ahnung davon, was du meinst."

„Hexen gab es nicht bloß irgendwann im Mittelalter. Hexen gibt es immer noch. Überall auf der Welt. Eben Menschen, die sich mit mehr auseinandersetzen, als die meisten anderen das tun. Eben auch Menschen, die mehr Fähigkeiten entwickeln als andere. Menschen, die nicht nur das Schulbuchwissen gelten lassen." „Einverstanden. Hast du da ein aktuelles Beispiel für mich?"

„Ja. In Papua-Neuguinea gelang es einer Frau, die als Hexe verurteilt worden war, sich aus eigener Kraft aus einer Galgenschlinge zu befreien. Und dabei brachte sie ein Baby zur Welt. Ein Siebenmonatskind. Auch ihrem Mann, den die Dorfbewohner ebenfalls aufgehängt hatten, gelang es, sich zu befreien." „Das freute wohl ein paar Nachbarn nicht so sehr, dass sie da zwei aufgehängt hatten, die zwei sich selbst befreiten und dann sogar drei abgehauen waren!" „Stelle ich mir auch so vor. Gründlicher machten es die Dorfbewohner im Nordosten Indiens. Die enthaupteten fünf Menschen wegen Hexerei. Im ganzen Gebiet waren bereits vorher fast ein Dutzend Menschen getötet worden. Weil sie beschuldigt wurden, an einer Serie von Krankheitsfällen Schuld zu sein." „Und das in diesem Jahrhundert!"

„Immerhin bemühte sich eine Mary Martin, das Ansehen ihrer Oma zu rehabilitieren. Ihre Oma war die schottische Wahrsagerin und Geisterbeschwörerin Helen Duncan. Und die wurde 1944 als letzte Hexe Europas wegen Schwarzer Magie verurteilt. Und das bloß, weil sie eine geheim gehaltene Information der Marineführung ans Licht gebracht hatte!" „Dann haben und hatten Hexen nicht so

188

sehr mit Schwarzer Magie zu tun? Sondern waren sie vor
allem den Herrschern unangenehm?" „Na klar. Und wer
eben das Sagen hatte, der verurteilte." „Und die anderen
sahen zu." „Leider ja. Stell dir vor: alleine in Vorarlberg
wurden etwa zweihundert Hexen verbrannt." „Hört sich
schaurig viel an. Für so ein kleines Gebiet! Und dabei kann
ich mir nicht vorstellen, dass es da so besonders viele
Menschen gegeben hatte, die tatsächlich Schwarze Magie
betrieben."

„Das war meist auch gar nicht notwendig. Vor allem bei
Frauen wurde oft bloß zwischen Hausfrauen und Hexen
unterschieden. Alle, die nicht verheiratet waren, nicht in
einem Haushalt lebten, mehr wussten, sich mit Kräutern
und Heilen beschäftigten, vor allem alle, die nicht in das
jeweilige Normbild hineinpassten, standen ganz schnell im
Verruf, sich mit Hexerei zu beschäftigen. Oft genügten
schon rote Haare oder Muttermale als Hinweise."

„Also, wurde alles Aufrührerische brutal bekämpft?"

„Nicht immer. Frauen der dörflichen Oberschicht hatten
verhältnismäßig viele Freiheiten. Beispielsweise der
Krumbacher Weiberaufstand von 1807 gegen die Bayern
wurde sogar verherrlicht. Die Bayern wollten nämlich
Prozessionen und Wetterläuten verbieten. Und die Frauen
trauten sich, nicht nur etwas zu sagen, sondern sogar einen
Aufstand zu organisieren und auch durchzuführen. Es war
eben immer schon so, dass die, die etwas im Sinne der
sozusagen direkten Obrigkeit machten, sogar Applaus
bekamen. Und in Krumbach da waren sie für die eigene
Obrigkeit, aber nicht für die der Bayern. Und so wurden die
allerbesten Bemühungen anderer geahndet und verfolgt
und die der Krumbacher Frauen gut geheißen."

„Ich merke schon, dass ich mir da eine Menge Material
besorgen werde, um über dieses Thema besser Bescheid
zu wissen." „Das kann ich dir nur empfehlen. Aber vergiss,
bitte nicht, dass du noch nicht weißt, woher dein Interesse

an den Hexen kommt." „Wie meinst du das nun
wieder?" „Überleg doch! Du nimmst jetzt an, dass du in
deiner Ahnenreihe eine arme Hexe hattest. Oder dass du in
einem möglichen Vorleben selbst eine verurteilte Hexe
warst." „Ja, das halte ich für möglich." „Es könnte aber
auch sein, dass du etwas mit einer Hexe zu tun hattest, die
nicht verurteilt wurde. Oder dass du eines der möglichen
Opfer eines Hexers warst. Oder – möglicherweise hattest
du sogar etwas mit einem Hexenverfolger zu tun. Oder du
hast irgendeine Erinnerung in dir an einen Hexenprozess,
an Folterungen, an Scheiterhaufen... Aus den
verschiedensten Perspektiven."
„Könnte das tatsächlich sein?" „Aber ja doch! Denk immer
daran, dass es von allem und jeden eine Reihe von
Aspekten gibt. Und, es scheint, so allmählich erfahren wir
immer mehr verschiedene Blickwinkel von ein und
demselben Thema."
„Erschreckend. Und gewissermaßen logisch – zugleich.
Trotzdem: erzähl mir, bitte, mehr über die Hexen. Das
Thema beschäftigt mich immer mehr!"

„Sicher hast du vom Hexenhammer gehört, der im 16. und
17. Jahrhundert weit verbreitet war?" „Ja."
„Damals sahen es die Männer als sicher an, dass Frauen
aus Mangel an Verstand leichter vom Glauben abkamen.
Und das war für sie die Grundlage der Hexerei. Sie
begründeten das wissenschaftlich: Femina, die Frau,
bestand aus Fe, dem Glauben und minus, also weniger. So
bewiesen sie auf lateinisch, dass Frauen diejenigen waren,
die weniger Glauben besaßen. Auf Deutsch hörte sich das
dann etwa so an: das Weib ist von Natur aus schlecht. Und
das entsprach voll der Verachtung und Demütigung des
weiblichen Geschlechts, was ja seit der Antike ein
wesentlicher Bestandteil der abendländischen Kultur war.
Hexen – auch die männlichen – waren sowohl Bedroher als
auch Opfer der patriarchalischen Welt.

Dazu kam, dass volkstümliche Zauberei- und Teufelsvorstellungen in den spätmittelalterlichen Ketzerverfolgungen durch theologische Hexenmuster überlagert wurden. Oft war die Rede von Hexensekten. Allerdings wurde in den Prozessakten kaum von Hexerei berichtet, sondern die Anklage lautete meist auf Schadenszauber, oft auch auf Teufelsbündnis. Eine Verurteilung als Hexe gab es erst, wenn sozusagen alle Voraussetzungen erfüllt waren. Und die Voraussetzungen waren einwandfreie Geständnisse des Teufelspaktes, der Teufelsbuhlschaft, des Schadenszaubers. Verteidigung gab es praktisch keine. Dafür aber Folter, immer wieder Folterungen."

„Stelle ich mir furchtbar vor. Kannst du mir ein besonderes Beispiel erzählen?"
„Eines aus Hard. 1629 nahm ein Harder Bäckermeister illegal Einsicht in die Akten. Das schien niemanden zu stören. Dadurch wurde kein neuer Prozess ausgelöst. Obwohl die Frau, die der Bäckermeister verrufen hatte und vor Gericht bringen wollte, schon ein Verfahren über sich hatte ergehen lassen müssen. Nach zehn Jahren stand sie wieder vor Gericht. Und 1649 ein viertes Mal. Und jedes Mal hatte es einen Freispruch gegeben."
„Da hatte sie ja noch Glück gehabt. Wenn ich mir auch das Leben von Prozess zu Prozess nicht eben angenehm vorstelle."
„Allerdings. Es gab auch Verurteilungen zum lebenslangen Hausarrest. Viel Willkür gab es damals selbstverständlich auch dadurch, dass die Gemeinden die Gerichtsbarkeit hatten. Oft ging es in Wahrheit um Vertreter der alten magischen Weltanschauung gegen Vertreter des Zeitalters der Konfessionalisierung. Es ging um soziale Veränderungen, um Krankheiten, um Krisen. Gelegentlich wurde jemand nur wegen Zauberei verurteilt,

was je nach angerichtetem Schaden geringer bestraft
wurde. Denn erst Teufelspakt und Teufelsbuhlschaft
machte aus einem Zaubereiprozess ein Verfahren wegen
Ketzerei, für den nur der Tod als angemessene Strafe
angesehen wurde.

Die Ankläger waren aber gar nicht immer bösartige oder
böswillige Mitmenschen. Sie litten oft genug unter
schwierigen Alltagsproblemen, hatten wirtschaftlich
schwer zu kämpfen, konnten sich Erkrankungen und
Verluste nicht erklären, waren durch soziale Beziehungen
belastet.

Im Bodenseeraum war der Höhepunkt der Hexenverfolgung
um 1600. Interessanterweise verlagerte sich das Gros der
Opfer von erst älteren Frauen, oft Witwen aus bäuerlich-
bürgerlichem Milieu, zu jüngeren Männern aus unteren
Bevölkerungsschichten.

Interessant war das Hauptmotiv der Liechtensteiner
Hexenverfolgung: dabei wurden mehr Männer verfolgt. Vor
allem ging es darum, dem Landesfürsten Geld zu
beschaffen.

Es gab auch Delikte, die ausschließlich Männern
vorgeworfen wurden. Beispielsweise Sodomie und Onanie.
Bei den Frauen waren vor allem Hebammen, weise Frauen,
Heilerinnen, Krankenpflegerinnen, Altenpflegerinnen
gefährdet. Klar hatte dies vor allem mit der
frauenfeindlichen Tradition der Kirche zu tun. Und durch
die Erfindung des Buchdrucks im 16. Jahrhundert wurden
immer mehr Bücher mit diesem Gedankengut als
meinungsbildender Faktor verbreitet.

Da gab es beispielsweise 1595 eine Dissertation, in der der
Nachweis erbracht wurde, dass Frauen keine Menschen
sind."

„Echt stark! – Diese schwache Meldung!"

„Wesentliche Grundlage der Hexenverfolgungen war der
volksmagische Bereich, die Verbindung mit dem

Übersinnlichen, das Wissen um Leben und Tod, der Umgang mit Heilmitteln, die Zubereitung der Speisen, das Wissen über die Anwendung von Kräutern. Männern war die weibliche Doppelrolle als Hexe und Mutter suspekt. Denn aus ihrer Sicht war dies geheimnisvoll und unkontrollierbar.

Zusätzlich gab es Hungersnöte und Armut. Gewissermaßen waren die Hexenverfolgungen ein Auswuchs der angestrebten Disziplinierung von widerspenstigen Personen, vor allem ohne patriarchalische Kontrolle lebende Frauen und herumziehendes Bettelvolk. Eigentlich immer war der Vorwurf der Hexerei mit Verstößen gegen die enge soziale Ordnung und vor allem mit non-konformem Verhalten verbunden. Anstatt sich mit den Problemen direkt auseinander zusetzen, zogen es viele vor, etwas gegen die zu unternehmen, die sich angeblich mit dem Teufel verschworen hatten, um die gewohnte Ordnung ins Wanken zu bringen."

„Uff. Du bringst da auch so ganz andere Gedanken ins Spiel. Und plötzlich ist das nicht mehr das Schwarz/Weiß-Bild, das ich mir so zurechtgezimmert hatte."
„Du sagst es. Und klar gab es auch bei den Hexen sozusagen eine Weiterentwicklung."
„Wie meinst du das?"
„Nun früher mal ritten die Hexen auf Wölfen. Und ab dem Mittelalter ritten sie dann auf umgekehrten Besen!"
Saskia lachte. „Danke. Ich hätte nicht geglaubt, dass ich nach all diesen Informationen gleich wieder lachen könnte."
„Tja, gute Lehrerinnen schaffen sogar das!"

„Hast du eine spezielle Meldung über Frauen, sozusagen hier von der Gegend?"
„Aber ja doch. In Appenzell-Innerrhoden wurde das Frauenwahlrecht verworfen." „Na ja, die waren halt etwas später dran. Wann war denn das?" „Am 29.04.1990." „Wie

bitte? Irrst du dich da nicht? Ja, gibt es denn das?" „Reg
dich ab. Inzwischen dürfen sogar die wählen." „Da erfahre
ich ja ganz Unglaubliches!"

„Weißt du, Frauen hatten sozusagen immer schon einige
ganz besondere Schwierigkeiten."
„Wie meinst du das nun wieder?"
„Ursprünglich unterstand die Frau der Strafgewalt ihres
Gewalthabers. Meist war das der Vater, später der Mann
oder der Dienstherr. Frauen waren nicht selbständig
prozessfähig, meist zumindest eingeschränkt
geschäftsfähig. Tötungen und Verstoßungen wurden von
der Gesellschaft allerdings nur selten gestattet."
„Wie beruhigend!"
„Nicht wahr? Der Vater hatte auch das Verheiratungsrecht.
Sollte jedoch möglichst die Zustimmung der Tochter
erhalten."
„Das hört sich für mich ja an, als ob da die Türken..."
„Ganz so unrichtig ist der Gedankengang gar nicht. Denk
einmal nach: Wann lebte Jesus? Wann Mohammed?"
„Dann leben die Mohammedaner sozusagen jetzt im
Mittelalter? – Und leben nach einer ähnlichen
Gesellschaftsordnung wie wir damals."
„Das fällt uns allerdings bloß deshalb auf, weil so viele von
ihnen jetzt in unseren Ländern leben. Jedenfalls ist
Xenophobie, also Fremdenangst und Rassenhass
keinesfalls gerechtfertigt."
„Hm. Also, Asche auf unser eigenes Haupt."
„Und vor allem auf das aller Männer!" lachte die Edle von
Habenichts und Binsehrviel.
Sie rief ihre Hündin zu sich, die eben mit einem ziemlich
großen dunklen Hund eine Meinungsverschiedenheit zu
haben schien.
„Ganz schön mutig, deine Hündin. Der Kontrahent ist doch
beinahe doppelt so groß!"
„Vermutlich realisiert sie das gar nicht. Ich sagte ihr ja

auch nie, dass sie vor größeren Hunden Angst haben müsste. Ich nehme an, das hatte sie sowieso nie."
„Ich mag deine Hündin. Die ist ein ganz besonderes Tierchen."
„Na logisch. Sie ist doch meine!"

„Erzähl mehr, bitte!"
„Thema Ehebruch im Mittelalter gefällig?"
„Der wurde nicht erst jetzt erfunden?"
„Gewissermaßen schon."
„Wie das?"
„Nun, im Mittelalter gab es nur den Ehebruch der Ehefrau mit einem anderen Mann. Und das wurde bloß deshalb geahndet, weil es ein Eingriff in die Rechte des Ehemanns war. Die Untreue des Ehemannes wurde erst viel, viel später als strafwürdig empfunden."
„Mal wieder typisch!"
„Die Wahrsagerin Wyprat Wüstlin vom Bürserberg geriet 1525 ins Blickfeld der Obrigkeit, weil sie Vorhersagen über die Fortsetzung des Bauernkriegs machte."
„Wie konnte sie auch nur!"

„Sozusagen besondere Vorschriften gab es für die Dirnen. Sie mussten sich gelb kleiden. Und sie waren den Henkern unterstellt, die ja selbst schon außerhalb der Gesellschaft standen. So hatte damals das Dirnenwesen einen öffentlichen, beinahe legalen Charakter. Später legten die Städte darauf Wert, ein gepflegtes Bordell zu haben, in dem auch gegessen und gebadet wurde."
„Die hatten wohl so ihre Erfahrungen mit ungewaschenen Kerlen!"
„Vermutlich. Klar unterstand alles der Kontrolle durch die Obrigkeit. Außerhalb der Bordelle wurden den Dirnen bestimmte Straßen zugewiesen. Und so entstand der Straßenstrich. Allmählich wurden die Henker in dieser besonderen Funktion als Frauenwirte bezeichnet. Und

schon im Mittelalter gab es eine Gesundheitskontrolle durch den Stadtarzt. Allmählich gab es auch Einrichtungen, meist unter Förderung der Kirchen, zur Aufnahme bekehrter Dirnen."

„Das hört sich ja fast schon sozial an!"

„Fast. Bloß in Vorarlberg ist Prostitution verboten."

„Lässt sich denn das verbieten?"

„Verbieten schon. Verhindern nicht."

„Ach so, na klar!"

„In anderen Ländern wird die Tradition sogar besonders gepflegt." „Erzähle!" „Beispielsweise in Tokio. Das gibt es alljährlich die Oiran Dochu-Parade. Da kleiden sich junge Frauen als Kurtisanen, die im alten Japan einen hohen Rang hatten. Und die marschieren dann durch den Stadtteil Yoshiwara, dem früheren Vergnügungsviertel der Stadt." „Stelle ich mir recht farbenprächtig vor."

„Das ist es auch. Da ist es mit den Nackten doch ganz anders!"

„Wer zeigt sich denn nackt?"

„Beispielsweise Alicia Silverstone." „Und? Was ist mit ihr?" „Sie wirbt dafür, Vegetarier zu sein. Auf riesigen Plakaten. Und zugegeben: sie sieht super aus!" „Also, Nacktheit für einen guten Zweck. Finde ich gut."

„Der Meinung waren vermutlich auch die vier Girls, die im Londoner Hyde Park ritten. Sie sammelten vor allem Geld für eine Institution für Krebskranke. Und machten gleichzeitig noch Werbung für einen Film über Lady Godiva."

„Das würde ich nie machen. Aber so mit bemaltem Körper, das könnte ich mir irgendwie schon vorstellen."

„Bloß mit Bodypainting treten Models ja auch schon als Gag bei Fashionweeks auf. Und da wird vor allem die Farbe rot verwendet." „Warum das?" „Weil rot eine Signalfarbe für das Gehirn ist." „Also, wenn ich jemanden was Besonderes sagen will, bringe ich Rot ins

Spiel?" „Genau! Und jetzt bringe erst einmal deinen knurrenden Magen ins Gasthaus." „Ich hatte gar nicht dran gedacht, hungrig sein zu können. Aber jetzt, wo du es sagst..." „Also, dann..." „Kommst du nicht mit?" „Nein, danke. Heute will ich Obst essen. Das genügt mir vollkommen." „Ich sehe dich doch später wieder?" „Du wirst es kaum vermeiden können."

An den Nebentischen liefen die verschiedensten Gespräche. Eines interessierte Saskia. Da ging es um die Weihe von drei Frauen zu Priesterinnen. Auf Bodensee-Schiffen. Und denen drohte jetzt die Exkommunikation. Was war das? Eine Neuauflage der Hexenverfolgung?

Von anderen erfuhr sie von den legendären Stickerinnen, vor allem aus Lustenau. Und von einem Museum, das sie möglichst bald schon besuchen wollte: dem Frauenmuseum in Hittisau, in der es immer wieder tolle Ausstellungen mit ganz besonderen Exponaten gab. Da wurde beispielsweise bewiesen, dass die Philosophie weiblich war. Da wurde gezeigt, wie die Unterhose des Paris wohl ausgesehen hatte und noch vieles, vieles mehr.
Dort wurde auch angeregt, den abfälligen Begriff Brustwarzen durch den fröhlichen Ausdruck Brustknospen zu ersetzen.
Und doch hatte es Saskia beinahe eilig, wieder an den Rhein zu kommen. Sie wollte die Edle von Habenichts und Binsehrviel auf gar keinen Fall verpassen.

Die Hündin kam ihr entgegen gelaufen. Doch: da war noch eine Frau. Unwillkürlich stoppte Saskia ihre Schritte. War sie willkommen? Sollte sie lieber abwarten?

„Na komm schon zu uns!" lud die Edle von Habenichts und Binsehrviel sie ein.
„Das ist Sarah. Sarah, die Erdgeborene, " stellte sie vor.

„Und das ist Saskia. Eine wundervolle Frau, die eben dabei ist, zu lernen, WIE wundervoll sie ist!"

„Wie gut, dich zu treffen. Wir wünschen uns den Kontakt mit Menschen, die von Gaia, der Erdgöttin, erzählen, die über Gaia sprechen, die sich in den Dienst von Gaia stellen."

„Und? Ihr meint, dass ich das tun soll und auch kann?"

„Wir wissen es!" sagte die Edle von Habenichts und Binschrviel. Beinahe feierlich, kam es Saskia vor.

„Und wir freuen uns darüber!" lächelte Sarah, die Erdgeborene.

Saskia holte tief Luft. „Also, gut. Und was, bitte, soll ich tun?"

„Lebe mit der Erde. Fühle mit der Erde. Freue dich mit der Erde."

„Meinst du das wirklich so? Leidet denn nicht die Erde unsäglich unter den Menschen?"

„Sarah, jetzt bist du dran!"

„Es stimmt. Was die meisten Menschen so anstellen, das ist nicht eben das, ihre Liebe zur Erde zu zeigen. Doch damit schädigen sie die Erde weit weniger als sich selbst."

„Tatsache?"

„Ja, so ist das. WER nämlich geschädigt wird, ist vor allem genau die Person, die versucht, zu schädigen. Aber so ist das ja letztlich immer und überall."

„Ja, aber... Wir tun der Erde doch fürchterliche Dinge an!"

„Nimm dich bloß nicht so wichtig! Menschen gibt es doch erst seit relativ kurzer Zeit. Die Erde gibt es schon viel, viel, viel länger."

„Und du meinst, dass es die Erde auch noch geben wird, wenn es schon längst keine Menschen mehr gibt?"

„Vielleicht auch das. Genau festlegen lasse ich mich in diesem Punkt nicht, " lächelte Sarah.

„Also, gut. Wie soll ich dir, beziehungsweise der Erde, dieser Gaia, dann helfen? Wobei kann ich helfen?"

„Sprich über Schönheit. Über Harmonie. Über Gleichklang.

Über Toleranz."

„Vor allem über Freude! Singe! Tanze!"

„Und vor allem: übernimm Verantwortung."

„Verantwortung für die Erde, ich verstehe."

„NEIN! Nicht Verantwortung für die Erde!"

„Nicht? Wofür dann?"

„Für dich!"

„Und damit hast du vollauf genug zu tun!"

„Außerdem ist es die Verantwortung, die du tatsächlich
übernehmen kannst."

„Und dabei ist genau das die schwierigste Verantwortung."

„Moment! Ihr meint tatsächlich, dass ich der Erde am
meisten damit helfe, wenn ich für mich selbst die volle
Verantwortung für mein Handeln, für mein Denken, für
mein Wollen übernehme?"

„So ist es."

„Und die Erde will nichts direkt von mir?"

„Wenn du tiefer in die Materie reinkommst, wirst du
feststellen, dass es da keine Grenze mehr gibt zwischen dir
und der Erde. Dass du ein Teil der Erde bist."

„Und du wirst fühlen, wie gut es für dich ist, ein guter Teil
dieser Erde zu sein."

„So hatte ich gewiss noch nie gedacht. Aber, ich glaube,
ich werde mich daran gewöhnen."

„Das wirst du. Das ist doch der Grund, warum wir darüber
direkt mit dir sprechen."

„Immerhin kommt es auf jedes einzelne Sandkorn an. Denn
jedes Sandkorn ist in Wahrheit ein Brillant. Mit der
Fähigkeit, Licht und Energie zu bündeln und auszusenden.
Und genau darauf kommt es an."

„Uff. Ich glaube, jetzt brauche ich erst einmal eine
Ruhepause."

„Da kann ich dir etwas empfehlen!"

„Und zwar?"

„Die Geister über dem Wasser."

„Bei der Hitze?"
„Na, die könnten dir doch etwas über die Seegfrörne einspielen. Das wirkt mindestens so gut wie eine Riesenportion Eis!"
„Super! Ich setze mich mal da drüben hin. Dort bin ich vermutlich ziemlich ungestört."

Saskia setzte sich bequem hin. Die Hündin hatte sie begleitet. Zärtlich streichelte sie das Tierchen, dann lief die Hündin zu ihrem Frauchen zurück.
Saskia sah ihr nach. Sie fühlte sich angenehm leicht. Gewissermaßen war alles logisch und selbstverständlich. Sogar all das, was ihr diese Sarah, die Erdgeborene erzählt hatte. Der Halbschatten fühlte sich angenehm an. Sie schloss die Augen, fühlte, wie die Stimmen immer weiter weg zu sein schienen und überließ sich bereitwillig dem, was wohl jetzt mit ihr passieren würde.
„Hallo Saskia! Wie schön, dass du wieder mal empfänglich genug für uns bist." „War ich denn das nicht immer? Zumindest immer hier am See?"
„Nein. Du warst viel zu sehr mit dir und deinen Problemen beschäftigt." „Erst jetzt, wo du dabei bist, sie loszulassen, bist du wieder bereit für uns." Saskia seufzte: „Vermutlich habt ihr recht. – Mir wurde versprochen, dass ihr mir mehr von den Seegfrörnen miterleben lasst. Und darauf freue ich mich." „Wie auf ein Schleckeis mit AEIOU, ich weiß!" lachte einer der Geister über dem Wasser.

„Komm mit uns höher und noch höher. So kannst du sie übersehen, die große Eisfläche."
„540 Quadratkilometer ist sie groß. Und vermutlich ist diese Seegfrörne von 1963 die sozusagen unwiederbringliche, einmalige für eine ziemlich lange Zeit zumindest." „Bloß jede dritte oder vierte Generation hier am See hatte normalerweise dieses Jahrhunderterlebnis miterlebt."

„Doch jetzt ist es so warm, dass ich mir das kaum vorstellen kann!" sagte Saskia, obwohl sie jetzt die riesige Eisfläche sehen konnte, vermutlich mit ihren Inneren Augen.

„Im Sommer speichert der See mehr als 130 Billionen Wärmeeinheiten. Und die gibt er im Winter wieder ab." „Unter dieser Zahl kann ich mir gar nichts vorstellen." „Vielleicht aber mit einem Vergleich: das ist die Energie von ein einhalb Millionen Güterwagen Steinkohle. Das wäre ein Zug vom Nordpol bis zur Südspitze von Afrika." „Und diese Energiemenge bewirkt, dass sich der Bodensee normalerweise nicht unter vier Grad abkühlt."

„Für so eine Seegfrörne braucht es dann eine Eisfläche von etwa zwanzig Zentimetern, damit sie tragfähig ist." „1956 war die Eisdecke am Untersee bis zu achtzig Zentimeter dick." „Manchmal ist es sehr kalt. Aber wenn durch heftige Winde die Oberfläche entsprechend bewegt wird, kann sie nicht gefrieren." „So war es beispielsweise 1890/91." „Auch die Rheinströmung verzögert die Eisbildung."

„Stell dir vor, was du jetzt siehst, diese Rieseneisfläche, die hat ein Eisgewicht von mehr als 160 Millionen Tonnen." „Das wären 160.000 Güterzüge mit je fünfzig Waggons mit je zwanzig Tonnen."

„Da sehne ich mich ja fast schon wieder nach heißen Würstchen und Glühwein!"

„Verständlich."

„Da sehe ich doch eine heitere Gesellschaft. Und da geht es durchaus nicht alkohol- und würstchenfrei zu!" „Das ist der sogenannte Hennenschlitter." „Und was ist das?" „Da brachten 24 Mitglieder der Narrengesellschaft Immenstaad symbolisch den historischen Zehnten nach Münsterlingen in die Schweiz." „Und der Höhepunkt der historischen Eisprozession am 12. Februar 1963 war dann, dass 2.500 Menschen von Münsterlingen nach Hagnau pilgerten, um die Statue des Heiligen Johannes

heimzuholen, die 133 Jahre vorher in die Hagnauer
Pfarrkirche getragen worden war." „Den Brauch gab es
schon seit 1573." „1796 – während der Franzosenkriege –
war ein Reiter der Prozession vorausgeritten. Angeblich
war das das Vorbild für die Ballade vom Reiter vom
Bodensee."

„Das sieht ja ganz besonders feierlich aus. Und dabei ist es
finstere Nacht!" „Ja, das ist eine nächtliche Eiswanderung
von Sipplingen zur Marienschlucht." „Das war bestimmt ein
wunderschönes Erlebnis."
„Da ist es dagegen recht dramatisch." „Was ist
passiert?" „Am 13. Februar 1929 werden bei Hard sieben
Menschen von einer Eisscholle in den See hinausgetrieben.
Sie verbringen die Nacht auf dem Eis, drei Buben sind tot."
„Tragisch."
„Schau mal da!" „Was passiert da? Was werfen die denn
aus den Flugzeugen?" „Rindertalg und Futter." „Und wozu
das?" „Für die Wasservögel. Ohne die Hilfe der
Bevölkerung hätten wohl keine überlebt." „Da wurden
Löcher freigehalten. Immerhin waren tausende von
Blässhühnern und weit über hundert Schwäne am
See." „Und für sie bestand die Gefahr, anzufrieren." „Arme
Tierchen. Ist das da unten die Mainau?"
„Ja, die war fest vom Eis umschlossen." „So lange es
möglich war, verkehrten die Fährschiffe." „Und die fuhren
auch nachts." „Nachts? Wollten denn so viele mit der Fähre
ans andere Ufer?" „Nein, die fuhren, damit die Fährrinne
möglichst nicht einfrieren sollte."
„Kirchen- und sonstige Chöre hatten Extra-Saison, nehme
ich an!" „Und klar doch auch Bürgerschaften,
Schützenvereine, Böllerschießer und Wurstbrater." „Nicht
zu vergessen die Mesner." „Warum die?" „Die läuteten
damals oft und ausgiebig die Kirchenglocken."

„Was ist denn das? Das sieht aus wie Sägen!" „Ja. Viele

Schiffe mussten richtiggehend losgesägt werden. Da gab es Skiläufer-Patrouillen der Schifffahrtsverwaltungen, die diese Aufgaben übernahmen." „Das sieht aber nach Unfall aus!" „Auch das gab es gelegentlich. Ein Motorrad mit Beiwagen brach ein. Und auch ein Volkswagen. Und noch einige Autos. Die meisten konnten jedoch geborgen werden."
„Das da unten sieht wie ein Autorennen aus!" „Es ist auch eines. Der Schweizer Automobil-Club veranstaltet einen Auto-Slalom zwischen Litzelstetten und der Mainau."
„Und das ist wieder mal der Lindauer Hafen! Diesmal mit Flugzeugen, die starten und landen." „Etwa zehntausend Menschen sahen dabei zu. Und auf dem Überlinger See bewunderten die Schaulustigen Segelflugzeuge." „Am Zeller See veranstaltete die Air Lloyd Rundflüge vor Radolfzell." „Und immer wieder wanderten viele, viele Menschen über das Eis."
„Das sieht ja total urgewaltig aus!" „Ja, das ist das Einsetzen des Tauwetters am 13. Februar 1963. Da gab es bis zu sechs Metern hohe Eisberge." „Das war zum Teil aufgerissenes Eis, das vom Westwind zusammengeschoben wurde." „Und klar gab es da etliche Erstbesteigungen durch die Alpinisten mitten auf dem Bodensee."
„Die haben es aber eilig!" „Ja, das sind vier Burschen in ihrem alten Fiat 1100. Von Nonnenhorn nach Rorschach brauchen sie 24 Minuten für die 14 Kilometer. Und retour in der alten Reifenspur bloß 16 Minuten." „Wenn ich die Strecke fahre, bin ich um einiges länger unterwegs." „Du fährst ja auch nicht über den See!"

„Was ist denn das für ein Grüppchen?" „Das war schon gegen Ende. Da wollte das Fährpersonal der Konstanzer Verkehrsbetriebe mit einer Fähren-Prozession ein Modell nach Meersburg bringen. Wurde verboten, weil es schon gefährlich war. 13 marschierten trotzdem die vier Kilometer. Und die hatten ein Schild dabei. Kannst du lesen, was drauf steht?" „Ja! Da steht: S derf nimmet wisse!"

Saskia lachte fröhlich. Und ein wenig war sie darauf stolz, den Dialekt ganz gut zu verstehen.

„Was ist denn das für ein Fahrzeug?" „Eine Eisjacht. Die bastelten Segler zusammen."

„Auf was die Leute nicht alles kommen!"

„Der Rorschacher Gemeinderat tagte 150 Meter vom Ufer entfernt auf dem Eis." „Der Reitverein Kreuzlingen unternahm einen Velo-Ausflug nach Hagnau." „Der 13er-Rat der Konstanzer Narrengesellschaft Niederburg stattete den Meersburger Schnabelgieren einen Besuch ab." „Musikvereine marschieren spielend ans andere Ufer." „Sogar Polizisten überqueren die See. Es kommt zu einem Treffen von Landes- und Wasserschutzpolizei mitsamt Grenzschutzamt." „Erfreulicherweise wird beschlossen, dass es keine Vorordnungen oder Paragraphen gibt, die das Betreten der Eisfläche verbietet."

„Sehe ich da ein Zelt?" „Ja, da verbringen zwei Wasserburger zwei Nächte auf dem Eis." „Brrr. Stelle ich mir recht eisig vor."

„Alleine das Bürgermeisteramt Nonnenhorn hatte über zehntausend Eiswandererbescheinigungen ausgestellt." „Bekomme ich jetzt auch so eine Bescheinigung?" „Die brauchst du doch nicht. Du kannst doch immer wieder in das Erlebnis einsteigen. Das weißt du doch."

„Also, dann: recht herzlichen Dank. Und tatsächlich: mir ist lang nicht mehr so heiß wie vorher."

„Dann verabschieden wir uns für heute." „Danke. Und ich hoffe, euch bald wieder mal zu begegnen."

Aber die Geister über dem Wasser waren schon weg.

Wenigstens war die Edle von Habenichts und Binsehrviel noch da.

„Danke für die kostenlose Eisportion sozusagen. Aber, kannst du mir sagen, warum die Geister über dem Wasser so gerne über die Seegfrörne erzählen?"
„Vor allem wohl, weil es etwas ganz Besonderes war. Und dann wohl auch, weil dann eben ihr spezielles Element so ganz anders war. Eben fest. Und gerade hier, da ist es ja zumindest teilweise sozusagen gasförmig."
„Und deshalb kam ich wieder mit ihnen in Kontakt?" „Wahrscheinlich ist es so. Aber versuch jetzt nicht, darüber nachzugrübeln. Besser ist, dich einfach darüber zu freuen."
„Na klar doch. – Und was tust du jetzt?"
„Ich habe noch etwas Besonderes vor. Ich will ins Ittinger Museum, zur Kartause Ittingen." „Hört sich interessant an."
„Ist es ganz bestimmt auch. – Und was hast du vor?"
„Gewissermaßen zieht es mich nach Hause."
„Dann tu, was du nicht lassen kannst! Wir sehen einander bestimmt wieder einmal."
„Ich hoffe es. Auf bald!"

KINDER JEDEN ALTERS

Beinahe war es für Saskia schon selbstverständlich, am
Samstag Richtung Bodensee zu fahren. Es war ein
wunderschöner Morgen an diesem 26. Juli 2008.

Diesmal wollte sie nach Überlingen.
Umso näher sie zum See kam, umso öfter verband sie gute
Erfahrungen mit Ortsnamen, die sie noch vor einigen
Monaten nicht einmal dem Namen nach gekannt hatte.
Überrascht stellte sie fest, dass sie so ganz nebenbei eine
Menge dazugelernt hatte.

Selbstverständlich hatte sie sich auch über Überlingen
informiert. Immerhin war das eine der ältesten freien
Reichsstädte am Bodensee. Und diese Stadt war nicht um
ein Kloster herum gewachsen, sondern hatte sich aus einer
alemannischen Residenz zur mittelalterlichen Handelsstadt
entwickelt.
Erst im 13. Jahrhundert kamen die Franziskaner. Und die
waren recht beliebt. Sie hielten sich an ihr Armutsgelübde
und übernahmen eine Reihe von Aufgaben, vor allem auf
den Gebieten der Seelsorge und der Pflege der
Wissenschaften. Und sie kümmerten sich auch um
Beerdigungen. Die Klöster waren Treffpunkt für die
Bürgergemeinde und den Stadtrat.
Es gab auch die Johanniter. Dieser älteste Ritterorden war
in Palästina zur Betreuung von Pilgern und Kreuzfahrern
gegründet worden. Wegen des späteren Hauptsitzes in
Malta wurden die Mitglieder Malteser genannt. Erst hatte
es Malteser in Feldkirch, dann in Überlingen gegeben.
Die Bürger von Überlingen ließen nicht zu, dass die
Ordensleute für sich sein wollten. Vor allem wollten sie
verhindern, dass – wie in Konstanz und St. Gallen – eine
eigene Politik betrieben wurde.
Überlingen diente den Johannitern als Etappe für den

Nachschub der Frontkämpfer, war bald nur noch Aufbewahrungsanstalt für Söhne aus adeligen Familien, die den Grundbesitz des Ordens verwalteten.

Später kamen die Kapuziner. In der Zeit der Gegenreformation besannen sie sich der Vorschriften des Ordensgründers. Weder Einzelne noch die Gemeinschaft durfte Besitz haben. Sie hatten daher ärmliche Kirchen. Sie durften keine Vorräte anhäufen. Sie waren die Geringsten unter den Ordensleuten. Und so waren sie bei der Bevölkerung sehr beliebt.

Das erste Kloster außerhalb der Stadtmauern wurde während des 30jährigen Krieges vorsichtshalber abgebrannt. Von den Überlingern. Damit es nicht als Stützpunkt für schwedische Belagerer hätte dienen können. Die Kapuziner regten während der Belagerung durch die Schweden 1634 die Stiftung der silbernen Schwedenmadonna an. Und zur Bestärkung des Gelöbnisses führten sie zwei Schwedenprozessionen im Jahr durch.

Die Stiftung und das Gelöbnis halfen vermutlich. Jedenfalls zogen die Schweden unverrichteter Dinge ab. Seit damals gibt es in Überlingen jährlich zwei Prozessionen mit der Schwedenmadonna.

Zusätzlich errichteten mächtige Klöster der Umgebung sogenannte Stadthöfe in Überlingen. Das waren meist repräsentative Gebäude, die der wirtschaftlichen und politischen Vertretung des Ordens dienten. Für Empfänge von Gesandtschaften, zum Einziehen von Abgaben, vor allem für Geschäftätigkeiten. Ständige Hofmeister wachten über die Gasträume, Vorratskammern, Keller, Kornböden und Stallungen.

Der wichtigste Stadthof war der Salmansweiler Hof. Das war der Stützpunkt der Abtei Salem, die über diesen Hof vor allem landwirtschaftliche Produktionsüberschüsse verkaufte.

Aus der ehemaligen Kirche Badscheuer wurde die sogenannte Karabinerkirche, das Lagerhaus für einen Waffenhändler.

Die Johanniter brachten als Siegestrophäe einen abgeschlagenen Türkenkopf mit.

Die Neustadt war jenseits des Stadtgrabens; es war das Dorf, das ehemalige Quartier der Winzer.

Saskia kam erfreulich flott voran. So war sie schon bald bei Überlingen. Amüsiert dachte sie, dass die Stadt wohl besser „Unterlingen" heißen sollte, wo doch die Hauptstraße sozusagen oben drüber führte!
Und dann empfand Saskia diese Stadt so ganz anders, als sie sie sich vorgestellt hatte. Das war eine lebendige, fröhliche, quirlige Stadt. Und es machte beinahe Mühe, zwischen all den verführerischen Geschäften, Lokalen und fröhlichen Ecken die Zeugen der Geschichte entsprechend zu würdigen.

Saskia kaufte lustige Ohrsteckerchen, ein knalliges T-Shirt mit einladender Rückenbeschriftung „Single auf Zeit" und eine fröhliche Patchwork-Handtasche. Sie besorgte sich Ansichtskarten und setzte sich in eines der einladenden Straßencafés. Sie hatte Lust, ihren Freundinnen zu schreiben.
Was war das? Woher kam plötzlich die gute Laune? Unwichtig. Hauptsache, sie war da, sie konnte es genießen. Na klar hatte die gute Laune wieder mal irgendwie mit dem Bodensee zu tun.

Nach wem sehnte sie sich? Vor allem nach AEIOU. Saskia hatte grade noch eine Karte übrig. Die schrieb sie an die Fee.

Saskia stand auf und brachte die Karten zum nahen Briefkasten. Bloß die Karte an die Fee ließ sie auf dem Tisch liegen. Sie wollte ja ohnehin gleich wieder dort sein.

Als sie zum Tisch zurückkam, saß eine strahlende AEIOU an ihrem Tisch.

„Na, das klappte ja bestens!" freute sich Saskia.

„Oh ja. Ist doch Ehrensache. Und wenn du mir so nett schreibst, dann kann ich doch gar nicht anders, als bei dir aufzutauchen!"

„Danke. Ich wünschte mir deine Gesellschaft heute mehr als je zuvor."

„Sooo?"

„Ja. Ich will dir Einiges erzählen." „Na klar. Also, schieß schon mal los!"

„Ich weiß noch nicht recht, wo ich anfangen soll."

„Na, dann erzähl mal vom Samstag. Was war denn da, als du relativ früh nach Hause kamst?"

Saskia atmete tief durch.

„Also, ich fuhr bei einem von unseren Stammlokalen vorbei."

„Bei einem?"

„Sei nicht so kritisch! Aber, es stimmt ja: ich machte eine Runde bei allen Lokalen."

„Und?"

„Beim Chinesen sah ich sie. Sie! Da waren Erich und seine neue Flamme."

„Und?"

„So was von total verliebt! Die turtelten rum, das war fast schon Jugendverbot!"

„Hat Erich dich gesehen?"

„Keine Spur! Die zwei hatten bloß für einander Augen. Und weißt du, was mir wirklich wehtat?"

„Sag schon!"

„Dass er genau dieselbe Riesenshow fast ein Jahr früher mit mir aufgeführt hatte!"

„Und jetzt hast du das Gefühl, dass alles bloß ein Riesentheater war?“

„Genau. Vermutlich hat er das ja schon vorher...“

„Und genauso vermutlich ist die neue Flamme nicht die letzte, die sich im Genuss von Erichs Verführungskünsten sonnen darf.“

„Vermutlich. Vermutlich hast du wieder mal Recht. Und – vielleicht beobachtete uns damals ja auch eine sozusagen abgelegte Liebe. – Schrecklich. Wenn ich mir das so vorstelle.“

„Aber da war doch noch ein anderes Gefühl, nicht wahr?“

„Du bohrst wohl immer nach? Aber du hast Recht. Ich war verärgert. Zuerst wegen ihm und seinem Verhalten.“

„Und dann?“

„Dann auf mich selbst. Wie hatte ich denn bloß so eine blöde Gans sein können! Wie hatte ich mir jemals vorstellen können, dass er mich tatsächlich und ehrlich liebte. Dass er sich so bald wie möglich von seiner Frau trennen wollte!“

„Lass das mal so. Es hat keinen Sinn, wenn du dich jetzt damit abquälst.“

„In Ordnung. Und doch: vor allem fühle ich mich beschämt.“

„Hat das nicht vor allem mit deinem Sonntagabend zu tun?“

„Selbstverständlich ja. Lass mir eine Minute. Jetzt bestell ich erst noch mal Kaffee.“

„Wir Feen haben es nicht eilig!“

„Also. Es stimmt, am Sonntag hatte ich es plötzlich verrückt eilig, wieder nach Hause zu kommen. Doch kaum kam ich in die Nähe der Stadt, wusste ich genau, dass ich nicht zu mir nach Hause wollte. Irgendwie wollte ich endlich mal sehen, wo Erich mit seiner Familie denn so wohnte.“

„Und? Wie war es dort?“

„Heftigst! Ich parkte etwas weiter, auf der gegenüberliegenden Seite. Immerhin liegt die Wohnung in einer Einbahnstraße, und direkt vor dem Haus waren noch freie Plätze. Und Erichs Auto stand nicht dort. So wartete ich."

„Lange?"

„Nicht wirklich. Vielleicht fünf, höchstens zehn Minuten später kam er. Mit kompletter Familie."

„Und wie kam dir die Familie vor?"

„Es war eine fröhliche Familie, die von einem Badeausflug zurückkam. Der Bub kam mit Schwimmtier an und sprang allem Anschein nach recht glücklich um die Eltern rum. Erichs Frau brachte die Kühltasche aus dem Kofferraum. Und sie strahlte ihn an!"

„Und was tat Erich?"

„Er strahlte zurück! Grade so, als wäre er neu verliebt! Und dann holte er das Baby, stemmte es lachend mit beiden Armen in die Luft, drehte sich mit dem Baby um die eigene Achse!"

„Und dann?"

„Er verschwand mit Baby und Ehefrau im Haus. Der Bub blieb beim Auto, hüpfte fröhlich auf dem Gehsteig rum. Ein paar Minuten später kam Erich zurück, holte Klappgarnitur und Sonnenschirm, schloss das Auto ab und ging mit seinem Sohn ins Haus."

„Was fühltest du da?"

„Ich kam gar nicht dazu, etwas zu fühlen. Ich war bloß unwahrscheinlich erstaunt. Gewissermaßen überrascht."

„Warum?"

„Erich schien für seine Familie beinahe wie ein Gott zu sein. Jedenfalls, vermutlich, ein recht guter Vater."

„Warum auch nicht?"

„Aber er hatte mir doch gesagt, dass er nur mich alleine liebt..."

„Und – wie war das am Abend zuvor?"

„Na klar hatte ich das da nicht mehr gedacht."

„War es nicht doch so, dass du es im Grunde längst wusstest,..."

„Es ist ein himmelhoher Unterschied zwischen Wissen und Glauben."
„Allerdings. – Und? Änderte deine Beobachtung am Sonntag etwas?"
„Und ob! Das änderte sozusagen alles."
„Erklär das genauer."
„Durch diese kleine Familienszene war mir plötzlich klar, dass ich nie mehr als eine kleine Abwechslung für ihn gewesen war. Und ich fühlte mich recht mies."
„Warum das?"
„Weil ich mich den Kindern und auch der Ehefrau gegenüber mies fühlte."
„Meinst du wirklich, dass du Ursache dazu hast?"
„Zweifelst du daran?"
„Und ob! Du drängtest dich diesem Mann doch nicht etwa auf?"
„Nein, selbstverständlich nicht."
„Na also. Dann hast du dir doch nichts vorzuwerfen! Es gibt eben Männer, die sich auch noch außerhalb der Familie Selbstbestätigung verschaffen. Vermutlich ist dieser Erich weder der erste noch der letzte Mann, der so handelt."
„Ja, aber..."
„Vermutlich ist das für ihn so eine Art Sport. Und!" AEIOU hob die Hände, um Saskia am Sprechen zu hindern: „Vermutlich hat er nicht einmal den Schimmer der Idee, dass sein Verhalten nicht richtig sein könnte."
„Aber wie...?"
„Er ist sicher recht erfolgreich. So fehlt der Familie finanziell wohl nichts. Und dass er seine Familie liebt und sie ihn, das konntest du sehen an diesem Sonntag. Dass er nicht immer für die Familie Zeit hat – nun, er ist eben sehr beschäftigt, und das ist ganz in Ordnung so, damit die Familie genug Geld zur Verfügung hat."

„Ja, aber die Freundinnen!"

„Davon bekommt seine Familie vermutlich nie etwas mit. Erinnere dich doch an das ganz normale Gespräch, das du mit seiner Frau führen konntest. Da war keine Frage, kein Zweifel, nicht wahr?"

„Schon. Aber was tut er den Freundinnen an!?"

„Was denn schon wirklich?"

„Nun ja. Ich hatte doch ganz andere Vorstellungen und Erwartungen."

„Das waren deine Gedanken, deine Wünsche. Echt versprochen hat er dir doch nie etwas, nicht wahr?"

„Er sagte immer wieder,..." Saskia überlegte. „Ich wollte ihm so gerne glauben. Ich wollte das glauben, was ich mir wünschte. Und klar hast du Recht: ich überprüfte nie, ob irgendetwas, das er mir sagte, auch der Wahrheit entsprach."

„Und als ihm die ganze Geschichte allmählich lästig wurde, da ließ er sich die Überwachungsgeschichte einfallen. Dich nicht mehr so oft treffen zu müssen."

„So kommt es mir inzwischen auch vor."

„Gut so. So ist diese Pseudo-Beziehung für dich immerhin wertvoll."

„Wertvoll?"

„Weil du daraus eine Menge lernen konntest und immer noch kannst."

„Schon möglich. Aber eigentlich hätte ich mir das gerne erspart."

„Nun ja. Womöglich hättest du dann noch viel schlechtere Erfahrungen gemacht."

„Hm. Also: Ruhe seiner Asche."

„So wird es wohl am besten sein!"

„Danke. Komm, lass uns spazieren gehen. Ich glaube, Bewegung tut mir jetzt gut."

„Gut, ich komme mit."

„Ich möchte mich mit dir über Kinder unterhalten."

„Du wirst du nicht...?"

„Nein, bloß theoretisch sozusagen."

„Willst du später mal Kinder?"

„Ganz gut möglich. Aber ich will mich da noch nicht festlegen."

„Gut so. Du kannst ja auch durchaus kinderlieb sein, ohne eigene Kinder zu haben. Manchmal ist es ja sogar so, dass Menschen ohne eigene Kinder mehr Verständnis für Kinder haben."

„Und warum?"

„Tja. Kinder kannst du nicht so einfach zurückgeben, wie beispielsweise ein Auto, das nicht deinen Vorstellungen entspricht."

„Ich gebe ja auch keine Tiere zurück!"

„Ja schon, aber die meisten leben doch nicht so sehr ewig lange. Und Kinder, die hast du nicht bloß in einer überschaubaren Periode von vielleicht sechzehn Jahren. Nein! Bei Kindern fangen grade dann die echten Herausforderungen an!"

„Und ich weiß doch jetzt noch nicht, wie ich dann drauf bin! Weißt du, wenn ich so von Jugendkriminalität höre, dann bin ich echt skeptisch, ob es überhaupt noch vernünftig ist, Kinder in die Welt zu setzen. Und auf der anderen Seite darf ich selbstverständlich nicht dran denken, welche Welt wir der nächsten Generation hinterlassen."

„Sieh doch nicht alles so negativ. Es gibt doch wundervolle Kinder! Die meisten sind supertolle junge Menschen, die dabei sind, ihre Erfahrungen zu machen, etwas zu lernen. Die sogenannten Problemkinder sind meist die Kinder von Problemkindern der vorigen Generation!"

„Meinst du?"

„Ja. Und dann ist es heute ja auch so, dass sozusagen viel mehr gleich als kriminelles Delikt gewertet wird, was früher als Lausbubenstreich mit ein paar Tagen Hausarrest geahndet wurde. Das echte Problem ist, dass die Menschen nicht miteinander reden. Das ist der Hauptgrund, warum es sozusagen heute viel mehr Straftaten gibt als früher."

„Da ist sicher was dran. – Aber ich mache mir eben so meine Gedanken über Erziehungsberechtigte."

„Sieh sie mal als Erziehungsverpflichtete. Vielleicht hast du dann eher einen Zugang zu dem Thema."

„Darüber denke ich dann zu Hause nach. Das ist mir jetzt zu kompliziert. – Hast du nicht leichtere Kinderkost für mich?"

„Aber ja doch! Grade gestern feierte das erste Retortenbaby ihren dreißigsten Geburtstag."

„Gratulation! So lange gibt es schon Retortenbabies?"

„Die gibt es sozusagen immer schon. Über die ihr jetzt Bescheid wisst, das sind die, die von Menschen sozusagen hergestellt wurden."

„Da gab es schon andere?"

„Na klar. Viel, viel früher sozusagen schon. Aber da waren die sozusagen Ärzte eben keine Menschen. Und was da passierte, das wurde Wunder genannt."

„Meinst du damit sogenannte Jungferngeburten?"

„Ganz gut möglich. Aber komm wieder ins Heute zurück."

„Den Gedankengang will ich mir trotzdem merken. Vermutlich erklärt das so Manches..."

„Aber klar doch! Was glaubst du denn, warum ich dir was erzähle? Selbstverständlich will ich, dass du kritisch darüber nachdenkst. – Was ganz anderes: da wurden Zwillinge geboren. Mit unterschiedlicher Hautfarbe!"

„Davon hab ich gelesen. Angeblich ist das eine Wahrscheinlichkeit von eins zu einer Million!"

„Das Leben, und vor allem die Kinder machen sich eben nicht allzu viel aus Wahrscheinlichkeit!"

„Da hat eine Frau ja auch ein Riesenbaby mit 6,7 kg zur Welt gebracht! Und dabei hatte die Frau schon vier Kinder. Angeblich ist Diabetes dran schuld."

„Tja. Hoffentlich ist es ein besonders süßes Baby!"

„Weniger süß empfand vermutlich die Neunjährige in Rio de Janeiro ihr Baby. Die Mutter war ein Indianermädchen.“
„Schlimm, ich weiß. Und andererseits gibt es Mütter, die längst über die sechzig sind, wenn sie einem kleinen Wurm – wie es so heißt – das Leben schenken.“
„Nein, AEIOU, das stelle ich mir fürchterlich vor. So die zumindest Großmutter als Mutter zu haben! Wenn die in die Pubertät kommen, dann sind die Mütter doch total uralt!“
„Dabei vertreten andere die Ansicht, dass Säuglinge die Brust als Grundbedürfnis ansehen. Weil die Brust nicht nur Nahrung, Nähe, Wärme und Sicherheit vermittelt, sondern auch für den späteren Charakter zuständig sind. Es wird sogar davon gesprochen, dass dieses Recht biologisch und psychologisch begründet ist. Und eines ist ja klar: Verweigerung führt zu Verunsicherung, zu Traumatisierung. Zu Ängsten...“
„Also, hängt letztlich doch so fast alles an den Frauen?“
„So ganz falsch liegst du mit dieser Meinung bestimmt nicht! Da gibt es eine ganze Menge an Besonderheiten, die für Frauen gelten.“
„Erzähle mir davon, bitte.“

„Frauen lernen oft schon sehr früh, dass Liebe ein schwieriges Kapitel ist, dass Liebe sie überfordern kann. Und genau das kann oft zum Burn-out der Frauen führen.“
„Warum ist das geschlechtsspezifisch?“
„Weil sich Frauen verantwortlich fühlen. Andererseits versuchen Frauen immer wieder, Gemeinsamkeit herzustellen, mit wenigstens einer Frau. Frauen sind es, die neue Muster suchen, nach Regelungen suchen.“
„Das kommt mir plausibel vor.“
„Frauen haben einen lebenslangen Bund mit ihren Kindern. Ihre Lebensgeschichte wird von den Kindern geprägt. Und vor allem Frauen geben empfangene Wunden weiter.“
„Vermutlich stimmt, was du sagst. Und vermutlich heißt das für mich, dass ich mich erst mal viel mehr mit meinem

216

Frausein beschäftigen muss, bevor ich mich auf das Thema Kind einlasse?"

„Es wäre zumindest eine gute Idee!" lachte AEIOU. „Doch jetzt geh erst mal was essen!"

„Gut, sobald ich ein Lokal sehe, das mir gefällt, gehe ich rein. Versprochen!"

„Da muss ich dich ja echt loben: du bist ein braves Kind!"

„Danke. Übrigens: grad mal las ich ein total neues Vokabel."

„Welches?"

„Bullying. Was bedeutet das?"

„Das ist Mobbing. Mobbing unter Kindern."

„Uff. Eine schlimme Sache."

„Ja, leider."

„Hast du grade noch eine nette Kindergeschichte – so vor dem Mittagessen?"

„Aber ja doch! Komm gedanklich mal mit zu den Bregenzer Festspielen."

„Haben denn die auch was mit Kindern zu tun?"

„Und ob! Die Initiative nennt sich cross-culture-Workshop. Und das ist eine tolle Möglichkeit, jungen Menschen so die Faszination der Festspiele miterleben zu lassen."

„Tolle Idee! Die dürfen da zuschauen und auch Fragen stellen?"

„Ja. Und sie dürfen hinter die Kulissen schauen. Und vor allem dürfen sie auch selbst aktiv werden."

„Das stelle ich mir echt gut vor. – Schau, da vorn, ich glaube, das ist ein Lokal nach unserem Geschmack. Und da können wir draußen sitzen, was mir in dieser Jahreszeit sowieso lieber ist."

„Schon überredet!"

Felchen gab es heute! Na klar wollte Saskia endlich mal diese ganz besonderen Bodenseefische probieren.
Und: Saskia war begeistert!

„Hast du eine Ahnung, warum es grade bei den Promis so viele Zwillingsgeburten gibt?"

„Ja. Die lassen sich nämlich oft künstlich befruchten."

„Künstlich? Ja, könnten die nicht auch..."

„Vermutlich schon. Aber die wollen sicher sein, dass alles genau nach Zeitplan verläuft. Bei den einen läuft die biologische Uhr schon ziemlich lange. Bei anderen wartet die nächste Filmrolle oder eine besondere Veranstaltung."

„Wahnsinn total! Aber ich zweifle nicht daran, dass du recht hast!"

„Lass uns über Erfreulicheres sprechen."

„Zum Beispiel?"

„Über Viagra."

„Viagra? Darüber weißt du auch was?"

„Na klar doch!"

„Da bin ich aber gespannt!"

„Kennst du das Viagra, das so ganz freiwillig und kostenfrei sozusagen erhältlich ist?"

„Sag schon!"

„Die natürliche Antwort auf die Probleme der Männer sind Brennnesseln."

„Brennnesseln? Du meinst, wir sollten sie damit so richtig auf sozusagen Vordermann bringen? Mit gezielten Strichen genau dorthin, wo..."

AEIOU lachte: „Nicht ganz so brutal. Immerhin: die Samen der Brennnesseln sind ein natürliches Aphrodisiakum."

„So? Na, die Männer haben es ja wirklich leicht. Letztlich, " Saskia grinste: „Sich zu erleichtern, nicht wahr?"

„Bei den Frauen gibt es noch einfachere Mittel, sozusagen."

„Und was?"

„Das beste Aphrodisiakum für eine Frau ist immer noch Zärtlichkeit."

„Echt?"

„Ja. Und wenn ihr Baby sie anlächelt, dann wirkt das auf

218

eine Frau grade so, als hätte sie Drogen genommen. Dann hebt sie total ab."

„Hm. Zumindest preiswert."

„Ein anderes natürliches Mittel sind Wassermelonen."

„Wassermelonen? Wenn die Männer das mitbekommen, mampfen die doch nur noch..."

„Warum auch nicht? Zumindest ist das recht gesund. Allerdings..."

„Allerdings was?"

„Die Substanz steckt in der Schale. Und die wird üblicherweise nicht gegessen. Und – im Vertrauen – sie schmeckt auch gar nicht so total gut!"

„Möglicherweise eher bitter?"

„Genau. – Und mit deinem Felchen hast du dir jetzt gewissermaßen auch noch jede Menge Aphrodisiakas reingeschaufelt."

„Wie denn das?"

„Alles, was du während des Essens sonst noch zu dir nimmst, kommt genauso zu dir! Denk mal darüber nach!"

Saskia überlegte.

„Du meinst damit, dass ich mir mit den gemampften Chips den Krimi total reinziehe? Und mit dem Popcorn den Blockbuster? Und mit dem Toast die Nachrichten?"

„Genau. Du isst nämlich nicht nur die Nahrungsmittel, die oft genug nicht diesen Namen verdienen, sondern auch alle Informationen, die dir in dieser Zeit angeboten werden."

„Hm. Also, wenn ich zunehme, dann sind das nicht bloß die Burger sondern auch die Ratespiele, die es sich da in mir bequem machen?"

„Du hast es erfasst!"

„Also gut. Und was, bitte, servierst du mir jetzt zu dem Kaffee, den ich mir gleich bestellen werde?"

„Es hat zwar nichts mit Kaffee zu tun, aber ich möchte dir gerne was über ganz spezielle Kinder erzählen."

„Und über welche?"

„Über Indigo-Kinder. Sie werden auch Crystal-Kinder oder

Regenbogenkinder genannt."

„Klingt interessant!"
„Ist es auch! Und es ist noch viel, viel mehr als bloß
interessant. Es geht dabei sozusagen um die Zukunft der
Menschheit!"
„Was hat es mit diesen Kindern auf sich? Wie viel davon
gibt es denn schon?"
„Etwa ein Drittel der jetzt geborenen Kinder. Sie haben
eine veränderte DNS. Und damit haben sie neue
Fähigkeiten."
„Das hört sich ja sehr spannend an!"
„Es ist auch etwas Besonderes! Unbedingt erforderlich ist
jedoch, dass diese Fähigkeiten erkannt und entsprechend
trainiert werden."
„Meinst du damit, dass ohne entsprechende Förderung
niemand diese besonderen Möglichkeiten merkt?"
„Gewissermaßen ja. Es sind dann Kinder, die
beispielsweise mit dem Stempel Aufmerksamkeitsdefizit
abgetan werden."
„Warum denn das?"
„Weil diese Kinder viel weiter sind, sich kaum für den
alltäglichen Kleinkram interessieren. Darüber gibt es eine
visionäre Geschichte."
„Und wie heißt die?"
„Das ist die Geschichte eines unmöglichen Jungen. Unicado
heißt der. Und die fröhlich-phantastische Geschichte
kommt in Grenzenlose Erlebnisse vor."
„Diese Mittelmeergeschichte, nicht wahr?"
„Genau die."
„Aus der ja du zu mir kamst."
„Wieder richtig."

Saskia lachte. „ Jetzt zurück zu diesen Kindern. Wofür
interessieren sich diese ganz besonderen Kinder? Was
können die so Besonderes?"

220

„Bei entsprechender Übung können sie mit verbundenen Augen lesen. Nicht bloß Bücher. Beispielsweise auch Fotos. Und: sie sehen nicht bloß alle Details, die auf dem Foto sichtbar sind. Sie sehen auch alles, was mit dem Foto zusammenhängt."

„Sogar, wo das Foto aufgenommen wurde?"

„Auch das. Mitsamt Hintergründen und Umständen. Mit allem, was drumherum bei diesen Fotos war, wie beispielsweise abgelegte Garderobe. Und sie sehen sozusagen auch die Person des Fotografen."

„Super! Vor denen kann doch niemand ein Geheimnis mehr haben!"

„Genau! Und genau das ist eine Problematik."

„Warum das?"

„Weil sie von Geheimdiensten für ihre Zwecke missbraucht werden."

„Tatsache?"

„Leider."

„Also, sind verhaltensauffällige Kinder hellsichtige Kinder?"

„Zumindest einige davon. Weil diese Kinder dann viel mehr wissen, fühlen sich viele Erwachsene in ihrer Umgebung total überfordert."

„Und was passiert dann?"

„Anstatt diese hochbegabten, übersensiblen Kinder zu fördern, wird versucht, die Symptome zu unterdrücken. Oft recht gewaltsam."

„Fürchterlich. Aber was kann jemand tun, der mit so einem Kind in Kontakt kommt?"

„Vor allem braucht ein Regenbogenkind viel Liebe und Freiheit. Stell dir das mal so vor: diese supermedialen Kinder sind Kinder des Wassermann-Zeitalters. Besondere Seelen inkarnieren sich. Immer, immer mehr. Und diese besonderen Seelen fordern die Gesellschaft, vorerst einmal die Eltern, in hohem Maß heraus. Doch weil die Gesellschaft die Botschaften dieser hochentwickelten

Seelen zumeist noch nicht versteht, werden die Kinder –
meist aus Unwissenheit – nicht entsprechend gefördert,
sondern ge– und behindert."

„Und was ist mit den besonderen Seelen los?"
„Sie haben spezielle Aufgaben hier auf der Erde
übernommen. Und leider wird ihnen dies oft von ihrer
nächsten Umgebung unmöglich gemacht."
„Was ist denn das so ganz Besondere an diesen Kindern?"
„Sie bringen Wissen mit. Wissen, das sich die Menschen in
ihrer Umgebung nicht vorstellen können. Und
normalerweise wird versucht, den Kindern klarzumachen,
dass das nicht tatsächlich vorhanden, nicht tatsächlich zu
sehen, zu wissen ist, dass es das alles in Wahrheit
überhaupt nicht gibt."
„So ähnlich wie die kleinen Kinder, die Engel und Feen
sehen?"
„Ja, in dieser Richtung. Allerdings sehen und wissen diese
Indigo-Kinder viel, viel, viel mehr. Und auch nicht bloß –
wie sonst ja üblich – grad mal bis etwa sieben, sondern
durchaus auch später."
„So allmählich kann ich mir das einigermaßen vorstellen. –
Regenbogenkinder, das ist mir verständlich. Aber warum
heißen die auch Indigo-Kinder?"
„Weil sie eine wunderschöne blaue Aura haben! Und
Hellsichtige sehen diese Aura."
„Toll interessant. Da werde ich jetzt wohl die Kinder von
Freundinnen und überhaupt mit ganz anderen Augen
ansehen!"
„Tu das! Übrigens ist es jedes Kind wert, sich ihm ganz
besonders liebevoll zu widmen!"
Saskia nickte. Sie zahlte die Rechnung und gab – ganz in
Gedanken versunken – mehr Trinkgeld als normal. Dafür
strahlte sie die Kellnerin an. Eine noch recht junge
Kellnerin. Ob wohl auch die...?
„Ganz gut möglich!" lächelte AEIOU.

„Und jetzt gehe ich mal zum Schwimmen."

„Eine gute Idee. Wenn auch so mit vollem Magen..."

„Sieh das mal richtig: mein Fisch will noch mal schwimmen!"

„Ein gutes Argument. Bevor du dich in die Fluten stürzt, erzähle ich dir grad noch was über Slow Food."

„Was ist denn das nun wieder?"

„Nun, die Kunst des Lebens besteht darin, zu lernen, allem und jedem die Zeit zu lassen, die grade mal gebraucht wird."

„Gut. Und was hat das mit Langsamem Essen zu tun?"

„Ich erklär dir das mal. 1986 wurde Slow Food in Italien gegründet. Als Protest gegen die Eröffnung einer McDonalds-Filiale an der Spanischen Treppe in Rom."

„Die Idee gefällt mir. Aber jetzt bin ich doch nicht in Rom. Aber erzähl doch weiter von dieser Bewegung."

„Weltweit gibt es etwa tausend Convivien."

„Was ist denn das nun wieder? Ist das etwas zum Essen?"

„Bloß für Kannibalen, vermute ich. Convivium, das ist Latein. Und das bedeutet Fest, Unterhaltung und Tafelrunde."

„Muss ich mir das merken, Frau Lehrerin?"

„So ganz falsch wäre es jedenfalls nicht. Denn dabei geht es um bewusstes Genießen. Darum, die Kultur des Essens und Trinkens zu pflegen. Darum, verantwortungsbewusste Landwirtschaft und Fischerei sowie artgerechte Viehzucht zu fördern. Darum, traditionelles Lebensmittelhandwerk zu erhalten. Darum, regionale Geschmacksvielfalt zu bewahren. Darum, das Wissen über Qualität der Nahrungsmittel bekannt zu machen. Darum, die Kontakte zwischen Produzenten, Händlern und Konsumenten zu pflegen."

„Hört sich gut an. Und du? Bist du die Managerin dieser ungewöhnlichen langsamen Abfütterungskette?"

„Freiwillig und freiberuflich sozusagen! Jedenfalls geht es diesen Unternehmern und Unternehmen darum, Genuss und

Qualität im täglichen Leben zu würdigen und zu kultivieren. Bewusstes Essen gegen Fast Food zu stellen. Es geht um Entschleunigung. Und vor allem geht es darum, etwas gegen Kulinarisches Analphabetentum zu tun."

„Und warum erzählst du mir das grade eben jetzt und hier?"

„Weil diese Idee sozusagen im deutschen Sprachraum, vor allem hier am Bodensee, genau von hier ausgeht. Genau von Überlingen."

„Echt interessant. Und wie kann ich solche Restaurants erkennen?"

„An ihren speziellen Zeichen: der Schnecke."

„Schnecke? Gute Idee! – Danke für den Hinweis. Da werde ich gelegentlich mal drauf achten. Aber jetzt gehe ich tatsächlich zum Schwimmen."

„Jaja, Überlingen hat ein besonderes Gesundheitsangebot."

„Und was?"

„Beispielsweise Heilfasten. Aber das fällt ja heute für dich flach. Aber so ganz allgemein wirbt Überlingen mit einem Angebot von Kneippen und Kneipen."

„Originelle Kombination!"

Doch da war Saskia schon alleine.

Das Schwimmen tat Saskia gut. Doch nach relativ kurzer Zeit zog sie sich wieder an. Sie hatte Lust, noch etwas Besonderes zu sehen. Sie wollte heute noch nach Salem. Zum Schloss des Markgrafen von Baden. Denn dieses Schloss versprach Kunstgenuss und Weinkultur. Und wundervolle Gartenanlagen, Museen, Ausstellungen, Kunsthandwerkerateliers.

Affenberg? Na, da würde sie mal mit einer Freundin und deren Kindern hingehen. Die hätten bestimmt Freude daran. War toll, dass da im Süden Deutschlands sozusagen die Tropen zu Hause waren. Sogar unter freiem Himmel. Die Pflanzen vor allem auf der Mainau und am Affenberg in Salem sozusagen die Verwandtschaft.

224

Überrascht hörte Saskia, dass Salem vor etwa dreihundert Jahren der wichtigste Salzlieferant des Bodenseeraums gewesen war. Die hatten nämlich die Salzgewinnungsrechte von Hallein.

Den Höhepunkt erlebte Salem um 1300. Damals lebten dreihundert Mönche und Konversen, wie die Bekehrten genannt wurden, dort. Es wurde ein neues Münster gebaut. Mit wenig Schmuck und ohne Türme. Der Heilige Bernhard von Clairvaux hatte nämlich hohe Türme als hoffärtig angesehen. Und weil die Zisterzienserkirchen nicht für Gläubige offen waren, wurden auch keine Glocken gebraucht. So gab es einfache Dachreiter. Trotzdem war in Salem die zweitgrößte gotische Kirche Badens. Und diese Kirche wurde – den Ordensregeln gemäß – von den Brüdern mit eigener Hand fertiggestellt. Zum Beginn des Konzils in Konstanz wurde die Kirche vom Salzburger Erzbischof eingeweiht.

Die letzte Blüte war dann im 18. Jahrhundert. Anselm II war über dreißig Jahre lang Abt, ließ die Wallfahrtskirche Neu-Birnau errichten. Er verwandelte das Münster in einen Festsaal Gottes. Es wurde ein sechzig Meter hoher Turm gebaut, der 16 Glocken trug. Und damit zum größten barocken Gebäude Europas wurde.

Die Mönche löffelten dann ihr Gemüsesüppchen in einem Prachtsaal. Selbst nach der Säkularisation durfte das Kloster bestehen bleiben. Erst nach Disziplinschwierigkeiten löste sich das Kloster auf. Dieser Abt Anselm II war eine widersprüchliche Persönlichkeit. Er war Kaiserlicher Geheimer Rat Maria Theresias und gleichzeitig Klostervorsteher. Er war prunkliebender Fürst, und er stiftete den Armen- und Waisenfond, aus dem später die erste Sparkasse Deutschlands wurde.

Angenehm war das Leben der Mönche bestimmt nicht. Sogar im Winter wurde nur die Wärmestube geheizt. Und dort durften die gesunden Mönche bloß eine halbe Stunde täglich verbringen. Selbst im Winter gab es nur für Kranke warme Bäder. Es gab bloß eine Mahlzeit am Tag. Ohne Fett, ohne Fleisch. Kein Wunder, dass die Lebenserwartung der Mönche bei 28 Jahren lag, während die übrige Bevölkerung immerhin durchschnittlich 35 Jahre alt wurde.

Diese Erzählungen ließen Saskia mitten im Sonnenschein frieren. Sie beschloss, sich erst mal von der Sonne aufwärmen zu lassen. Sie suchte sich einen Platz in der großzügigen Parkanlage.

Trotz oder vielleicht gerade wegen der wunderschönen Umgebung kam sie nicht vom Leid los.
Wie war das mit dem Leid? Warum gab es das Leid überhaupt?

„Diese Frage bringt dich nicht weiter!" „Es ist eine sinnlose Frage."
Saskia freute sich, dass ihre Inneren Ratgeber neben ihr saßen. Ja, genau die waren ihr jetzt die richtigen Gesprächspartner.
„Warum werden wir bestraft?"
„Leid ist keine Bestrafung." „Achte darauf, wie du Leid interpretierst."
„Da passiert etwas, das ich nicht begreifen kann. Etwas, das sich meinem Einfluss entzieht. Zumindest ist es oft so."
„Lasse es zu, nicht alles begreifen zu können." „Lasse die dir neue Erfahrung zu. Es geht darum, wie du damit umgehst." „Mit Liebe kannst du so Manches, das dir zuerst wie Leid erscheint, verwandeln." „Versuche es, dich von der Illusion zu befreien."
„Leid bezeichnest du als Illusion? Und wie sollte ich mit Leid denn dann umgehen?"
„Gib vor dir selbst zu, dass du noch nicht weißt, warum es

so ist. Aber wenn es da ist, dann könnte es dir helfen, deine Illusionen aufzulösen." „Es kann dein Selbstbild zerbrechen." „Es kann sogar dein Gottesbild aufbrechen."
„Und wie kann ich damit beginnen?"
„Fange damit an, Leid nicht deuten zu wollen!" „Dann zerbrechen dort, wo du gebrochen bist, auch die Projektionen und Selbstbilder." „Und du hast die Chance, eine andere Qualität von Liebe zu erfahren."
„Es ist allemal besser, deine Vorstellungen über irgendetwas oder irgendjemanden zu zerbrechen, anstatt selbst zu zerbrechen." „Was durch Leid passiert, das ist, dass die Illusion deines Ich zerbrochen wird." „Und dies führt zu einem sozusagen neuen Leben für dich." „Im Grunde weißt du das längst. Du weißt es sogar inmitten einer Depression, inmitten eines Leides."

„Manchmal fühle ich mich so schwach", sagte Saskia mit schwacher Stimme.
„Das geht ganz in Ordnung. Du darfst nämlich durchaus schwach sein." „Es gibt jedoch etwas über diese Schwäche hinaus." „Der Schlüssel heißt Hingabe."
„Hingabe?" fragte Saskia ungläubig.
„Ja. Hingabe. Aus freien Stücken. Denn das ist ein Akt der Liebe für andere." „Anstatt zu jammern, entwickelst du dich weiter. Und es geht dir nicht mehr um Anklagen. Weder um Anklagen gegen andere, noch um Selbstanklagen."
„Damit habt ihr mich wieder auf meinem Punkt, nicht wahr?"
„Klar wollten wir genau das. Welche Gedanken laufen denn immer wieder durch deinen Kopf? Uns kannst du sie erzählen." „Du kannst sie uns ohnehin nicht verschweigen. Aber es wird dir helfen, deine Gedanken zu ordnen. Und allmählich zu einem Abschluss zu bringen."
Saskia dachte nach. „Überredet. Also: Es tut mir leid, dass diese Beziehung zu Ende ist. Ich habe das Gefühl, dass ich

Zeit vergeudete. Ich nehme es mir übel, nicht schon früher die Wahrheit erkannt zu haben. Ich verzeihe es mir nicht, einer Frau den Mann und vor allem den Kindern den Vater vorenthalten zu haben..."

„Ganz gut so. Lass dir durch dein Leid nicht den Blick verstellen."

„Schon möglich, dass mir mein Leiden immer noch größer und vor allem wichtiger vorkommt, als das der anderen."

„Litten die anderen wirklich? Hatten die je das Gefühl, dass du ihnen den Menschen vorenthalten hast?" „Interpretierst du da nicht eine Menge hinein? Ist es nicht so, dass Erich ein Mann ist, der immer wieder eine Nebenbeziehung haben wird?"

„Das sage ich mir ja auch. Und klar tat das auch AEIOU. Doch manchmal zerreißen mich meine gegensätzlichen Gefühle richtiggehend."

„Da ist eine völlig normale Reaktion. So geht es bei jedem Prozess des Leidens. Lass es zu. Doch gib deinem Leben einen Sinn. Immer wieder. Jeden Augenblick." „Denn genau dann führt dich dein Leid zu Innerer Reife." „Und dabei ist es im Grunde gar nicht so wichtig, woran du grade eben leidest. Denn jedes Leid kann dich weiterbringen." „Deine Aufgabe ist es, dem Leid einen Sinn zu geben."

„Und welche Möglichkeiten habe ich da?"

„Buche in deinem Fall das Erlebnis als Erfahrung ab." „Überdenke deine Einstellungen und setze neue Werte für dich fest." „Du kannst dein Leiden aber auch schöpferisch verwerten, also beispielsweise als Zeichnung zum Ausdruck bringen oder ein Lied darüber singen."

„Du kannst vielleicht auch zu besonderer Form auflaufen."

„Und wie das?"

„Du kannst dieses Leid sozusagen in Trotz umwandeln." „Als Wichtigstes: gib dich nie auf. Gehe durch das Leid durch. Also lauf keinen Ablenkungen hinterher. Bewahre deine Würde." „Denn dann wirst du wachsen. Und bald schon sogar dankbar sein."

„Dankbar?"

„Erst mal für dein eigenes Durchhaltevermögen. Dann für die Kraft zum Weitermachen. Ganz besonders für dein Wachstum." „Und dann kannst du sogar dem Verursacher dankbar sein."

„Hm. Hört sich für mich stimmig an. – Überraschenderweise."

„Leid, das ist die Schule zum Geheimnis Leben." „Leid, das ist nur für ganz kurze Zeit dazu da, tatsächlich zu leiden." „In Wahrheit geht es um Loslassen, um die Bereitschaft, sich aufbrechen zu lassen." „Um das Geheimnis der Liebe." „Um deine Hochachtung vor dir selbst. Nämlich darum, dass du dich vor dem Leid des eigenen Lebens verneigst." „Und dann neue Dimensionen deines Lebens zulässt."

„Ganz so weit bin ich noch nicht. Aber ich glaube, dass ich immerhin in der Richtung unterwegs bin."

„Ja. Bei allem Leid geht es darum, ihm einen Sinn zu geben und Trost zu finden."

„Danke!"

Allmählich wurde es kühl. Vermutlich kam ein Gewitter auf. Das war Saskia grade recht. So eine richtige Erschütterung, nicht nur in ihr, sondern auch in der Natur, das war genau das, was ihr jetzt richtig vorkam.
Warum fragte sie eigentlich nicht viel öfter ihre Inneren Ratgeber?

WARUM REIMT SICH HERZ AUF SCHMERZ?

Am nächsten Samstag, den 2. August, war Saskia wieder
Richtung Bodensee unterwegs. Das Wetter war mild,
sommerlich, gelegentlich etwas bewölkt. Also grad richtig
für einen wundervollen Ausflug.

Diesmal kam Saskia von der Baden-Württembergischen
Autobahn. Sie wollte sich die ehemalige Vulkanlandschaft
ansehen. Und weil Saskia dafür offen war, empfand sie den
Charme des Gebiets des Hegaus, diesen südlichen Zipfel
Badens, auch ganz besonders.
Ob das nun tatsächlich neun kegelförmige Relikte
vulkanischer Tätigkeiten zwischen der Schwäbischen Alb
und dem Bodensee waren, konnte sie nicht mit Sicherheit
sagen.
Und auch die Information, dass es hier im Umkreis von
etwa zwanzig Kilometern 380 Burgen gegeben hatte, wollte
sie erst gar nicht versuchen nachzuzählen. Angeblich war
der Hegau die burgenreichste Region Deutschlands.
Beim mittelalterlichen Städtchen Aach entsprang die größte
Quelle Deutschlands, die Aachquelle. Und die war etwas
ganz Besonderes.
Das Wasser versickerte zwischen Immendingen und
Möhringen. Dann floss es in einem Höhlensystem südwärts.
Und nach zwölf Kilometern trat es im Aachtopf wieder
zutage. Und bildete einen Teil der Donau.
Was hätte es da nicht alles Interessante gegeben! Ganz
bestimmt würde sie irgendwann einmal nach Hilzingen
kommen, in den ganz besonderen Duft- und Schaugarten
Syringa mit über fünfhundert Duft- und Kräuterpflanzen.
Dort gab es sogar Schokoladenduftpflanzen,
Gummibärchenblumen und für die, die noch nahrhaftere
Düfte liebten, Mohnbrötchenblumen.

Der Hohenstoffel war mit seinen 844 Metern der höchste

der Hegau-Berge. Da gab es auch den Mägdeberg, den Hohenlöwen und den Hohenkrähen.

Am meisten interessierte Saskia jedoch der Hohentwiel, der ja auch in Scheffels Roman „Ekkehard" vorkam. Seit dem 10. Jahrhundert war er Sitz der Schwäbischen Herzöge. Im 16. Jahrhundert war die Burg zu einer mächtigen Festung ausgebaut worden. Im 30jährigen Krieg wurde die Festung heiß umkämpft und gegen 1800 von den Franzosen zerstört.

Die Hauptstadt des Hegau war Singen, auf jungvulkanischem Gestein errichtet.
Saskia fuhr daran vorbei. Ihr Programm für heute sah zwei Punkte vor: Stein am Rhein und Konstanz.

Der Rhein bis Basel wurde Hochrhein genannt, wie Saskia schon vorher gehört hatte. Und hier war Saskia immer noch sozusagen im Gebiet des Ekkehard von Josef Victor von Scheffel, der ja auch das Studentenlied „Gaudeamus" verfasst hatte.

Stein am Rhein war ehemals ein Kastell der Römer mit einer Steinbrücke über den Rhein. Seit 1803 gehörte Stein zum Kanton Schaffhausen. Nach – wie ja überall am Bodensee – höchst wechselvoller Geschichte.
Wichtig war Stein wegen seiner ganz besonderen Lage: Stein war Treffpunkt der Lastschiffe vom Bodensee und der Fernstraße von Nürnberg nach Zürich. Und vom Brückenzoll ließ es sich recht gut leben. Es gab sozusagen natürliche Verkehrshindernisse in Form großer Steine im Rhein. So mussten die Lasten auf kleinere Schiffe umgeladen werden. Und diese Umladestation brachte gute Geschäftsmöglichkeiten, auch für allerlei Handwerker. Erst im 19. Jahrhundert änderte sich die Bedeutung von Stein: da übernahm die Eisenbahn den Gütertransport.
Klar war wieder mal ein Kloster von Bedeutung. Diesmal

ein kleines, aber wohlhabendes Kloster des
Benediktinerordens, dem vom Kaiser die Hoheit über die
Stadt geschenkt wurde.
Im Festsaal des Klosters berichteten Fresken darüber. Die
Darstellung „Zurzacher Messe" zeigte – und zeigt immer
noch – den Pferdemarkt. Und dieser zeigt eine Sensation:
den traditionellen Festzug der Prostituierten. Angeblich
war das eine Anlehnung an den antiken Raub der
Sabinerinnen, die im Rahmen eines Pferderennens entführt
worden waren.

Der Kaiser hatte zwar offiziell die Regierung und
Verwaltung der Stadt inne. Er betraute damit aber einen
Vogt, den Herzog von Zähringen. Und der kümmerte sich
auch nicht um den Kleinkram wie Schutz und Verwaltung,
sondern er setzte die Herren von Hohenklingen in das
Lehen ein. Und die kassierten so den Großteil der Steuern.
Die Bürger wurden immer selbstbewusster. Sie kauften
sich im 15. Jahrhundert von der Herrschaft der Vögte los.
So wurde Stein am Rhein zur freien Reichsstadt, die nur
noch direkt dem Kaiser unterstand.

Stein stellte sich unter den Schutz von Zürich, wurde damit
ein Teil der Eidgenossenschaft. Dagegen gab es
Widerstand. So manche der Bürger waren der Meinung,
lieber Österreicher zu sein. Und so sollte die Stadt nachts
heimlich den Österreichern übergeben werden.

Darüber gab es eine Sage. Angeblich verdankte Stein die
Rettung einem listigen und tapferen Bäckerjungen. Der rief
nämlich den fremden Schiffen zu, dass sie noch ein
Weilchen warten sollten. In der Zwischenzeit bewaffneten
sich die Bürger und verteidigten ihre Stadt. Gegen die
Österreicher.

Es gab in Stein einen 350 Jahre alten Pokal des Freiherrn

von Schwarzenhorn. Und der wurde bei feierlichen
Anlässen zum Umtrunk gereicht. Angeblich immer noch.
Stein war reich an Sagen. Eine ganz besondere die über
den Stifter dieses Pokals.
Angeblich begleitete er als Junge seinen Lehnherrn in die
Türkenkriege. Er geriet in türkische Gefangenschaft,
wurde als Sklave verkauft, kam so an den Hof des Sultans.
Und dort machte der clevere Mann Karriere als
Dolmetscher. So traf er kaiserliche Gesandte aus Wien, die
ihn freikauften. Inzwischen hatte er sich gründliche
Kenntnisse des islamischen Hoflebens angeeignet. Er
wurde bald schon zum offiziellen Botschafter des Kaisers
in Istanbul. Wurde sogar geadelt. Sein Heimathaus war das
Haus „Schwarzes Horn". Die Fassade zeigte heute noch
den feierlichen Einzug des berühmtesten Sohnes der Stadt.

Doch dann vergaß Saskia erst mal all die Geschichte und
die Geschichtchen. Staunend lief sie durch die Stadt, die
ihr wie ein überdimensionales Bilderbuch vorkam. Nein,
wirklich, so fantastisch hatte sie sich die Stadt nicht
vorgestellt! Wie gut, dass sie hierher gekommen war!

Aber ins Klostermuseum wollte sie denn doch. Erstaunlich,
diese Anlage war fast immer noch intakt. Und weil ja jetzt
niemand mehr was dagegen hatte, dass sie ohne Nachweis
der Taufe und kaum übersehbar weiblich, wie sie
schadenfroh bei sich feststellte, an einer Führung
teilnehmen durfte, genoss sie dieses Kloster ganz
besonders.
Angeblich war die Klosterkirche das Vorbild für das
Münster in Konstanz gewesen.
Saskia sah sich alles möglichst genau an, was sie da so
sehen konnte: vor allem die Räume der Klausur mit
Kapitelsaal und dem Schlaftrakt, der Dormitorium genannt
wurde. Sie lächelte über das Calefactorium, den
Wärmeraum und noch mehr über das Parlatorium, den

Sprachraum, dem Raum, in dem sogar gesprochen werden durfte. Das Refektorium gab es in doppelter Ausfertigung: eines für den Winter und eines für den Sommer.
Saskia bewunderte eine spätmittelalterliche Schrift.
Physiologus. In dieser wurden Tiere als Symbole bestimmten christlichen Ideen zugeordnet.
Das Obergeschoss des Festsaals war eine Verbindung von realem zu virtuellem Raum.
Und sie erfuhr noch mehr über die Zurzacher Messe: dort wurde nicht nur mit Pferden, sondern auch mit Dirnen gehandelt. Und: das war ein hochoffizielles Privileg, das König Albrecht erteilt hatte.
Die Räume um den Kreuzgang waren dem Konvent vorbehalten.

Danach brauchte Saskia einen Kaffee. Samt Croissant.

Hier in Stein kam sie sich wie ein kleines Kind vor, das sich in einem überdimensionalen Bilderbuch bewegte und darin mitspielte. Fast wie in einem Kasperltheater war sie nicht bloß Zuseherin, sondern nahm aktiv am Geschehen teil, etwa indem sie den Kasper vor dem Krokodil warnte. Oder davor, dass ihm der Teufel eins auf den Kopf schlagen wollte. Oder dass der böse Gendarm ihn suchte. Gewiss, die Ereignisse waren auf die Mauern gemalt worden. Gleichzeitig waren sie aber sozusagen immer noch zugegen. Immer wieder zugegen.
Einerseits konnten alle bei den Szenen mit dabei sein und andererseits waren alle bloß Zuschauer in diesem immerwährenden Theater. Sogar die gemalten Personen, kam es Saskia vor.
War alles Leben letztlich Spiel?

Darüber würde sie gerne mit ihren Inneren Ratgebern sprechen!
Es verwunderte Saskia schon längst nicht mehr, dass die

234

beiden nun bei ihr am Tisch saßen.

„Und? Ist alles nur Spiel?"

„Oh ja! Und in letzter Konsequenz ist alles, total Alles, nichts anderes als Spiel." „Bleiben wir jetzt erst mal bei deinem Spielthema. Denn momentan ist das ganz große Spiel für dich bloß verwirrend. Womit du jetzt mal konfrontiert bist, ist das Spiel, das du zu erkennen beginnst."

„Macht es nicht so spannend!"

„Im Gegenteil. Sobald du erkennst, dass es um ein Spiel und ums Spielen geht, wird plötzlich vieles einfacher, verständlicher." „Sobald du es für möglich hältst, passiert etwas Fantastisches für dich: sozusagen alles kippt. Sowohl deine Sicht der Dinge als auch dein Weltbild. Und vor allem auch deine Stimmung."

„Wie das?"

„Weil du dann nichts mehr tierisch ernst nimmst." „Und weil du genau dann damit beginnst, die Regeln verstehen zu lernen." „Die Regeln des Spiels des Lebens."

„Also gut. Was hat es damit auf sich?"

„Etwa in der Halbzeit jeglicher Thematik passiert sie: die Umkehrung."

„Und ihr meint, in dieser unseligen Erich-Geschichte bin ich jetzt in der Halbzeit?"

„Wo denkst du hin! Da bist du doch längst drüber." „Halbzeit, das war für dich in St. Gallen."

„In St. Gallen? Warum denn das? Was war denn da so Besonderes?"

„Nichts. Und gleichzeitig alles. Auf der Heimfahrt fasstest du den Entschluss, dir demnächst Klarheit zu verschaffen, was denn in dieser Beziehung nun Sache war."

„Aber an diesem Tag und auch in den Tagen danach unternahm ich doch gar nichts."

„Und ob! Du sammeltest Kraft, dich mit der Jetzt-Realität auseinanderzusetzen." „Und dazu musstest du erst mal so richtig leiden." „Menschen verändern nämlich normalerweise erst dann etwas, wenn der sogenannte Leidensdruck zu hoch wird."

„Uff! Wollt ihr mir damit sagen, dass ich sozusagen durch eine Schulung durchgeschleust wurde?"

„Nein!" „Du wurdest nicht durchgeschleust. Du hast sie tatsächlich durchgemacht! Und nur das hilft dir in deiner Entwicklung."

„Also, muss ich sozusagen für den ganzen Mist auch noch dankbar sein?"

„Na klar doch!" „Da gab es kein Flüchten, kein Davonlaufen!"

„Ich verstehe: Augen zu und durch!"

„Im Gegenteil! Du machtest die Augen weit auf! Endlich!" „Sonst hättest du die ganze Erich-Chose grad mal überstanden. Aber du hättest nichts daraus gelernt." „Und du wärst vermutlich gleich wieder einem Erich-Mutanten auf den Leim gegangen!"

„Und ihr meint, dass mir das jetzt nicht mehr passieren wird?"

„Zumindest nicht so. Denn dadurch, dass du da in deine Gefühle echt reingegangen bist, konntest du etwas verändern. Und du hast auch schon eine ganze Menge verändert."

„Und was hat das alles mit dem Bodensee zu tun? Denn dass es mit dem Bodensee zu tun hat, das fühle ich."

„Na klar doch hat das mit dem Bodensee zu tun. Der See ist ein riesiger Gefühlsspeicher. Wasser ist das Medium, das wir trinken, das wäscht, das uns am Leben erhält, das verändert, das erneuert." „Genau deshalb war und ist genau in dieser Situation der See für dich so wichtig!"

„Das kann ich annehmen. Gibt es da noch was Wichtiges zu dem Thema, das ich jetzt wissen sollte?"

„Jede Menge!" „Vergiss nie, dass Projektionen falsch sind.

Und zwar ausnahmslos immer."

„Was meint ihr damit?"

„Die Ausreden dir selbst gegenüber. Denn es geht um dich, um dich selbst." „Und Projektion, das bedeutet, die Fehler überall anders zu suchen. Bloß nicht bei dir selbst."

Saskia überlegte. Sie trank aus der leeren Tasse.

Zumindest versuchte sie es.

„Denk mal über das Spiel an sich nach. Was gehört zu einem Spiel?"

„Sag mir's, bitte. Mein Hirn scheint grad mal Urlaub zu machen."

„Na wenigstens ist es nicht auf Durchzug geschaltet!" „Und außerdem ist das ganz natürlich: dein Gehirn ist jetzt auf Aufnahme geschaltet, da kommt die Ausgabe zu kurz!"

„Danke, dass ihr für alles eine Erklärung habt. Und? Was gehört zu einem Spiel?"

„Zu einem Spiel gehört das Spielzeug. Die Spielregeln. Und die Mitspieler." „Und klar die Möglichkeit und die Zeit und den Ort, um zu spielen." „Eine der wichtigsten Fragen in deinem Leben ist immer wieder: Spielst du ein Spiel, dessen Regeln du kennst?"

„Wobei ich das mit den Spielregeln wohl auf weit mehr auszudehnen habe?"

„Na klar. Da gehören auch die Verkehrsregeln dazu." „Und selbstverständlich auch die Beziehungsregeln."

Saskia überlegte. „Und noch jede Menge mehr. Bis zu den Gesetzen und Gepflogenheiten. Regional bis global."

„Ja. Lass dich auf die Spiele ein. Gut vorbereitet. Denn dann kannst du angstfrei das Spiel genießen." „Lass Lust und Schmerz zu. Genau so lange, wie du es willst." „Irgendwann bemerkst du dann, dass du eben dieses Spiel nicht mehr brauchst." „Und dann hast du den Wunsch und auch die Kraft, weiterzuspielen. Im nächsten Spiel."

„Es ist ein ständiger Kreislauf: sich von etwas ergreifen

lassen, selbst etwas ergreifen, es festhalten und es
loslassen."
„Da steckt vermutlich noch viel mehr dahinter?"
„Na klar. Willst du etwas festhalten, dann ist das eine
Erscheinung in Zeit und Raum."
„Gebt mir ein Beispiel, bitte."
„Hättest du dir eine Beziehung mit Erich angefangen, wenn
er nicht grade in der Stadt lebte, in der auch du
lebst?" „Wäre er für dich interessant als dementer Alter?
Als komasaufender Jugendlicher mit jeder Menge Probleme
der Selbstsuche?"
„Und er hätte sich andererseits auch nichts mit einer
Strandschönen auf Cuba angefangen, wenn er nicht einmal
dort war. Und ganz bestimmt auch nichts mit der
Zimmernachbarin seiner Großmutter im Altersheim." „ Ja,
das ist doch selbstverständlich."
„Das Festhalten an dem, was irgendwann einmal für dich
möglicherweise sogar richtig, und in dem Augenblick
vermutlich zumindest wichtig war, dieses Festhalten lässt
dich leiden."
„Also, ist Loslassen das Geheimnis?" mutmaßte Saskia.
„So ist es." „Genau."

Der Deutschen Grenze entlang fuhr Saskia auf der
Schweizer Seite. Erst mal nach Kreuzlingen, dann nach
Konstanz, zurück nach Deutschland.

Konstanz!
Was für eine Stadt!
Saskia fühlte sich in eine norditalienische Stadt versetzt.
Sie schmunzelte über das neue Wahrzeichen, die Statue der
Edelkurtisane, der Imperia, die die Vertreter der
weltlichen und geistigen Obrigkeit in ihren Händen hielt.
Eine deftige Darstellung, neun Meter hoch, die Geschichte
recht direkt erzählte! Mehr als viele Worte das könnten.
Ja, Konstanz, die größte Stadt am Bodensee, war

238

sozusagen die heimliche Hauptstadt des Bodensees. Hieß doch der Bodensee „Lake of Constance", „Lago de Constancia".

Wie erfreulich, dass sich hier das Leben möglichst im Freien abspielte. Saskia schlenderte durch den Kern der Stadt. Sie blieb immer wieder stehen, lächelte über die Besonderheiten, fotografierte immer wieder mal.

Die Marktstätte mit dem Kaiserbrunnen gab besondere Motive ab. Besonders die wasserspeienden Seehasen, das achtbeinige Pferd...

Saskia entdeckte den angeblich größten aller Biergärten, die Hafenhalle. Na klar hatte sie Lust auf ein Bier und etwas Essbares. Sie bestellte ein Radler. Und eine deftige Wurst.

Ihre Tischnachbarn erzählten vom Sea-Life-Centre, das in Richtung Schweizer Grenze eine ungewöhnliche, erfreulich lebendige Sammlung beherbergte. Sicher sehenswert und interessant. Aber heute war Saskia nicht danach. Wenn sie auch die Lebewesen von See und Rhein gerne mal näher kennen lernen wollte.

Auf der anderen Seite der Bahngleise war das Lago-Shopping-Center, das größte Einkaufszentrum am Bodensee. Aber nach großem Shopping-Center war Saskia heute wirklich nicht.

Da hätte sie das Stadttheater schon viel mehr interessiert. Immerhin hatte das Stadttheater von Konstanz als einziges Theater am See ein festes Ensemble.

Die Bodensee-Therme hätte sie recht gerne besucht. Gelegentlich ließ sie sich in Wellnesslandschaften ausgiebig verwöhnen.

Mit dem Seenachtsfest hatte sie es nicht so sehr. Sie hatte noch nie einsehen können, dass wahnsinnig viel Geld ausgegeben wurde, um wahnsinnig viel mehr oder weniger unmelodischen Krach zu machen. Und Gewitter gab es ohnehin genug, völlig gratis noch dazu. Wozu da noch

künstliches Feuerwerk?!
Amüsiert hörte sie, dass in der fünften Jahreszeit, also in der Fasnacht, die Hästräger und Mäschgerle die Stadt fest in ihrer Hand hatten.

Saskia fühlte sich rundherum wohl. Jetzt ging sie erst mal zum See.
Diesmal wunderte sie sich nicht mehr darüber, die Edle von Habenichts und Binsehrviel zu treffen. Selbstverständlich mit Hündchen.
„Du auch in Konstanz?"
„Konstanz ist seit langer Zeit für mich wichtig. Aber das gehört jetzt nicht hierher. Heute bin ich grad mal da, weil meine Hündin und meine Meerjungfrau wieder mal unterwegs sein wollten. Und gegen die beiden bin ich nun mal in der Minderheit."
„Sollte ich dich bedauern?"
„Bloß das nicht! Gelegentlich bin ich mir meines Wertes sehr wohl bewusst."
„Welchen Wert meinst du jetzt?" Saskia vermutete, dass dies wieder einmal einer der Gags der Edlen von Habenichts und Binsehrviel war.
„Nun, vor dir steht eine Ansammlung von etwa hundert Billionen Zellen. Hört sich gewaltig an, nicht wahr?" „Enorm! Hast du dich da auch bestimmt nicht verzählt?"
Die Edle von Habenichts uns Binsehrviel hob grinsend die Schultern und die Hände. „Zumindest stimmt diese Zahl angeblich für Durchschnittsmenschen. Aber da ich ja keiner davon bin, kann das bei mir selbstverständlich ganz anders sein. Der Materialwert der dafür verwendeten Elemente ist grad mal so ungefähr sechzig Cent."
„Stimmt das wirklich?"
„Noch!"
„Du betonst das in einer Art, die mich vermuten lässt, dass dies absolut kein Gag ist."

„Ist es auch nicht. Der Großteil des Menschen besteht aus Wasser. Und das wird mehr und mehr unbezahlbar!"

„An die Problematik will ich jetzt nicht denken. Hier ist es viel zu schön für trübe Gedanken."

„Schon gar nicht bei all dem klaren Wasser im See!"

„Na klar! Da ist mir nach fröhlichen Themen zu Mute."

„Logisch: heute hast du ja genug vom Thema Leid. Was hältst du davon, dass wir uns mit dem Thema Liebe beschäftigen?"

„Ich weiß nicht so recht..."

„Es geht um das Thema Liebe! Nicht um verkorkste Beziehungen. Und auch nicht um Sex."

Saskia streichelte die Hündin. „Einverstanden."

„Ja, mein lieber Schatz war grad mal läufig. Aber irgendwie hatte sie kein Interesse an all den interessierten Machos der Umgebung."

„Kluges Hündchen!" lachte Saskia.

„In der Hundesprache reimt sich vermutlich Herz nicht auf Schmerz."

„Beneidenswert!" seufzte Saskia. Gleich drauf lachte sie über sich selbst.

„Na, du bekommst ja allmählich die Kurve!" „Ich hoffe es. Aber so ganz aus dem Kopf habe ich den Kerl immer noch nicht!"

„Sei doch nicht so ungeduldig mit dir selbst! Immerhin bist du auf dem allerbesten Weg."

„Hast du eine praktische Idee, wie ich meinen Kopf wieder frei bekomme?"

„Eine der einfachsten Übungen! Und sie wirkt nicht bloß bei Ex-Lovern! Die patentverdächtige Idee wirkt bei allem und jedem."

„Mach es nicht so spannend! Lass schon hören!"

„Du verpackt das, was du nicht mehr haben willst. Das kannst du gedanklich machen oder, wenn es dir lieber ist, sogar direkt."

„Ob ich so einen großen Karton finde? Na vermutlich hab
ich ja noch den Karton vom Kühlschrank im Keller.
Ziemlich verstaubt zwar... also vermutlich genau richtig für
diesen Anlass!" überlegte Saskia.

„Schon ganz gut. Aber mach bloß nicht den Fehler, ihn auf
Eis zu legen!"

„Keine Chance. Immerhin will ich ihn doch loswerden."

„Also gut. Dann pack den Karton. Gib alles rein, was dich
möglicherweise noch an ihn erinnert."

„Also Lebkuchenherz mit ‚Ewig dein', die Eintrittskarten
vom Konzert, die verstaubte Plastiknelke von der
Schießbude und ähnlich wichtige Erinnerungsstücke?"

„Vergiss die Fotos nicht! Und auf alle Fälle eventuell
vergessene Socken und ähnliche Wichtigkeiten. Und lösch
auf jeden Fall alle Handy-Nummern aus dem Register! Hast
du noch irgendetwas, das ihm gehört?"

„Ja, ein Buch, das er mir mal geliehen hat, weil ich das –
seiner Meinung nach – unbedingt lesen sollte."

„Schick es ihm an die Geschäftsadresse. Kommentarlos!
Ohne ätzende Widmung bitte!"

„Fällt mir vermutlich gar nicht so leicht. Aber,
versprochen, das mache ich sofort, wenn ich nach Hause
komme."

„In den Karton gehört aber noch einiges mehr hinein."

„Was denn sonst noch?"

„Deine Gefühle. Die nicht so guten und auch die guten.
Wenn es dir hilft, dann schreibe sie auf Zettelchen."

„Aber ich will doch gar nicht alle Gefühle sozusagen
abschaffen!"

„Nicht abschaffen, das siehst du ganz richtig. Aber doch
sozusagen freigeben zum Recyceln."

„Wie meinst du das?"

„Gefühle als Erinnerungen zulassen. Davon nicht mehr
verletzt zu werden. Sie so zu sehen, als wären sie jemand
anderem passiert. Und zu wissen, dass du jetzt so weit

bist, auch mit solchen Gefühlen umgehen zu können, davon
nicht aus der Bahn geworfen zu werden."
Saskia war nachdenklich geworden. „Hört sich recht
vernünftig an. – Und was tue ich dann mit dem Karton?"
„Zuerst einmal packst du ihn wunderschön ein. Bindest
eine riesige Masche drum."
„Und dann?"
„Wenn du die Möglichkeit dazu hast, dann verbrenne den
Karton. Sonst entsorge ihn im zuständigen Container.
Schau nach Möglichkeit dabei zu, wie der Container
hochgehoben, geöffnet, und dann den Inhalt als Wertstoff
für Neues abtransportiert wird."
„Und wenn ich die ganze Prozedur nur gedanklich mache?"
„Dann entsorgst du ihn im Bereich ‚Erfahrungen, an denen
ich gewachsen bin.' Wichtig ist, dass du jedes mal, wenn du
an ihn erinnert wirst, an diesen Karton denkst, und genau
weißt, dass all das jetzt keine Bedeutung mehr für dich
hat."
„Prima. So werde ich so ganz nebenbei endlich auch den
alten, verstaubten Kühlschrankkarton los!"

Als die Drei bei einem Straßencafé vorbeikamen, schlug
die Edle von Habenichts und Binsehrviel vor, sich
hinzusetzen. Auch Saskia hatte Lust, unter einem der
Sonnenschirme zu sitzen und dem Treiben zuzuschauen.
Der Getränkewunsch ihrer Begleiterin überraschte Saskia.
Die wollte Red Bull! War das nicht eher ein Jugendgetränk?
„Manchmal trinke ich auch was für mich eher Exotisches.
Und ich stelle mir dann vor, dass zuerst ich und dann
meine Meerjungfrau Flügel bekommen und wir direkt über
den See nach Hause zurückschweben."
„Eine tolle Vorstellung! So ähnlich hatte ich das doch bei
meinem ersten Bodenseebesuch erlebt! Oder doch
zumindest erträumt!"
„Nimm dieses Erlebnis an. Und kümmere dich nicht darum,
in welche Schublade du das Erlebnis stecken könntest.

Damit begann eine wichtige Entwicklung für dich. Nur das ist wichtig! Wichtig war bloß eines: Nämlich, dass du bereit warst, dich auf neue Erfahrungen und neue Gedanken einzulassen. Und – wenn du jetzt so zurückdenkst – findest du, dass du irgendetwas, das mit dem Bodensee zusammenhängt, zu bereuen hättest?"

„Keinesfalls! Ich sah und erlebte so viel Neues, Interessantes. Ich bin mir sicher, noch nie so eine interessante Zeit erlebt zu haben!"

„Hört, hört!"

„Mhm. Es stimmt. Sozusagen kann ich Erich beinahe schon dankbar sein. Weißt du, damals war das grad mal so eine flapsige Idee von mir, zum Casting zu fahren."

„Und?"

„Hätte Erich nicht sooo unbedingt dagegen geredet,..."

„Dann wärst du möglicherweise gar nicht..."

„Vermutlich!"

Die Edle von Habenichts und Binsehrviel bestellte. Verträumt lächelnd.

Wundervollen Bodenseewein, der golden das Licht der Sonne fokussierte. Lächelnd hob sie Saskia ihr Glas entgegen.

„Dann sind wir also diesem Erich für unsere Begegnung von ganzem Herzen dankbar!"

Saskia stieß mit ihr an.

„Genau. Zum Wohl! Auf uns!" Saskia probierte: „Der schmeckt ja ganz besonders gut! Danke!"

„Eben Bodenseewein. Und der schmeckt nun mal am besten direkt am Bodensee!"

Saskia drehte ihr Glas, freute sich am Funkeln des Weins.

„Und du bist nicht traurig, jetzt nicht beflügelt zu werden?"

„Auch ein guter Wein kann Flügel wachsen lassen!"

„Sag, ist das nicht recht nervig für dich, immer wieder mal mit mir zu sprechen? Du weißt doch sooo viel mehr als ich!"

„Niemand weiß wirklich mehr als jemand Anderer. Bloß die Gewichtung ist unterschiedlich."

„Aber – du hast doch so viel mehr Erfahrungen als ich!"

„Andere als du. Bloß andere. Weißt du, bloß alleine die Tatsache, älter zu sein, das besagt noch gar nichts. Ich könnte ja immer wieder genau ein und dasselbe getan und gedacht haben. Möglicherweise Fehler bis zum Überdruss wiederholen. Da wärst du mir dann vermutlich um einiges voraus."

„Nun ja..."

„Du weißt es ja schon, seit sechzehn warte ich darauf, wieder alles so direkt, so vorurteilslos zu erkennen, mich nicht in Alltäglichkeit und Banalität zu verlieren. Und genau darum gestehe ich jedem Menschen, also auch jüngeren, genauso zu, nicht in der Illusion der Täuschungen zu leben. Viel mehr zu wissen, als ich grade jetzt hoffe, zu verstehen."

„Diese Einstellung gibt es vermutlich nicht oft bei älteren Menschen."

„Leider."

„Und? Wie hältst du es mit der Liebe? Grad mal so flapsig gefragt."

„Ich liebe. Und: wer liebt, der verletzt und wird verletzt. Und dies gilt selbstverständlich nicht nur für partnerschaftliche Liebe."

„Und wie ist es dann mit dem Ende einer Beziehung?"

„Das ist das Zurückgeworfenwerden auf sich selbst. Da ist plötzlich kein Anderer mehr da, der für irgendetwas die Verantwortung hat. Der an irgendetwas Schuld ist."

„Also, eine recht unbequeme Situation. Da bleiben manche wohl lieber mit dem ungeliebten Partner zusammen, als sich endlich dazu aufzuraffen, Eigenverantwortung zu übernehmen."

„Genau. Viel zu viele Partnerschaften haben schon längst nichts mehr mit Liebe zu tun. Und schon gar nichts mit

Wachstum aneinander und miteinander."

„Du meinst also, dass es auch innerhalb einer Partnerschaft Entwicklung gibt?"

„Und ob! In Wahrheit gibt es keinen Stillstand. Jeder Stillstand an sich ist bereits ein Rückschritt. Weil sich ja alles Andere rundherum weiterentwickelt."

„Das verstehen aber nicht eben viele, denke ich. Ganz besonders bei Glückwünschen heißt es doch immer wieder: ‚Bleib so, wie du bist!'"

„Leider! Und dabei ist es egal, wer wem wünscht, dass es keine Veränderung geben soll. Im Grunde wünscht sich dies der Wünschende immer vor allem für eine Person: nämlich für sich selbst."

„Du meinst, dass wir auch in solchen Situationen weit mehr als bisher auf unsere Worte achten sollten?"

„Genau. Worte sind mächtig. Und sie bewegen eine Menge."

„Bloß so ein kleines Ja zum Beispiel."

„Vor allem aber auch ein klares, starkes Nein!"

„Na ja. Es ist doch vor allem wichtig, wer da so mit wem..."

„Das ist gar nicht sooo wichtig!"

„Mach keine dummen Witze, bitte!"

„Das meine ich völlig ernst. Der Schlüssel liegt beim Selbstvertrauen. Weißt du über dich selbst Bescheid, dann hast du genug Selbstvertrauen. Und dann lässt du dich von vornherein schon gar nicht auf eine unpassende Beziehung ein."

„Sooo meinst du das! Aber Verbundenheit ist doch wichtig! In einer Beziehung geht es doch um das Wir, nicht um das Ich!"

„Aber ja doch. Allerdings sind nur Beziehungen tragfähig, in denen alle Partner über Innere Freiheit und vor allem auch über Selbstbewusstsein verfügen. Denn nur dann können sie diese Grundvoraussetzungen auch anderen zugestehen, nur dann können sie wirkliche Partner sein."

246

„Du meinst, wenn ich genau weiß, wer ich bin und was ich will, dann will ich niemanden mehr umerziehen?"

„Genau. Denn dann kannst du andere so lassen, wie sie nun mal sind. – Nimm ein einfaches Beispiel! Bei mir fällt dir ja auch nicht ein, mir vorschreiben zu wollen, was ich zu denken, zu tun oder zu lassen hätte! Mich nimmst du so, wie ich nun mal bin. Mitsamt meiner Hündin. Mitsamt meiner nicht eben sehr noblen Karosse. Mitsamt meinen – für viele – recht verschrobenen, altmodischen, total verrückten Ansichten."

„Hm. Nun ja. Bei dir, da ist es etwas Anderes. Mit dir will ich ja auch nicht zusammen leben!"

„Und doch willst du mich immer wieder einmal treffen. Wenn nicht, dann liefen wir einander nicht immer wieder über den Weg."

„Und: es macht mir immer wieder Freude, dich zu sehen, einige Zeit mit dir zu verbringen."

„Und warum solltest du das mit einem Partner nicht so sehen? Nicht so erleben?"

„Weil... Komisch. Jetzt fällt mir doch tatsächlich kein Grund dafür ein!"

„Sobald du dich selbst genug liebst, kannst du sozusagen mit allen klarkommen. Dann sind deine Ichstärken vorrangig. Du bist gelassen, du gibst Gelegenheiten, du hörst auch mal zu, du lässt Veränderungen zu, du lebst Lösungen, du bist aufmerksam, du förderst eigene und andere Begabungen. In allem bist du so sehr beschäftigt, dass du gar nicht dazu kommst, zu kontrollieren. Immer seltener gibt es etwas zu entgiften. Immer mehr kannst du dich auf deine eigene Konsequenz verlassen. – Und, glaube mir, es lohnt sich, das Leben in diese Bahnen zu lenken!"

„Gewiss hast du Recht. Aber noch bin ich nicht so weit."

„Ich auch nicht immer. Aber immerhin bin ich immer wieder ein Stückchen weiter auf diesem Weg. Und das alleine ist schon ein echter Fulltimejob!"

„Aber was soll ich tun, wenn ich angegriffen werde?"
„Jeder Angriff ist in Wahrheit ein Hilferuf. Wenn dir das
bewusst ist, kannst du einem Angriff ganz anders, völlig
neu, für den Gegner recht überraschend, agieren."
„Angriff ein Hilferuf. Das muss ich mir merken."
„Und dann und sowieso hilft nur noch eines: üben, üben,
üben!"
„Doch wozu ist dieser ganze Affenzirkus überhaupt gut?"
„Da steckt deine Seele dahinter. Die hat nämlich eine ganz
klare Zeit. Die will sich voll und ganz verwirklichen. Und
das will sie in der Zeit, in der sie sich in einem Körper
aufhält. Letztlich soll das die Verkörperung all dessen
werden, was wirklich ist."
„Uff. Jede Menge Schwerarbeit, nicht wahr?"
„Du schaffst das schon. Einzige Voraussetzung dafür ist,
dass du es schaffen willst."
„Und dass ich dann auch durchhalte, vermute ich."
„Ganz richtig. Aber vergiss vor lauter Ernsthaftigkeit nicht,
dein Leben zu genießen. Denn dein Leben ist nicht
irgendwann morgen und es war nicht irgendwann gestern,
sondern es ist heute! In Wahrheit zählt nur das Heute!"
„Also dann: trinken wir doch auf das Heute!"
„Leider ist mein Glas schon leer. Was hältst du von einem
kleinwinzigen Reise-Achterle?"
„Bin ich total dafür. Und außerdem möchte ich doch noch
wissen, was denn jetzt so in Bregenz und Umgebung los
ist!"

„Neugierde, dein Name ist Saskia. Also gut, dann fange ich
erst mal mit der Umgebung an."
„Ich bin ganz Ohr!"
„Die Sonnenflecken nehmen zu. Und so hat es auf der
Sonnenoberfläche einige hundert bis tausend Grad weniger
als sonst. Da werden riesige Magnetfelder gestört. Das
kommt auch daher, weil grad eben ein neuer elfjähriger
Sonnenzyklus beginnt. Und der alte noch nicht

abgeschlossen ist."

Saskia lachte. „Ist toll interessant. Aber an sooo weit weg dachte ich nicht, als ich wissen wollte, was in der Umgebung los ist."

„Also dann: etwas näher. Rund um die Pole setzte ein richtiggehender Goldrausch ein. Plötzlich reklamieren zumindest die Anrainerstaaten Gebietsansprüche."

Saskia lachte immer noch.

Gespielt resigniert zuckte die Edle von Habenichts und Binsehrviel die Schultern. „Dann also noch näher. Die letzte Meldung von vor hundert Jahren gefällig?"

Saskia amüsierte sich königlich.

„Warum auch nicht?"

„Also, da wurde die Venus von Willendorf oder doch zumindest in Willendorf gefunden. Eine Kalksteinfigur aus der jungen Altsteinzeit."

„Na ja, die junge, die ist ja noch gar nicht so lange her!"

„Bloß so 27.000 Jahre etwa."

„Ist das nicht die Figur mit den äußerst ausgeprägten Geschlechtsmerkmalen? So ein richtiges Dickerchen?"

„Allerdings. Die sexuellen Merkmale wurden überzeichnet. Andererseits hat diese Venus kein Gesicht."

„Kein Gesicht? Was denn sonst?"

„So eine Art Pumuckelfrisur rundherum. Für mich ist ziemlich klar, dass die Darstellung von einem Mann stammt."

„Wie kommst du da drauf?"

„Überleg doch mal: Frauen waren immer schon viel zu sehr mit Arbeit beschäftigt, die hatten wohl kaum Zeit, so ein Figürchen anzufertigen. Und dann: eine Frau würde ihren eigenen Körper doch wohl kaum detailgetreu nachbilden. Die weiß doch, wie eine Frau aussieht! Das war ganz bestimmt das Machwerk eines Mannes! Und weil er dann Angst hatte, zuzugeben, wen er da verewigt hatte, verzichtete er darauf, das Gesicht darzustellen."

„Immerhin möglich, dass es so war. – Aber erzähl doch,

bitte, weiter!"

„Also gut. Noch aktueller. In St. Gallen hoffen sie jetzt auf
Verstärkung aus dem Ausland, vor allem aus Indien."

„Wieder mal für Computer?"

„Nein, diesmal hoffen sie auf Schwestern für die
Nonnenklöster!"

„Superidee! Und direkt vom Bodensee gibt es keine neuen
Meldungen?"

„Ja, schon auch. Da gab es in Lindau ein Umsonst- &
Draußen-Rockfest." „Warst du dort?" „Nicht nötig. Die
wummernden Bässe waren auch noch auf der Seebühne zu
hören. Nach entsprechenden Protesten wurde die
Lautstärke dann tatsächlich etwas reduziert."

„Wie läuft es denn so mit den Festspielen?"

„Das sind heuer die 63. Und es läuft alles super-prima.
Das Motto ist ‚Macht und Musik', kommt nach dem 007-
Dreh und nach der Fußball-EM recht gut rüber.
Zwischendurch gab es auch noch den Film auf dem See
‚Alexander Newski' und im Oktober kommt ja dann der
Blödel-Otto. Übrigens: Der spezielle Effekt bei der Tosca
war heuer ein toller Stunt, so mit Todessprung in den See.
Und dabei hat das Wasser ja immer noch
Trinkwasserqualität! Das Bodenseewasser gilt sogar für
die Juden als durchaus koscher."

„Und das trotz der vielen Badenden. Tja! – Gibt es noch
Meldungen von James Bond und seinem Quantum of
Solace?"

„Na klar. Das Tosca-Auge wurde ja allgemein als ‚very
Bond' gelobt. Immerhin wird es ein paar Minuten Bregenz
im Film geben. Allein die Seebühne soll fast fünf Minuten
lang zu sehen sein."

„Immerhin. Und vielleicht ja auch du!"

„Das glaube ich allerdings nicht. Immerhin gibt es jetzt
tatsächlich einen Titelsong. Und zwar ist das erstmals ein
Duett."

„Ein Duett?"

„Ja. Der Titel ist ‚Another Way to Die'. Und es singen Alicia Keys und Jack White."

„Keine Ahnung. Na ja, bis der Film Anfang November in die Kinos kommt, ist der Song bestimmt schon ein Hit!"

„Stell dir vor: Daniel Craig wird als Alpha-Männchen tituliert. Und angeblich sind die Machos wieder im Kommen, weil diese Typen nun mal mehr Schlag bei den Frauen haben als die Softies. Und noch was: bei den Dreharbeiten hatte Daniel Craig Schuhe mit hohen Absätzen an, weil er ja nun mal nicht so sehr groß ist..."

Saskia strahlte. „Danke! Der herrliche Wein und deine amüsanten Geschichtchen taten mir jetzt unendlich gut!"

„Freut mich, das zu hören. Ich fahre dann über die Schweiz nach Hause. Aber jetzt besuche ich erst noch einen besonderen Mann."

„Einen noch recht lebendigen?"

„Das kann sich so nebenbei auch noch ergeben. Aber vor allem geht es mir darum, das Schloss Arenenberg zu besuchen. Dieser Exilsitz in Salenstein ist angeblich das schönste Schloss am Bodensee."

„Und was erwartet dich dort?"

„Niemand geringerer als der Kaiser vom Bodensee. Napoleon III. Ich wollte schon längst mal ins Napoleonmuseum in Thurgau. Und heute ist die beste Gelegenheit dazu."

„Da wünsche ich dir viele gute Eindrücke!"

„Und was hast du vor?"

„Ich kümmere mich um Konstanz und seine Geschichten. Jetzt habe ich so richtig Lust dazu."

Saskia interessierte sich für das unterirdische Museum unter dem ehemals oktogonalen Festungsturm der Römer. Hatten die damals schon was von Feng Shui gewusst? Die ältesten Siedlungsspuren waren aus der jüngeren Steinzeit. Tja! Da war es doch wohl kaum ein Zufall

gewesen, dass die Edle von Habenichts und Binsehrviel von der Venus von Willendorf erzählt hatte!
Klar waren die Kelten da gewesen. Mitsamt ihrem genialen Nachrichtensystem, erinnerte sich Saskia.
Die Römer errichteten eine Befestigungsanlage auf dem Münsterhügel. Daraus entwickelte sich im Frühmittelalter die städtische Siedlung Constantia.
Frühmittelalter? Was jetzt: früh, mittel oder alt? Oder doch alles zusammen?
Schnittpunkt der Handelsstraßen nach Oberitalien, Frankreich und – wie top-aktuell! – nach Osteuropa. Vom 10. bis 14. Jahrhundert ein wichtiger Handelsplatz, vor allem für Leinen, Pelze und Gewürze.

Das Top-Ereignis in Konstanz war selbstverständlich das Konzil. Es war das 15. Konzil. Und es war das einzige nördlich der Alpen. Vier Jahre lang dauerte es. Etwa 72.000 Fremde waren zu dieser Zeit in Konstanz, darunter 3.000 Dirnen.
Während dieses Reformkonzils von 1414 – 1418 war der Bodenseeraum im Mittelpunkt der europäischen Geschichte. Der Anlass war das große Schisma, der Gegenpapst in Avignon.
Den Vorsitz hatte der deutsche König. Vor allem Machtfragen waren wichtig.
Die Wahrheitsfrage des Tschechen Johannes Hus war längst überholt. Hus wurde nicht einmal angehört. Seine Vorstellungen waren, die Messe in der Landessprache zu lesen, die Kommunion auch den Laien in beiderlei Gestalt zu geben und das freie Studium der Heiligen Schrift durch Laien zuzulassen. Damit hatte er die Prädestinationslehre von Augustinus übernommen.
Johannes Hus erstickte im Kreis des um ihn herum aufgeschichteten brennenden Holzes. Er rief: „Sohn Gottes! Erbarme Dich!"
Die Kirche und das Konzil glaubten sich im Besitz der

Wahrheit. Jedoch wurde das Konzilsdekret „sacrosancta"
nie endgültig ins Kirchenrecht aufgenommen.

Es gab eine Art Kasperletheater für Erwachsene um die
angebliche Abdankung des Papstes, der nach
abenteuerlicher Reise in Radolfzell eingesperrt, später
nach Schloss Gottlieben gebracht wurde, wo er auch nicht
lange blieb... bis er schließlich arm und gebrochen in
Frascati starb. Angeblich war das ein Papst Johannes XXIII
gewesen. Aber da war sich Saskia nicht so sicher, ob sie
sich da nicht verhört hatte.
Der vorsitzende König verscherbelte sozusagen „alles"
meistbietend. Wohl nicht zu Unrecht wurde dieser König
Friedrich „Friedrich mit der leeren Tasche" genannt.

Durch den Aufschwung des Handels veränderte sich recht
viel. Konstanz und St. Gallen waren führend im
Leinwandexport, Ravensburg exportierte Papier. Die
Stadtbürger, vor allem die Kaufleute, waren dem Adel
beinahe gleich gestellt.
Bis zum Reichstag in Lindau 1496/97, wo der „ewige
Landfrieden" verkündet wurde, war die Zeit äußerst
turbulent. Da gab es den „Plappartkrieg", den
Thurgaukrieg.,. Es schien so, als wäre die Rauflust immer
schon ansteckend gewesen.

Eine Besonderheit überraschte Saskia: Konstanz war
Beschützerin der Juden. Gerade eben war ein rituelles Bad
fertiggestellt worden.
Die Juden hatten es auch im Bodenseeraum nicht eben
einfach gehabt. Sie hatten mehr Steuern bezahlt als die
Anderen. Sie durften nicht Beamte werden.
Saskia nahm sich vor, möglichst bald nach Hohenems zu
fahren, dort das Jüdische Museum und den Jüdischen
Friedhof besuchen.

Allmählich war es Zeit für Saskia, zurückzufahren.
Schade, dass sie schon müde war. Sonst hätte sie ja doch
vielleicht im Angedenken an die vielen Frauen...
Saskia lächelte. Woher kam nun dieser Gedanke?
Jedenfalls ganz bestimmt nicht aus ihrem Kopf!

VERÄNDERUNG IST DAS EINZIG BESTÄNDIGE

Traumhaft schön war dieser 10. August. Da war es richtig
gewesen, nicht am eher ungemütlichen Samstag an den
Bodensee zu fahren.
Diesmal wollte Saskia nach Friedrichshafen. Und
anschließend noch irgendwohin. Wohin? Da wollte sie sich
noch nicht festlegen.

Friedrichshafen hieß ja noch nicht sehr lange so. Den
Namen gab es erst seit 1811, als das Kloster Hofen und die
Hafenstadt Buchhorn vom württembergischen König
Friedrich I zusammengelegt wurden.
Anfangs gab es ein Frauenkloster. Das wurde zu Beginn
des 15. Jahrhunderts aufgelöst, weil es angeblich durch
„das selbstherrliche Schalten der Nonnen"
heruntergekommen war.
1634 wurden Kirche und Konvent durch die Schweden
zerstört, anschließend neu aufgebaut und hundert Jahre
später säkularisiert. So wurde der Konvent zur königlichen
Sommerresidenz, zum Wohnsitz der herzoglich-
württembergischen Familie.
1812 wurde Friedrichshafen evangelisch.
Die Heiligblutreliquie, Weinranken und vor allem auch
Löwen-Zeichen erinnerten an die Welfen-Herrschaft.

Saskia war heute viel mehr am modernen Friedrichshafen
interessiert. Sie freute sich über den recht vitalen
Flughafen, sah zu, wie die Zeppelinflieger in die
Riesenzigarre einstiegen.
Wo überall hin sie von hier fliegen könnte! Ihr wäre schon
ein Bodenseerundflug mit dem Zeppelin recht gewesen!
War doch schon Hermann Hesse mit einem Zeppelin nach
Feldkirch geflogen! Aber die Flüge waren alle ausverkauft!

Saskia fuhr zum See. Amüsiert entdeckte sie, dass es hier

zwei Bahnhöfe gab. Sie ging durch die Altstadt, aber bald schon zog es sie zum Hafen.

Sie trank erst mal eine Tasse Kaffee und beobachtete das Geschehen rings herum. Wie überdimensionale Ameisen sausten die Menschen von einer Seite zur anderen, waren ungeheuer beschäftigt, hatten es eilig, obwohl doch Sonntag war! Wie wäre das erst während der Woche! Es schien grade so, dass jeder, der links war, nach rechts wollte, und umgekehrt. Jeder schien was Anderes zu wollen, als er gerade eben hatte. Wo Anders hin zu wollen, als er gerade eben war.

War das das eigentliche Wesen der Menschen? Der Wunsch nach ständiger Veränderung?

Und wie war das mit ihr? Wollte sie heute hier in Friedrichshafen bleiben? Wollte auch sie weiter? Und – wohin?

Genau! Plötzlich wusste sie es! Sie wollte heute mit der Fähre fahren. Sie konnte sich schon gar nicht mehr erinnern, wann sie das letzte Mal mit einer Fähre unterwegs gewesen war! Ja, das war bestimmt ein besonderes Erlebnis. Und sie hatte Lust, es heute zu erleben! Zugegeben: es war ein sozusagen kindlicher Wunsch. Vielleicht gerade deshalb wollte sie dieses Vergnügen erleben.

Saskia musste gar nicht lange warten, bis sie auf die schwimmende Brücke zwischen Deutschland und der Schweiz fahren konnte.

Wo würde sie ankommen? Richtig, in Romanshorn. Etwa vierzig Minuten dauerte die Überfahrt. Und damit konnte sie sich siebzig Kilometer Straßen ersparen.

Mal abgesehen davon, dass Saskia ursprünglich ja gar nicht vorgehabt hatte, nach Romanshorn zu fahren, war das eine Riesenersparnis.

Saskia erfuhr, dass es die Bodenseeschifffahrt seit 1894 gab, dass der Kaiser Franz Josef den offiziellen Auftakt zur Schifffahrt gegeben hatte.
Bei dieser Überquerung kam sie über die tiefste Stelle des Bodensees. Immerhin 254 Meter war der See hier tief.

Über sich sah sie einen Zeppelin. Als er genau über ihr war, fühlte sie sich wie am Grunde eines Meers, sah sozusagen einen Riesenhai über sich schwimmen.
Sonst sah so ein Zeppelin gemächlich und langsam aus. Jetzt, wo sie ihn über sich gesehen hatte, merkte sie erst, wie schnell er unterwegs war.

Erst mal ging Saskia auf der Fähre herum, so ziemlich jede Möglichkeit nach oben und nach unten wollte sie erkunden. Mit kindlichem Interesse sozusagen. Sie wollte nachsehen, wie es denn auf so einer Fähre war.
Klar waren viele Menschen auf dieser Fähre.
Eigenartig! Die waren hier ganz anders als zuvor auf dem Festland! Hier hatten alle reichlich Zeit. Viele entspannten sich, etliche lächelten sogar.
Und Saskia traf immer mehr Menschen, die nicht mehr blicklos irgendwo hinstarrten. Nein! Sie nahmen andere wahr, beispielsweise Saskia. Und sie sahen ihr freundlich, manchmal lächelnd, manchmal interessiert entgegen. Immer öfter grüßte Saskia ihr völlig Fremde. Immer öfter bekam sie eine Antwort. Manchmal entwickelte sich ein kleines Gespräch.

Am Oberdeck war eine größere Gesellschaft. Trotzdem ging Saskia hoch, wollte die Gruppe nicht stören, aber doch die Aussicht von hier oben genießen.
Es war eine Hochzeitsgesellschaft!
Einer der Männer lud Saskia ein: „Trinken Sie mit uns ein Gläschen auf das Wohl des Brautpaars!" „Gern!" strahlte Saskia.

Nach ein paar Minuten ging sie wieder nach unten.
Was war das eben? Was hatte sich denn da bei ihr
verändert? Denn noch nie hatte sie so deutlich gefühlt,
dass sich etwas für sie verändert hatte.
Eine Braut zu sehen, das war ja sowieso schon ein
Glückssymbol. Und gerade jetzt mochte sie es gerne
annehmen. Obwohl sie ja sonst nicht so sehr abergläubisch
war.

Da war ein völlig fremder Mensch auf sie zugekommen.
Aber, das war Saskia bewusst, sie hatte strahlend auf die
Gruppe gesehen. Sonst wäre der Mann wohl kaum auf sie
zugekommen, hätte sie vermutlich nicht eingeladen.
Das war wohl immer so, dass wir zuerst unsere
Bereitschaft, unser Verständnis zeigten und dann eine gute
Erfahrung auf uns zukam.

Saskia dachte zurück an ihren Besuch am Flugplatz in
Wildberg, nach ihrem Besuch in Isny.
Ganz plötzlich hatte sie sich da Gedanken über Tiere und
Pflanzen gemacht. Nicht bloß über solche vom
Bodenseeraum. Gedanklich war sie da so etliche
Informationen der letzten Zeit durchgegangen. Gewiss
interessant. Aber warum?
Was es eine Art Flucht gewesen?
Hatte sie sich vor allem dagegen innerlich gewehrt, sich
mit der damals aktuellen Situation auseinanderzusetzen?
Hatte sie sich nicht mit der eigenen Thematik auseinander
setzen wollen?
War das möglicherweise ein Schutzmechanismus ihrer
Gefühle gewesen?

Saskia beobachtete das Spiel der Wellen. Sie hörte das
Geplätscher der Gespräche. Sie sah den fröhlichen Himmel,
sie sah die Sonne.
Sie nahm bewusst – und das fühlte sie jetzt genau, dass es

258

bewusst war – die Boote wahr, sah ihnen zu. Sie tastete mit ihren Augen die Uferlinien ab. Nahm hinter den Uferlinien die Kulissen der Landschaft in sich auf, vervollständigte sie mit dem strahlenden Himmel und den scheinbar ewigen Wellen des Bodensees.
Saskia stand an der Rehling und staunte, staunte, war beglückt, war berührt.

Saskia ging rundherum, um alle Landschaften zu sehen. Wie das? Immer war sie, Saskia, auf dieser Fähre genau im Mittelpunkt!
Und plötzlich verstand sie, was es mit dem „Land der Mitte" auf sich hatte!

Und dann fühlte sie sich als Teil der wundervollen Kulissen sozusagen. Und – das alles war kein Traum, das alles fand tatsächlich statt. Hier und jetzt. Mit ihr mittendrin!
Und plötzlich, ganz ohne Vorankündigung, kullerten ihr die Tränen runter. Und sie war bloß noch eines: glücklich! Unverschämt glücklich!

Es gab für sie überhaupt nichts anderes zu tun, als hier zu stehen und glücklich zu sein!

Von allen Seiten sozusagen hatte sie sich dem See genähert. Doch jetzt erst – mitten auf dem Bodensee – fühlte sie sich befreit, wunderbar, glücklich!

Jetzt sehnte sie sich nicht nach Gesellschaft. Im Gegenteil! Sie freute sich, alleine zu sein! Nichts erklären zu müssen, nichts tun zu müssen, bloß empfinden zu dürfen. Und das jetzt auch zu können!

Eine unendlich lange Unendlichkeit, weit außerhalb jeder Zeit, tat Saskia nichts anderes, als da zu sein. Nichts zu tun, nichts zu wollen – bloß da zu sein – das war eine neue

Erfahrung!

„Entschuldigen!" Brüsk drehte sich Saskia nach der Stimme um. Und lächelte. Ein Halbwüchsiger stand schüchtern vor ihr.
Der Junge räusperte sich. „Wir kommen jetzt gleich nach Rorschach. Können Sie mir etwas darüber erzählen, wo wir jetzt hinkommen?"
Saskia überging die Unsicherheit des Jungen. Weiter hinten sah sie die Freunde. Die stießen einander an, kicherten, lachten, sahen zu dem Jungen hin.
„Aber ja doch! Übrigens: ich bin die Saskia. Und wie heißt du?" „Ich bin der Jackie", stotterte der Junge und wurde bis über die Ohren rot.
Aus den Augenwinkeln sah Saskia, dass ihn seine Freunde mit dem Victory-Zeichen grüßten.
Leise fragte Saskia: „Geht es um eine Wette?" „Ja!" war die klägliche Antwort. „Na, die gewinnst du auf jeden Fall", lachte Saskia.
Unwillkürlich dachte sie an die Edle von Habenichts und Binsehrviel und ihre Einstellung jungen Leuten gegenüber.

„Bring doch deine Kumpels hier rüber! Von hier ist Rorschach schon ganz gut zu sehen!" Mit einem ungläubigen, befreiten Grinsen lief Jackie los und erklärte den anderen Buben, dass sie mit ihm mitkommen sollten. Unschlüssig, zögernd kamen sie so ganz beiläufig auf Saskia zu.
Unwillkürlich fühlte sich Saskia so, wie sich wohl eine Lehrerin fühlen würde. Als alle in der Nähe waren, drehte sie sich um, sah nach Rorschach und konnte so ihr unverschämtes Grinsen verstecken.

„Also dann erzähle ich euch etwas über Rorschach."
Verhalten beifälliges Gemurmel murmelte – vermutlich Zustimmung signalisierend. Jedenfalls entschied Saskia, es

so aufzufassen.

„Grad so zur Information: Wir kommen in Romanshorn an.
Und das ist sozusagen der Bodenseehafen für Winterthur
und Zürich. Rorschach ist weiter im Osten, aber
gewissermaßen interessanter als Romanshorn. In
Romanshorn gab es immer wieder Dorfbrände, so ist der
Großteil des Ortes relativ jung. Also dann: beschäftigen
wir uns mit Rorschach."
Saskia atmete tief durch.
„Rorschach ist die Hafenstadt für den Kanton St. Gallen
und vor allem auch für die Stadt St. Gallen. Von dort aus
führt eine Zahnradbahn nach Heiden. Das ist ein hübscher
Ort weiter oben, sozusagen auf einer Aussichtsterrasse
über dem Bodensee."
Saskia setzte ihren Monolog fröhlich fort. „Rorschach liegt
an der Mündung des alten Rheinlaufs. Und es ist
Wasserburg gegenüber." Damit drehte sich Saskia um.
Und: die Buben hörten ihr tatsächlich zu.
„Oberhalb von Rorschach ist das Kloster Mariaberg. Doch
das war nie wirklich ein Kloster." „Nicht?" „Echt
stark." „Wieso?"
„In St. Gallen, da gab es den Abt Ulrich Rösch. Der hatte es
vom Küchenjungen zum Abt geschafft. Und der war dann
der zweite Gründer von St. Gallen." „Wow!" „Echt
stark!" „Voll cool!" „Und was hat der Kerl sonst noch
gemacht?"
„Vermutlich eine ganze Menge. Immerhin wurde er zum
länderreichsten Fürsten des südlichen Bodenseeraums. Er
förderte die Bibliothek und hatte die Absicht, eine Schule
zu gründen."
Zwischendurch gab es immer wieder „fachmännische",
fragende und zustimmende Kommentare.
„Mehr und mehr wuchs das Misstrauen der reichen
Bürgerstadt gegen das Kloster. Und das Ganze eskalierte
mehr und mehr." „Voll geil!" „Echt stark!" „Wow!" „Cool!"

261

„Ja, die Klosterschänke beeinträchtigte mit ihrem Lärm den Gottesdienst in der Pfarrkirche St. Laurenzen. Zum Ausgleich störten die Bürger mit Trommeln den Gottesdienst in der Stiftskirche..." „Super Idee!" „Total echt!"

„Der Abt ärgerte sich, dass er um sein Kloster keine Mauer bauen durfte. Und da hatte er dann die Idee, in Rorschach ein neues Kloster zu bauen. Nämlich eines mit einer besseren Befestigung. Und gleich auch mit einer neuen Hafenanlage für Rorschach. Und so baute der bayrische Baumeister Erasmus Gasser oberhalb von Rorschach eine Viereckanlage als Kloster." „Und wieso erzählst du, dass da gar kein echtes Kloster ist?"

„Weil die St. Galler dann zur Einsicht kamen." „Wie denn?" „Was denn?" „Warum denn?" „Und, was war dann?"

„Nun, da hätten die St. Galler ja die Pilger verloren, die doch alle zum Heiligen Gallus kamen. Und vor allem auch den wunderbaren Markt. Und weil Rorschach, so mit Seezugang, doch die besseren Möglichkeiten hatte, verbündeten sich die St. Galler mit den Appenzellern. Und fackelten dann am 28.07.1489 das neue Kloster ab."

„Stark." „Und wie ging das weiter?"

„Die Eidgenossen kamen mit einem achttausend Mann starken Heer. Und die brachten die Aufständischen zur Raison. St. Gallen musste vierzehntausend Gulden Schadenersatz zahlen. Immerhin wurde entschieden, dass die Gebeine vom Heiligen Gallus in St. Gallen bleiben mussten."

„So viel Aufwand, bloß wegen ein paar alter Knochen!" „Aber da steht doch ein Kloster!"

„Ja, das Kloster Mariaberg wurde wieder aufgebaut. Die Benediktiner versuchten es dann dort mit einem Gymnasium mit einer theologischen Fakultät. Aber die Konkurrenz der Jesuiten in Feldkirch war zu groß. So diente das Kloster als Statthalterei."

„Das war ja echt interessant." „Danke." „Und Tschüs."

262

Jackie war bloß still. Und strahlte.
Langsam trollten sich die Buben. Saskia sah ihnen lächelnd hinterher.

Nach einem erfrischenden Bad hatte Saskia Lust auf ein Eis. Wie ferngesteuert strebte sie einem Tisch auf einer Terrasse nahe beim See zu.
Und dann bestellte sie Eis. Einen Riesenbecher. Mit Früchten. Und mit Sahne!
Erst jetzt fiel ihr ein, dass sie mittags nichts gegessen hatte. Auch gut. Kalorien hatte sie mit diesem Eisbecher genug. Und da waren sogar Vitamine dabei!

Als ob Eis ein Stichwort für sie wäre, kam AEIOU dahergeschlendert. Immer wieder nahm sich Saskia vor, genau zu schauen, ob sie denn nun die Beine bewegte. Aber jedes mal wieder war es das lebhafte, freundliche Gesicht, das ihre Blicke anzog.
Saskia lachte. „Ich muss nicht gehen, um zu dir zu kommen. Aber normalerweise tue ich es. Ganz einfach deshalb, weil es nun mal besser zu meiner Rolle hier bei dir passt. Aber klar könnte ich auch überallhin schweben." „Und warum tust du es dann nicht?" „Na, ich glaube, das würde dich denn doch zu sehr verwirren. Dann hättest du möglicherweise das Empfinden, dass ich ein Geist bin."
Saskia lachte. „So mit überlangem Nachhemd stelle ich dich mir total umwerfend vor!"
„Da wäre ich eher in einem sexy Baby doll unterwegs, das passt nun mal besser zu meinem Image, meinst du nicht?"
„Aber ja doch! Sag mal: hast du es heute mit Bettgeschichten?"

„Und ob! Da habe ich eine kluge Freundin, die das Bettzeug, das sie sonst immer wieder an einen Ex erinnert hätte, einer Freundin schenkte!"

„Na klar doch! Die hat doch keine entsprechenden Erinnerungen in Verbindung mit dem superschicken Bettzeug."

„Echt gut, daran zu denken, dich davon zu trennen. Und nebenbei tatest du auch noch ein gutes Werk. Und: das Bettzeug war ja recht animierend."

„Meinst du, sie nimmt mir das übel?" „Im Gegenteil! Und schon gar nicht ihr Mann!"

„Also, eine gute Tat mit Ansteckungseffekt?" „Genau. So geht es eben Menschen, die es mit dem Bodenseevirus haben. – Übrigens dein Rorschach-Vortrag für die interessierte Jugend war einsame Spitze." „Nun ja..."

„Nicht bloß, dass du ganz locker und gut erzähltest. Viel wichtiger war, dass du auf die Jugendlichen eingingst, und dadurch auch genau das erzähltest, was die dann auch interessierte. Und vor allem: du gabst ihnen das Gefühl, dass du sie ernst nimmst, sie nicht bevormunden willst. Und genau das war wichtig."

„Ja, ich weiß!" seufzte Saskia. „Hätte ich Menschen getroffen, die sich so um mich bemüht hätten, wäre vermutlich so Manches anders gelaufen."

„Genau. Und gerade deshalb, weil du das weißt, kannst du jetzt anders handeln. Und das ist immerhin ein wichtiger Aspekt für jede Änderung."

„Änderung? Schon wieder Änderung? Die verfolgt mich wohl heute?"

„Anders rum! Du bist dazu bereit. Und deshalb findet sie sozusagen ganz speziell für dich statt!"

„Nachtigall, ich hör dir trapsen! Also voll im heutigen Schulungsprogramm gelandet?"

„Erst ja immer noch im Eisbecher. Der sieht ja wirklich verführerisch aus!"

„Und: er schmeckt göttlich!"

Saskia hielt sich die Hand vor den Mund, um nicht laut loszulachen. Denn schon stand ein Eisbecher – noch

größer, noch verschnörkelter, noch bunter – vor AEIOU.
Und die Fee begann sofort damit, ihn genüsslich zu
verzehren.

„Also gut. Was hat es mit Änderungen auf sich? Warum
sträuben sich so viele dagegen?"
„Das liegt an der Natur der Änderung. Plötzlich ist alles
anders. Und – ganz egal, wie es vorher war – das ist eine
neue Situation. Und Neues verunsichert. Da bleiben viele
lieber beim Alten, das sie kennen, als sich auf was Neues
einzulassen."
„Warum ist das so?"
„Aus einer Art Urangst heraus haben die Meisten das
Gefühl, dass alles schlechter, möglicherweise viel
schlechter werden könnte. Und da scheint es ihnen
sicherer, so lange wie möglich beim Alten zu bleiben, Altes
immer und immer wieder zu erleben. Bloß nicht was Neues
zu riskieren."
„Neues, das kann doch auch eine Chance sein. Das Risiko
muss doch nicht zwangsläufig was Schlechtes sein."
„Bravo, dass du es heute so siehst! Die Meisten machen
sich ja nicht von vornherein Gedanken über eine Änderung,
sondern sie sind ganz plötzlich mitten drin. Und dann fühlen
sie sich oft überfordert. Die meisten plumpsen in
Veränderungen rein wie mit dem Auto in ein Schlagloch.
Und das ist ja nun wirklich nichts Angenehmes!"
„Also, du meinst, es kommt darauf an, auf Änderungen
vorbereitet zu sein? Sich möglichst darauf vorzubereiten?"
„Na klar, denn dann kannst du den Vorgang auch
kontrollieren. Dann kannst du dich freudvoll auf etwas
Neues einlassen. Und du verlierst dabei nicht den
Überblick."
„Da ist was dran, na klar!"

„Vergiss aber nicht, dass Nachdenken die eine Sache ist,
sich tatsächlich zu verändern allerdings die andere."

„Gut, einverstanden. Ich will was ändern. Und das will ich möglichst bald tun."

„Du willst EINE Sache ändern. Die Beziehungeschichte, um konkret zu sein."

„Stimmt. Sonst finde ich mein Leben ziemlich in Ordnung."

„Genau da beginnt die Problematik."

„Warum denn das?"

„Alles ist miteinander verbunden. Du kannst nicht nur ein Kapitel verändern."

„Und warum nicht?"

„Weil alles und jedes zusammenhängt. Jede Veränderung führt unausweichlich zu einer Reihe von Veränderungen. Nicht nur in dieser Angelegenheit."

„Erklär mir das, bitte, genauer."

„Beispielsweise deine Erich-Geschichte. Es gab da einige Gründe dafür, dass du dir überhaupt etwas mit ihm anfingst."

„Nun ja, freilich, klar."

„Dein gesamtes Umfeld spielte eine Rolle. Privat. Beruflich. Gesellschaftlich. Aber auch dein Vorleben, deine Vergangenheit. Vor allem aber das Bild, das du von dir selbst hattest."

„Das Bild, das ich von mir selbst hatte?"

„Genau. Doch darüber sprechen wir später. Jetzt erkläre ich dir erst einmal dieses sozusagen Netzwerk, in dem jeder Mensch lebt."

„So wie ein Spinnennetz?" versuchte Saskia zu blödeln.

„Wenn du es so sehen willst: ja. Allerdings bist nicht unbedingt du diejenige, die in der Mitte sitzt."

„Ich könnte also auch ganz gut als Opfer drinnen hängen, meinst du?"

„Auch das. Vergiss nicht, dass ja auch die Spinne im Zentrum in ihrem Netz gefangen ist. Wenn auch in der – zugegebenermaßen – besseren Position!"

„So allmählich habe ich das Gefühl, dass meine Gedanken

und auch sonst alles hier am Bodensee total durcheinander
kommen. So ganz anders werden."
„Ist dir das unangenehm?"
„Keinesfalls. Bloß ungewohnt. Und immer wieder neu."
„Gut. Das ist nämlich die Vorbedingung dafür, dass dich
deine Veränderungen eher erfreuen als verunsichern."
„Das stimmt. Und – ich weiß nicht, ob das damit zusammen
hängt, aber ich bin jetzt Projektleiterin für genau das
Projekt, das ich immer schon gerne übernommen hätte.
Und es läuft recht gut."
„Genau so ist es. Jede Veränderung löst rund um uns eine
ganze Reihe von Veränderungen aus. Und genau das ist es,
wovor so viele Menschen Angst haben. Warum sie zutiefst
verunsichert sind."
„Und das läuft klarerweise nicht bloß auf der uns
bewussten Ebene ab." Saskia stellte es fest. Es war für sie
keine Frage mehr.
„Damit dein Leben funktioniert, stellt sich auf eine
Veränderung sofort eine weitere und dann noch eine und
so fort ein. Zuerst einmal dazu, dein Leben sozusagen im
gewohnten Gleichgewicht zu halten."

Saskia sah AEIOU mit einem langen Blick an. Das Eis
rutschte ihr vom Löffel. Aber sie bemerkte es nicht.
„Brauchte ich deshalb eine neue Batterie, als ich von
Langenargen zurückkam? Gab deshalb die Kaffeemaschine
den Geist auf, am Morgen nach meinem Ausflug nach
Meersburg? Und letzten Samstag, als ich von Konstanz
zurückkam, da stieg ich beim Aussteigen in einen
Riesenhaufen und musste dann die Schuhe wegwerfen.
Hatte das alles damit zu tun?"
„Ganz gut möglich."
„Und warum?"
„Erst heute bist du tatsächlich bereit, dich nachhaltig zu
verändern."
„Tatsache?"

„Ja. Das begann schon mit deiner spontanen Entscheidung, mit der Fähre unterwegs zu sein. Nicht bloß um den See herum zu fahren, sondern ihn sozusagen in der Mitte zu überqueren."

„Ja. Und ich fühlte mich sehr gut dabei."

„Weil du dich endlich traust, dein Leben tatsächlich zu verändern. Und dieses Verändern, das hat schon längst nichts mehr mit diesem Erich zu tun."

„Das Gefühl habe ich inzwischen auch. Womit aber dann?"

„Diese missglückte Erich-Geschichte, die war nämlich nicht der Auslöser, dass du dich nicht gut fühltest."

„Nicht? Sondern?"

„Anders herum. Weil du nicht so sehr gut drauf warst, ist dir diese Geschichte passiert."

„Warum eigentlich?"

„Weil du nicht selbstsicher genug warst, von vornherein zu sagen: Nein! Mit einem verheirateten Mann fange ich mir nichts an!"

„Du meinst...?"

„Ich weiß!"

Saskia bat um ein Glas Wasser.

„Und? Schaffe ich es?"

„Jeder schafft es. Wenn er oder sie sich darauf ehrlich einlässt. Mit Rückschlägen, mit Enttäuschungen zurechtkommt. Und gerade darum, immer, immer weiter geht."

„Hm."

AEIOU aß ihr Eis. Und ihres hatte weit weniger die Tendenz so schnell dahinzuschmelzen, wie das von Saskia.

„Alles ist mit allem verbunden. Das ist doch die Geschichte vom Schmetterling in China, der in Amerika einen Sturm auslösen kann?"

„Ja. Du warst heute ja gedanklich schon mal in China!"

„Allerdings! Vermutlich hat das ja auch etwas mit den Olympischen Spielen zu tun."

268

„Vermutlich auch das. Für dich vermutlich noch viel mehr mit Tibet, nicht wahr?"

„Na klar! Zumindest hat sich China in den letzten Jahrzehnten enorm verändert."

„Und das führte selbstverständlich zu einer Menge an sozusagen Randerscheinungen. – In dieses Kapitel gehören auch die gefürchteten Erstverschlechterungen bei neuen Behandlungsmethoden."

„Du bringst mich dazu, allmählich so ziemlich alles neu zu sehen."

„Falsch."

„Und warum das nun wieder?"

„Ich könnte ewig reden. Und das würde bei den meisten Menschen überhaupt nichts verändern. Weil es kommt nicht darauf an, welche noch so wundervollen Informationen vorhanden sind, sondern immer bloß darauf, dass diese angenommen, verinnerlicht, zu eigenem Wissen gemacht werden. Erst dann kann sich tatsächlich etwas verändern. Bloß von noch so gescheitem Reden, ja nicht einmal von supertollen Vorbildern ändert sich gar nichts. Erst dann, wenn diese Veränderung angenommen wird, verändert sich tatsächlich etwas."

„Das Etwas ist dann aber recht gewaltig!"

„Selbstverständlich! Sobald du dich änderst, ist nämlich die Materie rund um dich herum gezwungen, sich auch umzugestalten. Und mit ihr die Personen, die Beziehungen... einfach alles."

„Also, dann waren die Batterie, die Kaffeemaschine, die Schuhe beziehungsweise die Riesenhundescheiße eine Antwort auf meine beginnende Änderung?"

„Genau. Hättest du dich darüber so richtig schön aufgeregt, wäre deine eigentlich schon ganz gute Energie ganz schnell wieder verpufft gewesen. Du wärst in der üblichen Alltäglichkeit rumgekrebst. Du reagiertest jedoch anders darauf."

269

„Na eigentlich war das doch gar kein Reagieren! Ich fuhr zum Auto-Elektriker und ließ eine neue Batterie einbauen. Und grad rechtzeitig war eine Sonderaktion im Supermarkt, so war ich im Grunde gar nicht so traurig, wieder mal was Neues in meiner Küche zu haben. Und die Schuhe? Ich wanderte in der nächsten Mittagspause in mein Lieblingsschuhgeschäft. Und dort kaufte ich zwei Paar topaktuelle Superschuhe! Also insgesamt eigentlich kein Verlust. Klar kostete es Geld. Aber mit dem neuen Projekt, da verdiene ich auch etwas mehr!"

„Und damit passierte genau das, was für jede Änderung so wichtig ist. Nämlich den Worten Taten folgen zu lassen, die Veränderung immer wieder gedanklich und praktisch zu wiederholen. Und damit deinen Geist zu trainieren, auf neue Weise zu denken."

„Wenn du das so sagst, dann klingt das ja recht beruhigend."

„Ja, du hast es hinbekommen. Statt jammern die Entscheidung, etwas zu tun. Statt Egoismus zur Selbstverwirklichung, sozusagen zum Wohle aller. So schaffst du es, Probleme in Lösungen zu verwandeln."

„Tja, da fühle ich mich ja jetzt ganz gut, wenn du das so erzählst."

„Du fragtest dich selbst die vier wichtigen Fragen."

„Und welche sind das?"

„Willst du etwas verändern? Kannst du etwas verändern? Wer hilft dir dabei? Wann beginnst du?"

„Na klar doch. Ich will etwas verändern. Und immer mehr habe ich das Gefühl, das auch zu können. Und mir helfen so einige dabei. Beispielsweise meine Lieblings-Fee. Aber klarerweise auch jede Menge anderer Helfer. Doch: wann soll ich damit beginnen?"

„Aber Saskia! Damit hast du doch längst begonnen! Damals auf der Bank, als du nicht vor dich hinbrütetest, sondern dich auf das zauberhafte Abenteuer mit den Geistern über

dem Wasser eingelassen hast!"
„Du meinst, seit mich das Bodenseevirus erwischt hat?"
„Genau!"
„Bin ich froh, dieses Bodenseevirus erwischt zu haben!"
„Weil du dafür offen warst. – Willst du nicht endlich zahlen?
Ich glaube, wenn du noch länger da sitzen bleibst, wächst
du hier in Romanshorn noch an!"
Saskia lachte befreit.

Gemeinsam gingen sie zum Auto.
„Und so verdankt dein Auto seine neue Batterie im Grunde
der Tatsache, dass du dir sozusagen selbst eine neue
zugelegt hast!"
„Irgendwann demnächst hätte ich sowieso eine gebraucht.
Und es ist ein gutes Gefühl, dass mein Auto wieder
rundherum in Ordnung ist."
„So tatest du etwas für das Bild, das du von deinem Auto
hast."
„Ich versteh schon, jetzt sind wir beim Kapitel Selbstbild."
Die beiden standen neben dem Auto. Dabei stimmte das gar
nicht.
Bloß Saskia stand. AEIOU räkelte sich bequem und äußerst
lässig auf dem Auto.
Saskia lachte. „Jetzt sollte ich dich fotografieren. So für
eine Motorsportzeitung oder für einen Fan-Kalender!"
„Probier es doch!"
„Ja, aber, auf Fotos kann ich dich doch nicht festhalten, das
weiß ich doch längst."
„Na und? Wenn du die Fotos siehst, dann kopierst du
sozusagen eine lasziv rumhängende Fee für dich dazu.
Stimmt doch, oder?"
„Genau. – Halt! Na klar: damit willst du mir die Sache mit
dem Bild erklären! Du meinst, dass mein Bild von meinem
Auto durch dich jetzt ein ganz anderes ist, als es das
vorher war!"
„Vorzugsschülerin! Ja, genau. Und jetzt denk einmal an

dein Selbstbild. Wie sieht das aus?"

Saskia ließ sich mit der Antwort reichlich Zeit.
„Eigenartig. Oft, wenn ich so in den Spiegel schaue, dann
sehe ich klar schon auch das Spiegelbild. Aber irgendwie
sehe ich mehr."
„Wie beschreibst du dieses Mehr?"
„Hm. Da sind so eine Art Wolken rundherum. Mal sind sie
dunkler, mal heller."
„Und? Wann sind sie heller?"
„Hell sind sie dann, wenn ich gut drauf bin. Dunkel, wenn
ich mich mies fühle."
„Und genau dieses Bild hast du von dir. Nichts zeigt dir
deutlicher, wie wichtig es ist, dass du über deine Gedanken
und Gefühle entscheidest und nicht irgendjemand anderem
die Verfügungsgewalt darüber gibst."
„Warum werden so wichtige Sachen nicht in der Schule
unterrichtet?"
„Vor allem wohl deshalb, weil die Lehrer kaum was
darüber wissen. Und die Vorgesetzten der Lehrer noch viel
weniger. Und so landen die wirklich wichtigen Inhalte, die
eigentlich alle für das Leben brauchen, nun mal nicht in den
Stundenplänen."
„Da solltest du dich mal drum kümmern", regte Saskia an.
„Ich predige höchst ungern tauben Ohren."
Saskia hörte AEIO, konnte sie schon nicht mehr sehen. Die
Fee war plötzlich verschwunden, obwohl sie doch grade
noch auf ihrem Auto rumgeturnt war!
Ungläubig sah Saskia rund um sich. Keine AEIOU.

Saskia öffnete ihr Auto, setzte sich ans Lenkrad und fuhr
ein paar Minuten später weg.

In Arbon fuhr sie an den Bodensee. Gegenüber war
Langenargen.
Wie war das nun? Langenargen! Da hatte sie über Männer

nachgedacht.

Und jetzt?

Sah sie Männer jetzt mit völlig anderen Augen? Hatte sie
ihr Bild der Männer im Allgemeinen und im Besonderen
verändert?

Die Männer hatten sich bestimmt nicht oder doch
zumindest kaum verändert.

Doch irgendwie war alles anders.

Brauchte sie keine Bilder mehr? Konnte sie Männer so
sehen, wie sie nun mal waren? Sozusagen ohne sich ein
Bild von ihnen machen zu wollen?

Ohne sie nach ihren Vorstellungen zusammenbasteln zu
wollen?

Auf einer Terrasse trank Saskia einen Café creme. Es hätte
ihr Leid getan, jetzt gleich weiter zu fahren. Und
außerdem: sie mochte es, das Schweizerdeutsche. Es klang
in ihren Ohren so wunderbar niedlich, erinnerte sie an
Heidi mitsamt Großvater und Geißen-Peter. Ja, bald mal
wollte sie ins Heidi-Land fahren, das war bestimmt im
Herbst besonders nett.

Ihre Gedanken kamen immer wieder zum Änderungsthema
zurück. So allmählich wurde ihr so Manches klar.

Saskia merkte nicht, dass sie schon „ewig lange" ihren
Kaffee umrührte.

Wie war das mit dem Selbstbild? War die
Selbstbeobachtung der Schlüssel? Der Schlüssel, sich ganz
bewusst selbst zu verändern?

Wie war das mit den Zweifeln?

Waren die unbedingter Bestandteil dieser Entwicklung?

War es eine der Grundbedingen, sich selbst sozusagen
nicht mehr im Recht zu fühlen?

Sich selbst in Frage zu stellen?

Plötzlich kam Saskia zu Bewusstsein, dass sie immer noch
in der Kaffeetasse rührte. Sie legte das Löffelchen aus der

Hand und sah sich vorsichtig um. Niemand schien ihr
Verhalten bemerkt zu haben.
Und wenn schon!

Genau mit dieser Selbstbeobachtung fühlte Saskia eine Art
Befreiung.
War es so, dass sie – während sie sich selbst beobachtete
– bemerkte, dass schon alleine diese Selbstbeobachtung
eine Veränderung in ihr hervorrief?
Diese Selbstbeobachtung: war das ein Spotlight auf das,
was sich in ihrem Inneren grade mal eben so abspielte?
Kam da endlich Licht ins Dauerdunkel ihrer tiefschwarzen
Seele?
Und veränderte sich da schon deshalb was, weil da endlich
ein Riesenscheinwerfer in das chaotische Schlamassel
reinleuchtete?

Wie wichtig war es, wie die anderen sie sahen?
Wie war das mit den Änderungen?
Freilich... Hoppla, was war das?
War nicht die Gaby ziemlich eifersüchtig auf ihre neuen
Erfahrungen? Sozusagen eifersüchtig auf den Bodensee?
Vor allem aber auf Saskia, die so viel Neues erleben
durfte?
Renate freute sich über Saskias neues Leben, wie sie
sagte. Neues Leben? Sah Renate das so?
War es tatsächlich so?
Warum eigentlich nicht?

War es nicht so, dass sie jetzt im Geschäft viel lockerer
war? Waren daran ihre Ausflüge an den Bodensee, ihre
Begegnungen, ihre neuen Gedanken schuld?
Sah sie sich selbst so, wie die anderen sie sahen?
Sah sie sich so, wie Gaby sie sah?
Nein! Das tat sie nicht.
Gaby! Der Krach damals, weil Saskia wirklich keine Zeit

274

gehabt hatte.

Gaby! Die ihr zum Geburtstag eine ungeliebte Vase geschenkt hatte.

Nein!

Saskia musste ja keine Großveranstaltung inszenieren. Es genügte vollauf, den Kontakt langsam, aber sicher, einschlafen zu lassen. Das wusste sie jetzt!

Und sofort fühlte sie sich angenehm befreit!

Saskia fuhr weiter.

Bei der Ortstafel „Rorschach" dachte sie sofort an den Rorschach-Test und ihre Deutung der Kleckse bei einer psychologischen Aufnahmeprüfung. Ob sie damals den Job nicht bekommen hatte, weil sie möglicherweise die Kleckse falsch interpretiert hatte, wusste sie nicht. Vermutlich war es aber ganz gut gewesen, dass sie den Job nicht bekommen hatte. Dort hatte alles so total futuristisch ausgesehen, dass sie an die Zukunft des Unternehmens nicht so recht geglaubt hatte. Die übertriebene Zukunftsorientierung hatte sie skeptisch gemacht.

Klar hatte der gute, alte Rorschach vermutlich nichts mit der Ortschaft zu tun. Immerhin: er war ein Schweizer gewesen.

Rorschach selbst? Irgendwie war Saskia da zu viel Industrie. Sie kam sogar in einen Stau. Ach ja: geschlossener Schranken. Aber das machte ihr Rorschach auch nicht eben sympathischer.

Saskia wollte bloß zur Badhütte. Das war angeblich eines der letzten Seebäder, wo noch der Geist der Badekultur des 19. Jahrhunderts zu fühlen war. Und so was Nostalgisches, das wollte sie gerne mal genießen.

Die historischen Gebäude? Na klar gab es die auch.

Gleich drauf schalt sie sich: „Bin doch total bescheuert!

Selbstverständlich gibt es hier auch Industrie. Die
Menschen müssen ja von was leben. Nicht bloß vom
Fremdenverkehr."
Und doch hatte sie das Gefühl, dass Gemeinden am
Bodensee nun mal vor allem gepflegte, freundliche,
möglichst weltoffene Gemeinden sein sollten, in Harmonie
mit der Natur, vor allem mit dem See.
Zugegeben: das waren ziemlich egoistische Gedanken.
Immerhin, wurde es Saskia bewusst. Sie erkannte, dass
dies egoistische Gedanken waren!

„Ganz richtig!" hörte Saskia von hinten.
Sie zuckte. Nur ganz leicht. Jetzt war sie es doch schon
gewöhnt, mit allen möglichen und unmöglichen
Wesenheiten zusammen zu sein. Und das war doch die
Stimme der Inneren Ratgeberin gewesen!
„Während du dich so durch den Sonntagabendstau
durchquetschst, können wir uns doch unterhalten!" schlug
der Innere Ratgeber vor.
„Eine gute Idee!" gab Saskia zu. „Ist es hier wirklich so
schlimm am Sonntagnachmittag?"
„Wart es ab! Hier ist es bloß Fließverkehr, aber spätestens
bei der österreichischen Grenze wird er ziemlich
dickflüssig." „Und spätestens in Hard kommt es dann
regelmäßig zu Verstopfungen."
Saskia lachte. „Das hört sich ja eher wie ein medizinischer
Vortrag an als eine Verkehrsprognose."
„Die haben allerdings eine ganze Menge gemeinsam! Du
wirst das schon noch erleben!"

„Heute fühle ich mich recht gut. Da stören mich solche
Sachen vermutlich nicht so sehr. Und mit euch zu plaudern,
warum denn nicht. Ich habe ohnehin einige Fragen an
euch."
„Womit willst du beginnen?"
„Mit dem Selbstbewusstsein. Gebt ihr mir da einen

Leitfaden, was ich dafür tun kann, mehr Selbstbewusstsein zu haben?"

„Gerne. Da gibt es ein Zehn-Punkte-Programm."

„Kannst du später auch im ‚Bodenseevirus' nachlesen!"

„Na klar doch!"

„Also: eben dies ist das Zehn-Punkte-Programm für mehr Selbstbewusstsein. Doppelpunkt."

„Beginne damit, täglich wenigstens einmal etwas zu tun, das du total gut kannst. Weil dann hast du schon mal gleich wenigstens einmal täglich ein Erfolgserlebnis."

„Einfache Übung, die mache ich auf alle Fälle!"

„Trainiere, NEIN zu sagen. Wenn du ja sagst, dann ist das oft genug bloß deshalb, weil du in Wahrheit deine Ruhe haben willst. Sagst du jedoch nein, so signalisierst du, dass du selbstsicher bist."

„Du kannst ja bei kleinen Sachen anfangen. Beispielsweise Kantine. Schinkensandwich? Nein. Salamisandwich? Nein. Käsesandwich. Ja."

„Oder dann: Neandertaler aus der Buchhaltung: nein. Archiv-Onkel: nein. Praktikant in der Werbung: vielleicht?"

„Gut so."

„ Da passt der nächste Punkt recht gut."

„Und was ist das für einer?"

„Verzeih dir kleinere und größere Missgeschicke. Grad so, wie du sie einer Freundin verzeihen würdest."

„Mhm. Gleiches Kleid am selben Tag im selben Lokal. Kein Problem. Wir sind doch sowieso wie Zwillinge, nicht wahr?"

„Bestens."

„Lobe dich, wenn etwas gut geklappt hat."

„Also, die ersten Kilometerchen schlichen wir uns ja jetzt recht flott dahin, nicht wahr. Und ich war kein Bisschen

ungeduldig. Gute Saskia!"
Saskia machte die Unterhaltung sichtlich Spaß. Obwohl ihr
bewusst war, über etwas durchaus Wichtiges zu sprechen.

„Gehe nicht gleich auf große Endziele vor, sondern setzte
dir kleine Ziele. Sozusagen Teilziele."
„Also jetzt erst mal die Grenze, dann Hard, Bregenz,
Lindau und so weiter."
„Na klar funktioniert die Technik auch räumlich."
„Ich weiß schon. Beruflich geht es mir jetzt erst mal um
das Projekt, an dem ich jetzt arbeite. Und erst danach um
meine Karriere."
„Genau so ist das richtig. Weil wenn du dich erst um die
Karriere kümmerst, dann macht jemand anderer das
Projekt und sackt den Erfolg dafür ein. Und kommt dann
letztlich vor dem Karriereverfolger nahezu automatisch auf
der Karriereleiter höher."
„Verständlich. Wenn ich mir bisher aber auch noch nie
Gedanken darüber machte."
„Das ist eben der Unterschied: jetzt machst du dir
Gedanken darüber. Jetzt hast du die Möglichkeit zu
entscheiden, was du nun zuerst tun wirst."
„Und so hast du die Möglichkeit, das für dich in dieser
Situation Richtige zu wählen."
„Danke, das ist wirklich hilfreich!"

„Der nächste Punkt ist nicht weniger wichtig. Da geht es
darum, aktiv zu werden."
„Endlich mit dem Abwarten aufzuhören. Wartest du zu
lange, dann wartest du immer noch und noch länger und
kommst letztlich nie dazu, eine Idee in die Tat
umzusetzen."
„Aber wie du jetzt so drauf bist, trifft diese Befürchtung
jetzt auf dich nicht zu."
„Früher war das anders. Ich hätte doch früher schon..."
„Lass diese Überlegungen. Sie bringen dich nicht

weiter." „Die machen bloß schlechte Laune. Und die brauchst du ganz bestimmt nicht."

„Der nächste Ratschlag ist wieder genau für dich in deiner jetzigen Situation."
„Und wie lautet der?"
„Sag dir selber – oder deinem Spiegelbild, wenn dir das leichter fällt –, dass du der Aufgabe gewachsen bist, dass du die Herausforderung schaffen wirst, dass du das, was gefordert wird, kannst. Allerbestens dafür geeignet bist. Alles bestens meistern wirst."
„Das ist sofort geistig notiert. Denn das hilft mir sicher!"

„Freue dich über deinen Erfolg."
„Denn wozu sollte der Erfolg denn sonst zu dir kommen?"
„Aber ja doch freue ich mich! Und jetzt freue ich mich darüber, dass wir ohne totalen Stau über die Grenze nach Österreich gekommen sind!"
„Recht so. Und außerdem stimmt es ja. Wir sind jetzt in Österreich. Ganz ohne Grenzformalitäten."

„Wenn ich richtig mitgezählt habe, dann fehlen jetzt noch zwei Punkte."
„Genau."
„Kontrolliere. Denn mit Kontrolle hast du den Überblick. Und damit die Sicherheit."
„Dabei ist selbstverständlich nicht eine Erbsenzählerei gemeint!"
„Ich weiß schon, was ihr meint. Bloß so eine Routinekontrolle, um Bescheid zu wissen, dass alles richtig läuft. Ja, das leuchtet mir ein. Und das will ich mir auch angewöhnen. Schon mal bei diesem neuen Projekt."
„Gut so."

„Und jetzt wird es sozusagen weiblich."
„Wieso das?"

„Weil wir dir den Ratschlag geben, auf deinen Bauch zu vertrauen." „Gefühle sind immer gute Wegweiser." „Und manchmal auch Stopzeichen, wenn es notwendig ist!"

„Hm. Na hoffentlich beherzige ich denn das alles wirklich!" sinnierte Saskia.

Und Saskia hatte reichlich Zeit, über dieses Zehn-Punkte-Programm nachzudenken. Der Sonntagrückflutverkehr war wirklich ein Stop-and-go-Verkehr. Durch Hard. Durch Bregenz. An Lochau vorbei, an Hörbranz vorbei. Bis nach Lindau.

FREUDE! SCHÖNER GÖTTERFUNKEN

Erst am 30. August kam Saskia wieder an den Bodensee. Möglicherweise war das ja der letzte wirklich schöne Sommertag! Und den wollte sie genießen. Na klar: am Bodensee!

Belustigt rechnete Saskia nach, dass der Bodensee heute ein Siebenmonatskind war, sozusagen. Was hatte sich in dieser Zeit doch alles für sie verändert!
War das wirklich noch ein und dieselbe Person, die am 20. Januar wegen eines Castings an den Bodensee gekommen war?
Egal, ob es dieses sagenhafte Bodenseevirus nun gab oder nicht: jedenfalls Saskia hatte es gesund gemacht!
Jedenfalls IHR hatte es enorm viel geholfen.
Und darüber freute sie sich.

Saskia war gespannt, was sie heute so erleben würde. Denn dass dieser Ausflug nicht bloß eine Fahrt ins Blaue war, das wusste sie längst, bevor sie ins Auto gestiegen war.
Was war das? Alles, alles, alles fühlte sich heute für sie so wundervoll, so angenehm richtig an! Sie fühlte sich wie in einem sicheren Kokon, in dem ihr überhaupt nichts passieren konnte, in dem sie wunderbar beschützt und aufgehoben war.

Es war ihr klar, dass sie heute vermutlich alle ihrer sozusagen neuen Freunde treffen würde. Weil nun mal alles in ihrem Leben seine Richtigkeit hatte, seit sie sozusagen mit dem Bodenseevirus infiziert worden war.
Jetzt stimmte alles. Jetzt passte alles zusammen. Jetzt fühlte sie sich tatsächlich so, wie sie immer schon gehofft hatte, sich zu fühlen: rundherum gut.

Er war richtig, heute nach Bregenz zu fahren. Dorthin, wo diese für sie so positive Veränderung begonnen hatte. Während der Fahrt atmete Saskia immer wieder tief durch. Dazwischen ließ sie ihre Erlebnisse in ihr Bewusstsein ein. Was hatte sie doch für besondere Erfahrungen gemacht, welche Gedanken hatte sie doch gedacht, welche Empfindungen hatte sie doch gehabt – am Bodensee! Von diesem See ging eine besondere Faszination aus, alles, alles das fühlte Saskia immer wieder. Möglicherweise heute stärker als je zuvor. Gewissermaßen gab es für sie keine Hemmschwellen, dem Bodensee ihre Gedanken, ihre Gefühle, ihre Träume zu offenbaren. Die Weisheit des Sees nahm gewissermaßen alles zur Kenntnis, urteilte nie, bekrittelte nie – war einfach bloß da. In einer mitfühlenden, verständnisvollen Art, die Saskia immer wieder unendlich gut getan hatte.

Diesmal wollte Saskia nach oben! Und so fuhr sie mit der Pfänderbahn hoch.
Was für ein wundervoller Ausblick! Warum hatte sie sich das nicht schon längst gegönnt? Sozusagen Meter um Meter fühlte sie mehr und mehr, wie sich ihr Herz öffnete. Der Ausblick war wunderbar!
So ähnlich war doch die Sicht bei ihrem ersten Bodenseeabenteuer gewesen, als sie mit den Geistern über dem Wasser unterwegs gewesen war!
Ja! Das Leben war gut! Das Leben war wunderbar! Sie brauchte es bloß zu sehen! Sie brauchte es bloß anzunehmen!
Und – endlich – war sie so weit, die Wunder des Lebens zu sehen, anzunehmen. Und zu genießen.
Jetzt hatte sie kein Interesse an Geschichte. Nicht mal an Geschichten.

Saskia lief auf dem Pfänder rum. Gewissermaßen ruhelos. Sie hatte nicht einmal den Wunsch, in einer der

einladenden Wirtschaften etwas zu trinken. Adlerschau?
Sicher toll. Aber nicht für sie. Nicht heute. Und die Tiere
hier. Ja, demnächst einmal würde sie sich mit ihnen
anfreunden, dann ganz bestimmt zum Sender hochgehen.
Immerhin war der Pfänder 1064 Meter hoch.
Aber heute, da war alles anders.
Es war wichtig gewesen, herauf zu kommen. Und es war
genauso wichtig, jetzt gleich wieder mit der Seilbahn nach
unten zu fahren.
Saskia stellte sich vor, mal einen Tag lang nichts anderes
zu tun, als immer wieder auf und ab zu fahren. Immer
wieder dem See zuzuschauen beim See-Sein. Zumindest
bis zum Sonnenuntergang, möglichst aber auch noch mit
Mond und Sternenhimmel bis zum Morgenrot.
Saskia lächelte. Solche Vorstellungen hätte sie sich selbst
gegenüber noch vor wenigen Monaten nicht zugestanden.
Und genau das war der wundervolle Unterschied.
Sie kam jetzt nicht mehr als Besucherin hierher, sondern
als Abenteurerin! Als jemand, die sich auf das Ungewohnte,
auf das Überraschende, auf das Nicht-auf-den-ersten-
Blick-Offenkundige einließ!
Und sie genoss alles, alles, alles.

Plötzlich auf der Fahrt nach unten war wieder die
Vorstellung ihres Selbst da. Vor ewig langer Zeit, auf der
Mainau, hatte sie mit AEIOU darüber gesprochen.
Da hatte es doch wichtige Begriffe rundherum gegeben, die
sozusagen erst das Selbst ausmachten. Welche waren das
gewesen?
Na klar: Liebe. Liebe? Wie sehr hatte sich dieser Begriff,
all seine Bedeutung für Saskia verändert!
Aber auch Bewusstsein. Das bewusste Sein. Genau das
hatte jetzt eine völlig andere Bedeutung für Saskia.
Erfahrung. Tja! Was für eine besondere Erfahrung hatte sie
da eben hinter sich. Nein, verbesserte sie sich: nicht EINE
Erfahrung! Das war eine Kette von Erfahrungen!

Distanz. Ja, diese ganz besondere Distanz zu ihrem alltäglichen Leben hatte Saskia so sehr verändert. Eben diese Fahrten zum Bodensee. Und dann vor allem ihre Fahrt AM Bodensee. Vermutlich ließen sich viele Problemsituationen weit leichter aus einer gewissen Distanz lösen.

Und: Sicherheit. Sicherheit? Jetzt hatte sie sich doch so einige Zeit mit der Wichtigkeit von Veränderungen beschäftigt. Und jetzt: was war das mit dieser Wichtigkeit der Sicherheit?

Hatte sie nicht grade erst gelernt, nicht mehr auf Sicherheiten wert zu legen?

„Pseudo-Sicherheiten!" hörte Saskia deutlich in sich!

Und dann war dieses Thema plötzlich völlig klar! Hohes Bankkonto? Tolle Wohnmöglichkeit? Traumpartner? Superjob? All das waren keine Sicherheiten, auf die sie sich unbedingt verlassen konnte.

Worauf dann?

Unangenehm heftig sozusagen wurde es Saskia bewusst. Verlassen konnte sie sich auf die Tatsache ständiger Veränderung. Bis zu einem gewissen Grad hoffentlich auch auf sich selbst. Religiöse fanden ihre Sicherheit womöglich in ihrem Glauben.

Saskia seufzte. Da blieb noch Einiges für sie zu tun!

Viel zu schnell war Saskia wieder in Bregenz. Sie ging Richtung See. Brrr. Da waren so viele Menschen, da flüchtete sie ganz schnell in die Fußgängerzone.

Da gab es ein kurioses Lokal, das sich Cafe Wunderbar nannte. Da wollte sich Saskia endlich etwas zu trinken holen.

Nostalgisch war es da. Gewissermaßen so kitschig, dass es schon wieder wunderbar war. Für sich taufte Saskia das Lokal in „Sonderbar" um. Ganz besonders freute sie das Bild im Klo im ersten Stock. Genau diesen süßen Pan-Jünger hatte sie doch schon bei einer Freundin gesehen!

284

Was für ein unverhofftes, erfreuliches Wiedersehen!

Wen würde sie heute noch wiedersehen? Denn dass dies sozusagen vorprogrammiert war, da war sich Saskia sicher.
Jetzt hatte sie erst mal Lust, zur Oberstadt hinaufzuwandern.
Saskia schlenderte durch die Kaiserstraße zum Leutbühel. Na klar ging sie an den Marktständen entlang, wunderte sich über die Menschentraube vor einem vermutlich In-Lokal der Bregenzer, sah die fröhlichen Menschen vor dem Neptun, ging zurück zur Kirchgasse. Weil dort war etwas ganz Besonderes: das Haus mit der Nummer 29 hatte die schmalste Hausfassade. 57 Zentimeter! Angeblich ja die schmalste Hausfassade Europas.
Bald wurde es beinahe steil!
Und schon bald war Saskia in einem ganz, ganz anderen Bregenz. Sozusagen im habsburgerischen Bregenz des 15., 16. Jahrhunderts. Besonders gut gefiel ihr die Ecke Martinsturm. Hier fühlte sie sich an Isny erinnert. Und ins Mittelalter zurückversetzt. Doch bald schon wollte sie wieder runter in die Stadt.
Vorsichtig ging sie die Stadtstiege nach unten. Und kam unten in der Jetztzeit an.

Saskia war hungrig. Sie ging ins Gösserbräu, fand einen Platz im Garten und fühlte sich wohl. Dazu trug das fabelhafte Essen selbstverständlich auch bei: Saskia aß Pfifferlinge. Als Ragout. Mit Semmelknödel. Na klar ließ sie sich dazu ein köstliches Gösserbier bringen.

Herrlich gestärkt ging sie zum Kornmarkt. Das hatte sie sich ja für heute vorgenommen, das Vorarlberger Landesmuseum zu besuchen.
Ein wundervolles Museum!
Saskia war vor allem an der ganz frühen Geschichte

interessiert.

Sie hätte Lust gehabt, mit den Rätern und Etruskern Bekanntschaft zu schließen. Die ersten befestigten Siedlungen wurden von den Brigantinern etwa 1.500 Jahre vor der Zeitenwende errichtet. Die Brigantiner kamen aus dem Norden. Sie waren keltische Vindeliker. Die südlichen Nachbarstämme wurden von den Römern Räter genannt. Sie lebten im Gebirgsraum Bodensee – Como – Verona. Hier im Museum ging es vor allem um die Römerzeit.

Römische Truppen waren schon vor der Zeitenwende ans östliche Bodenseeufer gekommen. Auf dem Ölrainplateau wurde zur militärischen Absicherung eine Befestigungsanlage errichtet. Daraus entwickelte sich allmählich eine urbane Siedlung.

Brigantium hatte seine Blütezeit im zweiten Jahrhundert. Brigantium hatte ein Forum, einen Tempelbezirk, eine Basilika, Markthallen und einen Hafen. Bald bekam es das römische Stadtrecht. Auch hatte der Präfekt der römischen Bodenseeflotte hier seinen Sitz. Eine wichtige Straße verband Brigantium mit Cambodunum, wie Kempten damals hieß, und mit Augusta Vindelicorum, heute als Augsburg bekannt.

Während der Völkerwanderung wurde Bregenz durch die Alemannen zerstört. Wiederaufgebaut von sowohl Brigantinern als auch Römern. Vorsichtshalber wurde damals die Oberstadt kastellartig ausgebaut. Der ehemalige römische Kriegshafen war dort, wo heute die Marktstände des Leutbühels waren.

Etwa 1.400 Römergräber wurden gefunden. Teilweise hatten sie Urnen verwendet. Die Römer kannten Naturglas und Obsidian. Sie hatten Fußbodenheizungen. Und sie verwendeten Pinzetten.

Saskia amüsierte sich über ein Fluch-Täfelchen, mit dem einer Frau die Ehefähigkeit genommen werden sollte. Durch die wundervolle Goldausstellung sauste Saskia

durch. Wollte sie doch bald wieder im Freien sein. Und
außerdem wusste sie, wie gefährlich der Kontakt mit Gold
sein konnte!

Unterwegs zum Seeparkplatz wurde Saskia von einer
Hündin entdeckt. Sie hatte doch gewusst, dass sie hier die
Edle von Habenichts und Binsehrviel treffen würde!

„Nun? Genug über Bregenz erfahren?" „Mein sogenanntes
Wissen hat allerdings noch riesige Wissenskrater, weil als
Löcher kann ich die denn nicht bezeichnen."
„Willst du, dass ich etwas nachhelfe?" „Bitte, gerne!"
„Wie gefällt dir die spezielle Bregenzwerbung?" „Welche
denn? Fiel mir bis jetzt noch nicht auf." „Die zwei
Buchstaben, die überall rumstehen. Das B und das Z."
Saskia griff sich an die Stirn. „Und ich hatte schon gedacht,
was das wohl soll! Na klar doch! Aber ich vermute, dass
ich nicht die Einzige bin, die das nicht gleich blickt!" „Du
meinst, dass die Bregenzer Tourismusmanager die
Touristen überfordern?" „Das vermutlich ja nicht. Aber ...
Na ja, letztlich vielleicht ja doch."
Die Edle von Habenichts und Binsehrviel lachte. „Herrlich,
wenn du versuchst, dich rauszureden! Beinahe schon
kabaretttauglich!"

„Danke für das sozusagen Kompliment. Im Museum
begegnete ich einem Ölrainplateau. Hast du eine Ahnung,
was das ist?"
„Null Ahnung. Vermutlich war es aber etwa dort, wo heute
die ehemalige Pipeline Genua – Ingolstadt durchgeht. Heute
sind die Rohre längst entleert und gereinigt. Und – ein
beliebter Badestrand."
Saskia lachte: „Vermutlich sollten wir gemeinsam im
Kabarett auftreten!"
„Warum eigentlich nicht? – Jetzt erst ist mal meine
Meerjungfrau da. Komm mit mir mit, ich entführe dich!"

„Entführung hört sich gut an! Na klar komme ich mit!"

Drei Mal ging es rechts, dann einmal links, dann gab es
Saskia auf mitzuzählen.
Relativ bald gewannen sie an Höhe. Und – was für
wundervolle Ausblicke gab es da!
Die Edle von Habenichts und Binsehrviel blieb bei der
Vorarlberger Landesbibliothek stehen. Staunend stieg
Saskia aus. Die Hündin bellte sich mit einer zweiten, dann
wurden beide friedlich und wedelten nur noch mit den
Schwänzchen.
„Da unten ist das Spital. Wie ja hier die Krankenhäuser
genannt werden. Und direkt hinter uns ist die Vorarlberger
Landesbibliothek."
„Bibliothek?" wunderte sich Saskia.
„Zugegeben, es war nicht immer eine Bibliothek. Schon vor
der Römerzeit wurden hier den heidnischen Göttern Opfer
gebracht. Im siebenten Jahrhundert ließen sich Kolumban
und Gallus, die irischen Glaubensboten, hier nieder. Weil
sie die Alemannen missionieren wollten."
„Na ja, das war ja wohl immer schon so, dass ein
sozusagen Heiligtum gleich für die nächste Heilsbewegung
gebraucht, wenn nicht gar missbraucht wurde!"
„Genau! Und so ging das weiter. Bis vor etwa fünfzehn
Jahren die ehemalige Stiftskirche als Kuppelsaal der
Landesbibliothek ihrer Bestimmung übergeben werden
konnte."
„Das nennt sich dann wohl nicht mehr Einweihung?"
grinste Saskia.
„Komm mit! Es ist wundervoll hier!" schwärmte die Edle
von Habenichts und Binsehrviel. Und: Saskia war hin und
weg.

Als sie wieder draußen waren, erzählte die Ältere von
einer wundervollen Kräuterwanderung hier rund um die
Landesbibliothek. „Es scheint, dass du dich ganz besonders

für Kräuter interessierst!" „Na klar! Ich arbeite an einem Buch über Ernährung und Lebensführung. Und: umso mehr ich erfahre, umso mehr Fragen tun sich auf, umso mehr will ich wissen!"

„Ich wollte dich sowieso fragen, woran du jetzt arbeitest!" „Ich bin eine Chaotin. Ich arbeite sozusagen gleichzeitig an mehreren Werken, verfolge etliche Ideen gleichzeitig. Und – ich liebe jedes einzelne der Themen!" Saskia sah sie an. „Ja. Das glaube ich dir sofort!" „Warum?" „Du bist einfach so!" „Danke!"

Die Hündin hatte im Garten gewartet. Begrüßte die beiden nun überschwänglich.

„Übrigens war das Gallusstift hier das erste Kloster im Süddeutschen Raum. Klar hatte dann die Mehrerau die meiste Macht und den meisten Einfluss. Da reichte mal das Klosterland vom Rhein bis zur Donau. Da wurden Wälder gerodet und landwirtschaftliche Musterbetriebe auch im Westallgäu und im Bregenzer Wald eingerichtet."

„Na, da wurde ja so Einiges bekehrt! Nicht bloß die Menschen. Und auch so Einiges weg- und ausgekehrt!"

„Allerdings. Und dabei wird meistens vergessen, dass es die Römer waren, die das Christentum nach Brigantium brachten. Die bauten ein Kirchlein für die Alemannen, sie zum Christentum zu bekehren."

„Die Römer wurden allerdings nicht heilig gesprochen, nehme ich an."

„Genau. Da kam dann Kolumban, ein fanatischer, irischer Missionar. Und der stürzte radikal die heidnischen Götter. Und er errichtete um die ehemalige Kirche Zellenhäuschen. Nein, nicht für böse Buben und Mädchen! Das war dann die erste Klosteranlage, im siebenten Jahrhundert." „Nicht eben rücksichtsvoll, nicht wahr?"

„Irgendwie zahlten es ihm die Alemannen heim. Angeblich waren sie ihm zu wild. Und so zog der damals vielleicht noch gar nicht so heilige Kolumban nach Italien weiter."

„Mit einer Kolumbine wäre das wohl anders gelaufen!"
„Und ob! Sein Gefährte Gallus blieb zurück. Genau der, der
später im Arboner Forst eine Einsiedelei gründete, woraus
sich dann das Kloster St. Gallen entwickelte."
„Aber hier, dieses wundervolle Anwesen, das blieb doch
einigermaßen bestehen?"
„Ach wo! Das Bregenzer Kloster zerfiel. Irgendwann um
1500 wurde es zu einem Edelsitz umgebaut. Anfang des 20.
Jahrhunderts kauften die Benediktiner das Anwesen."
„Na, dann war es ja wieder in katholischer Hand."
„Nun ja, 1941 wurde das St. Gallusstift von der Gestapo
aufgelöst." „Uff." „Immerhin ist es seit 1982 nun die
Landesbibliothek des Landes Vorarlberg."
„Wenigstens das."

„Weil wir grade bei Vorarlberg sind: da will ich was
klarstellen." „Und zwar?" „Du meintest doch in Meersburg,
dass sich Annette von Droste-Hülshoff geirrt hatte, als sie
von den Tiroler Bergen sprach." „Na klar doch!"
„Vorarlberg war einmal ein Teil Tirols!" „Was du nicht
sagst! Da entschuldige ich mich selbstverständlich bei der
Dichterin. Das hatte ich nicht gewusst." „Eben."
„Gibt es da noch so eine Geschichte?"
„Eine der gar nicht so heiteren Art. Nämlich die Geschichte
der Schwabenkinder." „Schwabenkinder? Darüber hörte ich
noch nie etwas. Erzähl doch, bitte."
„Im 19. Jahrhundert ging es vielen Familien sehr schlecht.
Familien in Süd- und Nordtirol und auch in Vorarlberg, vor
allem im Bregenzer Wald. Oft wussten sie nicht, wie sie
überleben könnten. Und so schickten sie ihre Kinder ins
Schwabenland. Damit sie dort arbeiteten und Geld nach
Hause bringen konnten." „Da verdingten sich also die
14jährigen?" „Nicht nur die, viele waren zehn, zwölf Jahre
alt. Manche sogar erst sechs oder sieben. Und da gab es
auch etliche Mädchen darunter." „Das stelle ich mir
schlimm vor." „Manche trafen es gut. Da hatten sie endlich

genug zu essen, bekamen neue Kleidung und auch etwas Geld. Manche aber wurden total ausgebeutet: sie mussten wie erwachsene Knechte und Mägde arbeiten, wurden geschlagen, bekamen gerade das Nötigste zu essen." „Fürchterlich!" „Ja. Das Schlimmste aber war, dass sie nicht zur Schule gingen. Und so zu Analphabeten wurden. Sie später nur wenig Berufschancen hatten."

„Und das war hier? Am Bodensee?" „Ja. Die Kinder wanderten in Gruppen aus den verschiedensten Gebieten in Richtung Norden. Sie kamen im ersten Frühling und kehrten im November zurück. Sie übernachteten meistens in Heuschobern." „Schlimm." „Sie wanderten nach Ravensburg." „Warum dorthin?" „Weil dort der Kindermarkt stattfand. Dort wurden die Tirolerle vor allem an die Bauern abgegeben." „Tirolerle?" „Ja. Das war die Bezeichnung der Schwaben für die Kinder. Weil nun mal Tirol die Heimat der meisten Kinder war." „Verkauft also? Finde ich grauenhaft."

„Ja. Immerhin war es damals eine Chance zu überleben: sowohl für die Kinder als auch für deren Eltern. Aber komm jetzt wieder in die Jetztzeit! Ja? – Übrigens: sobald du Zeit hast, komm hierher zu einer der wunderbaren Veranstaltungen."

Saskia sah die Edle von Habenichts und Binsehrviel nachdenklich an. „Das hört sich ja grade so an, als wüsstest du schon mehr als ich..."

„Hat das so geklungen? Nun, ich will nicht vorgreifen. Jetzt komm erst mal wieder mit runter ins Tal sozusagen."

„Bregenz ist für mich allmählich das Bodenseeufer und die Berge. Und dazwischen der Dauerverkehrsstau."

„Die Idee solltest du an die Verkehrs- und Touristikmenschen von Bregenz weiterleiten! Aber es gibt ja eine Korridor-Vignette." „Und – bringt die was?"

Die Edle öffnete ihre Arme und hob sie in Richtung Himmel. „Wer weiß das schon?"

Erfreulicherweise kam durch diese Geste niemand zu

291

Schaden. Vielleicht war aber auch die Meerjungfrau
vernünftig genug, mit so kleinen Unaufmerksamkeiten der
Lenkerin fertig zu werden.

„Irgendwie habe ich das Gefühl, dass es hier in Bregenz
viele Frauen gibt."
„Ganz recht. Immerhin sind mehr als die Hälfte der
Bevölkerung weiblich. – Und jetzt zeige ich dir grade mal
eine besondere Ecke. Wo normalerweise kaum mal Fremde
hinkommen."
„Na, da bin ich ja gespannt! Erzählst du mir schon mal was
darüber?"
„Gerne. In Vorarlberg gibt es viele ehemalige
Fabrikgebäude. Und weil die jetzt nicht mehr für
Produktionen benutzt werden, werden sie nach Möglichkeit
anderweitig genutzt, oft als Kunststätten oder für die
Gastronomie."
Saskia lachte: „Also hat meine kluge Freundin Lust darauf,
was zu trinken?"
„Wie kommst du denn bloß darauf?!"
„Nun ja, ich bin zwar jung und gefräßig. Aber deshalb muss
ich doch nicht auch dumm sein! Ich fühl mich nicht so sehr
als Angehörige der Generation Doof. Und auch nicht grade
so wie diese Hintertupfing Hill."
„Magst du sie nicht?"
„Ganz im Gegenteil! Ich liebe diese freche fröhliche
Selbstdarstellerin. Allerdings..." „Allerdings?"
„Allerdings ist es mir lieb, wenn sie in ihrem
Memoirenbuch bleibt."
„Nun ja! Verständlich. – Wir sind gleich da. Die Kirche
Mariahilf will ich schon ewig lang besuchen, aber bis jetzt
schaffte ich das noch nicht."
„Die sieht recht interessant aus."
„Hast du Lust?"
„Nicht grade jetzt, nein, danke!" blödelte Saskia.

Und schon landeten sie auf einem großen ehemaligen Fabrikgelände.

„Das sieht für mich ja richtig exotisch aus! In solchen Fabrikkomplexen war ich noch nie!"

„Jetzt gibt es ja viel größere. Und es gibt was ganz Riesiges!"

„Was meinst du?"

„Den Teilchenbeschleuniger Cern bei Genf."

„Ach ja, da wollen die doch den Urknall simulieren!"

„Genau. Und vielleicht verschwindet dann so alles Mögliche und Unmögliche in einem Schwarzen Loch. Immerhin vermuten das so Manche."

„So Manche hoffen das wohl auch! Manchmal habe ich gar nicht so sehr den Eindruck, als wäre das eine Riesen-Katastrophe!"

„Ich liebe deinen fröhlichen Optimismus!" schmunzelte die Ältere.

Inzwischen waren sie zu einem besonderen Gebäude gekommen. Zum Kesselhaus. Und klar gab es hier ein Lokal. Auch im Freien waren etliche Tische. Genau richtig für einen kleinen Plausch.

„Das ist ja wirklich ein Geheimtipp!" freute sich Saskia.

„Gleich daneben ist ein Theater." „Ein Theater?"

„Und was für eines! Das Theater Kosmos! Mein Lieblingstheater!"

„Verstehe: du bist hier Stammgast." „Na klar! Hier wird mit viel Liebe und Engagement Theater gespielt. Für mich ist es sozusagen ‚Theater zum Anfassen'. Und dazu gibt es Ausstellungen und Konzerte und Lesungen. Einfach super!"

„Und welches Programm gibt es hier so?"

„Die greifen hier Aktuelles auf, sozusagen heiße Eisen. So spielten sie beispielsweise ‚Heiliges Land' von Mohamed Kacimi über die Situation im Nahen Osten. Besonders beeindruckte mich eine Lesung. Der Dialog eines Juden mit einem Perser."

„Also, ein besonderes Theater und eine ganz besondere Ecke, dieses Gelände."

„Genau. Und ganz in der Nähe ist das Metro-Kino."

„Ist das das Kino, wo die James-Bond-Filme liefen?"

„Genau. Und in diesem Kino laufen nicht nur Block-Busters, sondern auch wirklich gute Filme!"

„Gehe ich recht in der Annahme, dass die Ecke hier so eine Art geistige Heimat für dich ist?"

„So ganz Unrecht hast du damit vermutlich nicht. Und hier lässt es sich auch über ganz andere Themen leicht und locker plaudern."

„Da bin ich aber gespannt! – Zuerst will ich selbstverständlich wissen, ob es in der Bond-Geschichte etwas Neues gibt."

„Stets zu Diensten! Also, ab sechsten November soll der Film in die Kinos kommen. Und dann gibt es eine heiße Meldung."

„Heiß? Was denn?"

„Die Meldung über einen total heißen Flirt!"

„Wer gegen wen?"

„Angeblich das Bond-Girl Olga Kurylenko MIT dem Regisseur Marc Forster."

„Na dann versteh ich doch auch, warum die auch in Bregenz war, wenn die da gar keinen offiziellen Auftritt hatte!" „Ganz gut möglich."

„Und was ist jetzt mit dem Riesenauge?"

„Das schließt sich angeblich für immer. Insgesamt waren 140.128 Besucher beim Spiel auf dem See. Und damit war das die bestbesuchte Opernwiederaufnahme seit zehn Jahren. Das war eine Auslastung von 93 Prozent."

„Da mussten die echten Besucher nicht so wie ihr von einem Platz zum anderen sausen, all die Plätze voll zu bekommen, vermute ich!"

„Aber, Saskia!"

„Und, was macht Superheld Daniel Craig jetzt?"

„Angeblich trinkt er jetzt keine Martinis mehr."

„Warum denn das? Macht er eine Entziehungskur?"
„Das glaube ich denn doch nicht. Aber angeblich wird er
das neue Gesicht für einen neuen Film, nämlich das neue
Gesicht von Coke Zero. Und das hört sich weder nach
geschüttelt noch nach gerührt an!"
„Wirklich nicht!" lachte Saskia. „Cut jetzt sozusagen. –
Noch was Interessantes von 007 & Co?"
„Nicht so ganz direkt, aber doch."
„Erzähl doch schon!"
„Es gibt sie bereits, die Dominic-Greene-Swatch Chrono
Plastic. Zum 25-Jahr-Jubiläum gibt Swatch eine 007-
Bösewichte-Kollektion heraus." „Bestimmt wieder mal eine
Spitzenidee! Zumindest wieder mal eine gute
Verkaufsmasche!"
„Swatch schafft es doch immer wieder, aus Plastikmüll
einen Verkaufknüller zu basteln!"
„Grad so nebenbei eine Information."
„Und worüber?"
„Den Bubu, den du heute vormittags bewundert hast, den
gibt es nicht mehr lange."
„Wieso denn das?"
„Nun ja, das Klamottenimperium von nebenan..."
„Mist. Aber da kann mensch wohl nichts dagegen tun. – Ich
wollte dich schon längst mal nach deinen ganz besonderen,
ganz persönlichen Abenteuern und Erfahrungen mit dem
Bodensee fragen."

„Tja. Mich erwischte es eben auch, dieses Bodenseevirus."
„Wann?"
„Schon viel, viel früher. Ich erlebte im, am, beim und durch
den See eine Reihe von für mich wichtigen Situationen."
„Erzählst du mir davon?"
„Aber ja doch! Eine der heitersten Erfahrungen hatte ich
mal auf einem großen Schiff. Ich fuhr zur Mainau. Und da
begegnete ich einem schon ziemlich alten Mann. Ich war
freundlich. Und er begann sofort, mir eine Geschichte ins

Knie zu schrauben."

„Was für eine denn?"

„Die komplette Geschichte des Zweiten Weltkriegs. Er war im Zentrum des Geschehens gewesen."

„Und wo war das?"

„Wie kannst du das fragen! Selbstverständlich war das am Bodensee?"

„Zugegeben: ich war nie recht gut in Geschichte..."

„Na klar, ich war auch ziemlich überrascht. Aber er erzählte. Gnadenlos. Wie die Deutschen über den See gefahren waren. Wie sie die Feinde getäuscht hatten..." „Und du...?"

„Oh, ich hatte vollauf damit zu tun, nicht laut loszuplatzen! Aber, du kannst dir das vermutlich nicht vorstellen, dem Typen war das wirklich total ernst!"

„Herrlich! Köstlich! Und sonst?"

„Seenähe, Seesicht wurde mir immer wichtiger. Oft war ich am Ufer unterwegs. Viel zu oft als Sammlerin."

„Sammlerin?"

„Na klar doch! Ich sammelte Wurzeln, Äste,... Steine... Und gelegentlich fand ich wunderschöne Süßwassermuscheln."

„Toll! Und wie hast du es mit dem Baden?"

„Ich habe es mehr mit dem Duschen. Sehr selten mal bade ich in einem der Bäder. Viel lieber ist es mir, einfach irgendwo sozusagen wild zu baden."

„Das passt zu dir", lachte Saskia.

„Und weißt du, am allerliebsten bade ich abends, eher schon nachts."

„Warum denn das?"

„Da ist das Wasser oft wärmer als die Luft. Und außerdem gibt es da gelegentlich Plätze, wo ich echt alleine bin. Allerhöchstens mit Freunden. Und dann erspare ich mir gerne mal den Badeanzug. Ich finde es einfach herrlich, das Wasser direkt auf der Haut zu fühlen!"

„Gewissermaßen erlaubst du dir eine Menge Freiheit. Wo

so manche damit Schwierigkeiten hätten."
„Ich bin doch ich! Nicht wahr?"
„Und außerdem bist du in den Bodensee verliebt!"
„Da bin ich keineswegs die Einzige! Da gibt es ganz neu von der Luftbildtechnik Achim Mende ‚See der Möglichkeiten' und auch eine ‚Best of Bodensee'-DVD."

„Darum werde ich mich später mal kümmern. Jetzt will ich dich erst mal was fragen."
„Na, dann tu es doch!"
„Heute Vormittag. Da war ich allein. Aber – gewissermaßen, wie soll ich sagen, ich fühlte mich überhaupt nicht einsam!"
„Das zeigt deutlich, dass du auf dem richtigen Weg bist!"
„Wie meinst du das?"
„Sobald du dich mit dir selbst nicht mehr langweilst, langweilst du dich auch nicht mehr mit irgendjemand anderen. Klar: totale Langweiler schickst du dann gleich mal in die Wüste. Aber viel wichtiger ist, dass du niemand anderen brauchst, dich wohl zu fühlen. Und bloß darauf kommt es an!"
„Du meinst, dass ich jetzt tatsächlich mit mir klarkomme?"
„Ja, klar doch tust du das."

„Du meinst, dass ich jetzt ein anderer Mensch bin?"
„Das ist überhaupt nicht nötig! Es genügt völlig, dass du deine Einstellung verändertest. Deine Einstellung gegenüber den Fakten und Daten."
„Ist das wirklich so wichtig?"
„Und ob! Nun lässt du sozusagen gleichzeitig verschiedene Sichtweisen zu. Und das beschert dir eine noch ungewohnte Gelassenheit. Und allmählich ist alles wie eine Medizin für dich."
„Ich kann es bloß noch nicht so recht glauben!"
„Beobachte dich doch, beispielsweise heute. Welches Gefühl hattest du da vor allem?"

Saskia überlegte. „Eigentlich... sozusagen... gar keines.
Nein! Nicht wirklich! Ich freute mich. Sozusagen über alles.
Verrückt, nicht wahr?"
„Keineswegs. Du erlebtest heute, dich nicht mehr ständig
zur persönlichen Stellungnahme aufgefordert zu fühlen."
„Echt?"
„Ja. Du konntest alles so sehen, so nehmen, so genießen,
wie es war. Und – das war ein wichtiger
Entwicklungsschritt für dich."
Saskia drehte das beinahe leere Glas auf dem Untersetzer.
„Also: Prüfung bestanden?"
„Ja! Gratulation. Und wie geht es nun weiter?"
„Das erfährst du schon bald. Aber nicht hier und nicht nur
gemeinsam mit mir."
„Großes Geheimnis?"
„Einstweilen noch."

„Und wie ist es mit deinem großen Geheimnis? Wie läuft es
bei dir so weiter?"
„Ich arbeite jetzt mit Books on Demand."
„Was ist das?"
„Das ist die Realisierung einer meiner uralten Visionen!"
„Erzähl doch, das klingt interessant!"
„Heute macht es keinen Sinn mehr, Bücher auf Verdacht
sozusagen zu drucken, zu verwalten und dann irgendwann
auf Billigstschütten zu verkaufen."
„Klingt logisch."
„Ist es auch. Bücher werden gedruckt, wenn sie
nachgefragt werden."
„Super! Also keine Bücherverramschung mehr?"
„Genau."
„Kann es da noch eine Weiterentwicklung geben?"
„Na klar. Beispielsweise die Bibliothek in der Handtasche.
Das ist dann eine Bibliothek mit zweihundert Büchern,
sozusagen eingeschrumpft auf ein Gerät in
Taschenbuchformat."

298

„Enorm. Aber da ist dann wohl Schluss!"
„Schluss? Gibt es so etwas denn in der Entwicklung?"
„Ja, aber, wie soll denn das noch weiter gehen?"
„Vielleicht als Hörbücher. Gesprochen vom bevorzugten
Sprecher. Und etwas später dann mit Bildumsetzung."
Saskia war verblüfft. „Du sagst das so, als wäre das völlig
alltäglich."
„Zugegeben: heute ist es das noch nicht. Aber es ist
vorstellbar. Und: alles, was vorstellbar ist, das ist auch
machbar."
„Glaubst du?
„Ich bin davon sogar überzeugt."
Saskia sah die Edle von Habenichts und Binsehrviel mit
einem langen Blick an. Dann drückte sie spontan die Hände
der Älteren.
„Ich wünsche dir Erfolg und alles Glück dieser Welt!"
„Ich dir auch. – So, und jetzt fährst du zum Bodensee! Das
ist sozusagen ein Auftrag an dich!"
„Und wohin?"
„Na, wohin wohl?"
„Zu den Schleienlöchern?"
„Na klar doch!"

Ziemlich aufgewühlt ging Saskia zu ihrem Auto. Warum
hatte sie ihm noch immer keinen Namen gegeben?
Plötzlich wusste Saskia den passenden Namen:
Bodenseeflitzer! Ja, genau! Das war der richtige Name für
ihr geliebtes, geduldiges, verlässliches Auto!

Bald schon brachte der Bodenseeflitzer – er schien nichts
gegen den Namen einzuwenden zu haben – Saskia an das
sozusagen Ende von Hard, zu den Schleienlöchern.
Saskia hatte das Gefühl, endlos Zeit zu haben. Sie spazierte
ziemlich flott bis zum Bodensee. Diese sozusagen
Denkpause tat ihr gut.

Beim Rückweg wollte sie sich wieder auf die Bank von „damals" setzten. Doch da saßen schon zwei.
Waren das womöglich...? Na klar, das waren ihre Inneren Ratgeber! Fröhlich lief Saskia auf die beiden zu.
„Wusste ich doch, dass ich euch hier treffen würde!"
„Na klar doch! Bei deiner Sonderfahrt hierher, da dürfen wir doch nicht fehlen!"
„Wirklich nicht. Ich weiß ja jetzt, dass ich sozusagen nie weit weg von euch bin. Und doch ist es etwas Anderes, euch so als Personen zu sehen."
„Ist doch logisch, dass wir bei dieser Feier sozusagen mit dabei sind."
„Feier?"
„Du weißt es doch selbst, dass es etwas zu feiern gibt." „Etwas sehr, sehr Wichtiges noch dazu."
„Nun ja...?"
„Du schafftest sozusagen dein Lernpensum." „Du lässt dich jetzt auf dein Leben ein. Auf DEIN Leben!" „Und, glaub uns, es gibt nichts Wichtigeres in deinem Leben!"
„Tja! Da fühle ich mich doch gleich um ein paar Millimeter größer!" lachte Saskia.

Wer kam denn da auf sie zu? Die kannte sie doch auch! Das war doch Sarah, die Erdgeborene!
Saskia lief ihr ein paar Meter entgegen. Sie freute sich, diese ungewöhnliche Persönlichkeit zu treffen.
„Danke, dass auch du kommst! Jedoch, bei so viel Wesenheiten auf einmal, da beschleicht mich das Gefühl, dass es irgendwie ein Abschied wird."
„Es ist keiner! Und: sei nicht traurig. Denn sowieso wohnt jedem Abschied ein Wiedersehen inne. – Aber mehr, das will ich jetzt noch nicht verraten. Das kommt erst später. Bloß jetzt schon mal: es ist tatsächlich alles Andere als ein Abschied für dich! Du bist nun mal mit dem Bodenseevirus infiziert. Und das lässt dich nie wieder los!"
„Danke. Da kann ich mich ja jetzt entspannen."

„Und dazu möchte ich noch ganz besonders beitragen."
„Wunderbar. Und wie willst du das machen?"
„Mit einer Gaia-Meditation."
„Wunderbar. Da kommt ja grad auch die Edle von
Habenichts und Binsehrviel. Und die macht bestimmt gerne
bei der Meditation mit!"
„Na klar doch!" stimmte die Edle von Habenichts und
Binsehrviel bei. Noch vor Saskia saß sie bei deren Inneren
Ratgebern auf der Bank.

„Nicht nur vielen Menschen stehen Änderungen bevor,
sondern auch Gaia, der Erde. Und dafür braucht sie Hilfe.
Eure Hilfe!"
„Soweit es mir möglich ist, werde ich helfen. Das
verspreche ich!" sagte Saskia. Beinahe feierlich.
„Gut so! Der Bodenseeflitzer fühlt sich wohl in der
Gegenwart der Meerjungfrau. Und gewissermaßen machen
die beiden bei der Meditation mit. Genauso wie die
Wuffeline. Die ist Meditationen länger gewöhnt als viele
Menschen."
„Können denn auch Tiere meditieren?"
„Was denkst du denn! Tiere lernten die Meditation von
Pflanzen. Und die lernten sie sozusagen direkt von Mutter
Erde."
„Echt? Ich dachte immer, dass wir Menschen..."
„Menschen überschätzen sich. Immer und immer
wieder." „Sie wollen es einfach nicht verstehen, dass sie
ein Teil von Gaia sind!" gab die Edle von Habenichts und
Binsehrviel zu bedenken. „Es liegt überhaupt nicht in ihrem
Denken und Empfinden, NICHT die Beherrscher der Welt
zu sein", gab die Innere Ratgeberin zu bedenken.
„Menschen drehen sich ständig um ihr Ego rundherum, da
nehmen sie normalerweise überhaupt nichts Anderes mehr
wahr!" erklärte der Innere Ratgeber.
„Bescheuert!" konstatierte Saskia.
„Und genau diese Bescheuerten muss es sozusagen geben.

Denn sie sind ein Teil des Gesamtsystems, " begütigte
Sarah.

„Uff!"

„Nimm dich, dein Wissen, dein Fühlen nicht so wichtig! Es
ist immer bloß ein kleiner Teil dessen, was gewusst,
gefühlt, erfahren werden kann!"

„Ich bin ja schon..."

Sarah unterbrach sie: „Sei einfach bloß Saskia. Das ist
alles, was Gaia von dir erwartet und erhofft."

„Gut, gut. Ich krieg mich ja schon ein!" versprach Saskia.

„Entlasst alles, alles, alles, was euch und eure Gedanken
beschwert. – Erkennt, dass genau das, was ihr seid, richtig
ist. Dass genau das, wie ihr seid, wichtig ist. – Euer Atmen,
es ist Gaias Atmen. – Euer Herzschlag, es ist Gaias
Herzschlag. – Euer Empfinden, es ist Gaias Empfinden. –
Und ihr fühlt, dass alles gut ist. Ihr fühlt, dass alles richtig
ist. Dass alles Einheit ist. Dass alles – ist.

Und damit seid ihr bei der wirksamsten, der wichtigsten
aller Formeln: Ihr seid bei – Ich bin! Und: Ich bin! Das ist
der Name Gottes.

Doch nun wisst ihr es nicht bloß. Sondern nun fühlt ihr es
auch!

Und dieses Ich–Bin – das pulsiert in euch weiter. Das lebt
in euch weiter. Das bildet sich in euch weiter! Das bringt
neue Farben, neue Formen, neue Töne, neue Melodien mit
sich, neue Erkenntnisse mit sich, eine neue Wahrheit mit
sich.

Und ihr fühlt, dass ihr Gaia seid! Dass ihr Teil des Ganzen
seid!

Und dieses neue Wissen macht euch glücklich!

Um eurer Freude Ausdruck zu geben, bewegt ihr euch,
tanzt ihr, schwebt ihr, fliegt ihr!"

Saskia fühlte sich wunderbar. Sie wollte jetzt weder
sprechen, noch die Augen öffnen.

302

Gleich schon fühlte sie sich emporgehoben. Wieder war sie mit den Geistern über dem Wasser unterwegs. Und – es war phantastisch!

„Hallo Saskia! Komm mit." „Wohin?" „Erst mal in die Schweiz." „Da wurde 1782 in Glarus Anna Göldi enthauptet." „Die angebliche Hexe wurde rehabilitiert." „Jetzt wird von unschuldig, von Justizmord gesprochen." „Immerhin wurde sie vom Tatbestand Vergiftung entlastet." „Spät, viel zu spät. Aber immerhin."

„Das sieht doch wie ein tibetanisches Kloster aus! Was hat denn das mit dem Bodensee zu tun?" „Du siehst den Letzehof. Und das ist tatsächlich ein tibetanisches Kloster. Wenn auch mitten im Ländle."

„Das sieht ja blutrünstig aus!" „Das ist eine ganz üble Legende." „Damit versuchten sogenannte honorige Bürger gegen die ungeliebten Juden Stimmung zu machen." „Ich weiß schon, in der Nazizeit..." „Irrtum! Solche Bestrebungen gab es schon viel früher." „Tatsächlich? Erzählt!"
„Die Legende stammt angeblich aus dem 16. Jahrhundert. Die vorgebliche Tat war jedoch schon 1462." „Da wurde ein Bub geschlachtet." „Um aus ihm angeblich Mazze herzustellen." „Aber Mazze, das wurde doch bestimmt nie aus Fleisch hergestellt!" „Das tat der blutrünstigen Geschichte keinen Abbruch!" „Und um der Geschichte noch eins draufzusetzen, gab es sogar ein Wallfahrtsritual – bis 1994." „Das darf doch nicht wahr sein!" „Tja, ist es aber!"

„Und wer sind die Leute hier, die da so voll superkorrekt bekleidet in der Gegend rumsitzen?" „Das sind streng gläubige Juden." „Grade mal die Kinder durften zum Baden."
„Und da gleich nebenan? Die sehen fast genauso aus!"
„Bloß etliches später. Und auch ganz andere

Menschen." „Aber genauso superkorrekt bekleidet nah am Strand! Sind das denn keine Streng-Gläubigen?" „Das schon." „Allerdings sind das keine Juden." „Sondern?" „Türken. Also Mohammedaner!" „Woher kommen denn die?" „Es gibt nun mal viele Türken rund um den Bodensee." „Und die – ich kann das nicht glauben – die benehmen sich wie früher Mal die Juden?" „Genau!" „Genug! Das ist mir zu heftig!"

„Kurzausflug in die nächste Zukunft?" „Wenn es etwas Nettes ist, dann gern!" „Na schau mal!" „So ein tolles Superschiff! Gibt es das tatsächlich auf dem Bodensee?" „Ja. Es ist das Superschiff auf dem See: die Sonnenkönigin." „Das ist ja wirklich wunderschön! Mit dem Schiff möchte ich auch gern mal fahren!" „Später, später!"

„Du hast doch unendlich viel Zeit!" verriet AEIOU. „Wunderbar, dass du auch da bist!" „Nun, so eine Begegnung, die lasse ich mir doch nicht entgehen!" „Danke, dass du da bist. Ich fühle mich so wundervoll. Und ich danke euch alle für... Na, einfach dafür, dass ihr bei mir seid!" „Gleichfalls sozusagen", lächelte AEIOU.

Verlegen sah sich Saskia um. Hatte sie tatsächlich schon längst die Augen geöffnet? Hatte sie sie bei der Meditation geschlossen gehabt? War sie mit den Geistern über dem Wasser dahingeschwebt? Aber die waren tatsächlich da. Pflanzen und Blumen dienten ihnen als Hocker, auf denen sie nun saßen.

Saskia war verwirrter, als sie zugeben wollte. „Aber Saskia! Kein Problem! Du weißt doch längst, dass jederzeit jemand zur Stelle ist für etwaige Nachfragen und Ratschläge!" erinnerte die Edle von Habenichts und

Binsehrviel.

„Ja. Und danke, " Saskia klang kläglich.

„Jetzt erzähl doch du mal!" „Und was?" „Nun... Ich denke da an ein Projekt. Und ich denke auch eine besondere Begegnung." AEIOU nahm entspannt auf der Bank Platz.

„Also ja, das Projekt, das läuft super. Da klappt alles bestens. Die Mitarbeiterinnen und Mitarbeiter sind Spitze. Mir fliegen die Ideen grade so zu! Irgendwie kann ich es noch gar nicht fassen, dass ICH das bin, die sozusagen die Chefin ist! – Ja, es macht mir Freude, da mitzumachen. Und das war ja auch der Grund, dass ich jetzt einige Zeit nicht an den Bodensee kam, weil ich mit dieser Geschichte einfach jede Menge um die Ohren hatte. Und dann die Arbeit nicht unterbrechen wollte. Der Gedankenfluss war einfach viel zu gut, ihn gewaltsam zu unterbrechen!" „Und?"
„Am Freitag präsentierte ich die Ergebnisse." „Und?" „Alles super!" „Standing ovations sozusagen."
„Gratulation auch von uns!"
Saskia sah von Einem zur Anderen. Schlicht sagte sie:
„Ohne euch hätte ich das vermutlich nie geschafft. Ich danke euch. Von ganzem Herzen."
Verschmitzt sah Einer zum Anderen.

„Und? Wie war das bei der Begegnung mit Erich?" „Den wir ja Herr Problem genannt hatten!"
Saskia lachte. Sie überlegte. „Gewissermaßen war da gar nichts." „Nichts?" „Nun, es war eine Zufallsbegegnung, wie das im Geschäft so passieren kann." „Und – was fühltest du?"
„Das war ja das Verwunderliche: ich fühlte gar nichts. Nicht einmal ein kleines flaues Gefühl im Magen oder so. Bloß ein wenig tat er mir leid, weil er ziemlich müde

aussah. Aber das legte sich auch gleich wieder."
„Und?"
„Wir plauderten miteinander. Wie gute, alte Bekannte. Das
war's."
„Gefühle?"
„Ihm gegenüber? Überhaupt keine. Und außerdem war ich
ohnehin viel zu beschäftigt, mich besonders um ihn zu
kümmern!"
„Traurig darüber?"
„Wirklich nicht! Es tut so herrlich gut, mich endlich frei zu
fühlen. Und – ich glaube – jetzt habe ich erst einmal
beruflich so Einiges zu tun. Männer, die gibt es
möglicherweise irgendwann später einmal. Das Thema ist
jetzt einmal nicht vorrangig für mich."

„Das ist eine recht vernünftige und auch praktische
Entscheidung", lächelte AEIOU.
„Wie meinst du das?"
„Erinnerst du dich an deinen Besuch im Museum?" fragte
die Edle von Habenichts und Binsehrviel.
„Recht gut."
„Erinnerst du dich an Cambodunum?"
„Moment mal... Das ist doch... Kempten?"
„Genau."
„Und – was hat das mit mir zu tun? Ich kenne diese Stadt
doch gar nicht!"
„Und genau das wird sich demnächst ändern!"

Fragend blickte Saskia in die Runde.
Sarah, die Erdgeborene strahlte sie an. „Vielleicht genügt
es ja nicht, dass du die Bodenseeregion etwas näher
kennen lernst!"
„Oder du hast die Möglichkeit, von Kempten aus viel öfter
an den Bodensee zu kommen!"
„Stop! Wovon sprecht ihr?"
„Sollen wir es ihr sagen?" kicherte einer der Geister über

306

dem Wasser. „Na klar doch. Dann kann sie am Montag so richtig cool reagieren!"

„Jetzt sagt mir, bitte, doch endlich, worüber ihr sprecht!" verlangte Saskia.

„Nun ja." „Du hast diese Projektsache recht gut erledigt." „Und jetzt..." „Wird dir die Geschäftsleitung..." „Das Angebot machen,..." „Die neue Zweigstelle..." „In Kempten..." „Aufzubauen." „Und da ist es nun mal klar,..." „Dass du nach Kempten übersiedelst."

Saskia war fassungslos. „Ehrlich? Echt? Das ist ja der totale Wahnsinn! Genau das wünsche ich mir doch schon ewig!"
Sie weinte. Etliche Freudentränen.

„Denk gelegentlich daran, dass du im Grunde Erich den Bodensee verdankst", erinnerte sie AEIOU.
„Und erkenne, dass deine Fahrten zum Bodensee, auf dem Bodensee und um den Bodensee herum in Wahrheit eine Innere Reise waren", sagte Sarah, die Erdgeborene sanft.

Bei der Wirtschaft gab es noch einen Abschiedstrunk. Denn es würde etliche Zeit dauern, bis Saskia wieder Zeit hätte, an den Bodensee zu kommen. Es war ein fröhlicher Abschied von guten Freunden. Nicht für lange, war sich Saskia sicher.

Als sie schon ziemlich spät zum Bodenseeflitzer ging, fiel ihr auf, dass es schon herbstlich kühl wurde.
Doch – was war das?
Rund um den Bodenseeflitzer tanzten Hunderte von Glühwürmchen.

Von Gudrun Foerster erschienen bereits
MEMOIREN DER HINTERTUPFING HILL
das Kultbuch mit Blondfaktor 100
ISBN 978-3-8370-6166-6
selbstverständlich auch bei BoD.